经典版

中国好家风

崇文◎编著

历代传世经典家训

时事出版社
·北京·

图书在版编目（CIP）数据

中国好家风：历代传世经典家训 / 崇文编著 .—北京：
时事出版社，2018.8（2023.8 重印）

ISBN 978-7-5195-0229-4

Ⅰ . ①中… Ⅱ . ①崇… Ⅲ . ①家庭道德 – 中国 – 古代
Ⅳ . ① B823.1

中国版本图书馆 CIP 数据核字（2018）第 102726 号

出 版 发 行：时事出版社
地　　　址：北京市海淀区彰化路 138 号西荣阁 B 座 G2 层
邮　　　编：100097
发 行 热 线：（010）88869831　88869832
传　　　真：（010）88869875
电 子 邮 箱：shishichubanshe@sina.com
网　　　址：www.shishishe.com
印　　　刷：大厂回族自治县德诚印务有限公司

开本：670 × 960　1/16　印张：24　字数：370 千字
2018 年 8 月第 1 版　2023 年 8 月第 7 次印刷
定价：48.00 元
（如有印装质量问题，请与本社发行部联系调换）

前言

家风是家族成员长期恪守家训、坚守家规，通过家教而形成的具有鲜明家族特征的家庭文化，是一个家族最宝贵的财富，是每个家族成员自豪感的源泉。

家风是融化在我们血液里的气质，是沉淀在我们骨髓中的品格，是我们立身做人的风范和格调。

好家风是好家庭的血脉，好家风成就好家庭，好家庭培育好子女，好子女建设好社会。家风纯正，雨润万物；家风一破，污秽尽来。从家出发改变社会，源清流洁，强基固本。

习主席说："一家仁，一国兴仁；一家让，一国兴让。""广大家庭都要弘扬优良家风，以千千万万家庭的好家风支撑起全社会的好风气。"

可见，家风是社会文明的根基，家风相汇成民风，民风相融成国风，家风好则世风正。

中华民族历来重视门楣家风的教育和传承，讲求耕读为本，忠孝传家。《颜氏家训》《孔子家语》《温公家范》《袁氏世范》《钱氏家训》《曾国藩家训》《帝王将相书》和《朱子家训》等著名的家训代代相传，内容涵盖广泛，从起居生活、家人相处、言谈举止，到安身立命、人生智慧、家庭之道、学业之道、为人之道、事业之道，无所不包，成为引领中国社会向善向上的标杆。

新时代，我们要更加注重家庭、注重家教、注重家风。弘扬好家风，传承好家训，正是本书的意义之所在。

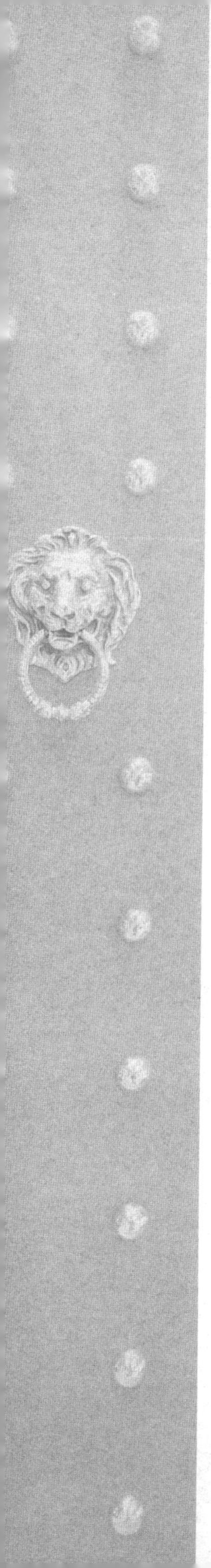

目录

contents

第一章 《颜氏家训》

——古今家训，以此为祖

第二章 《孔子家语》
——持家涉世之道，修己接物之方

第三章 《温公家范》
——和谐家道，以孝贯通

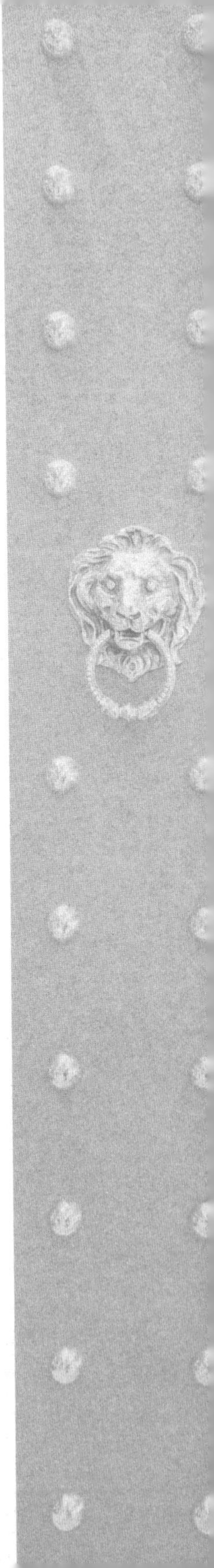

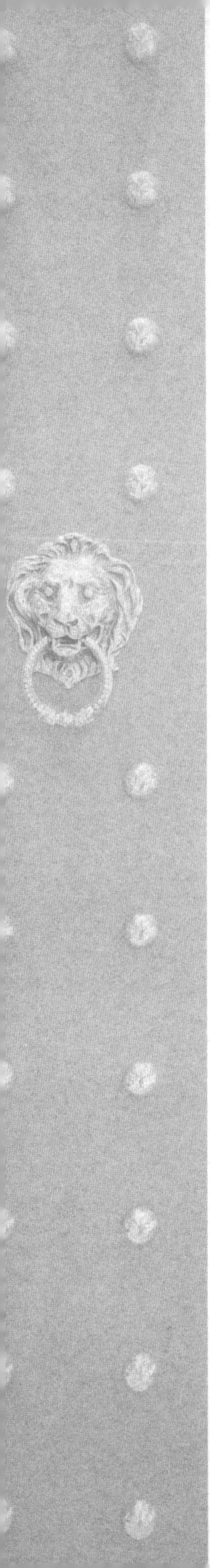

第四章 《袁氏世范》
—— 一秉庭训，百行修举

第五章 《曾国藩家训》
——句句皆吾肺腑所欲言

第六章 《钱氏家训》
——子孙虽愚，诗书需读

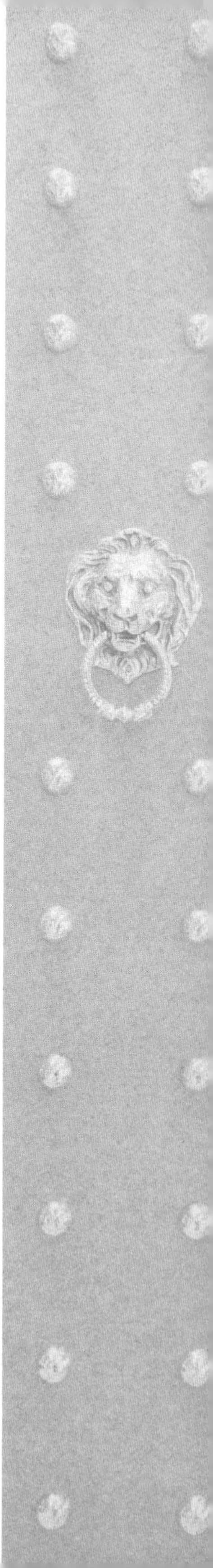

第七章 《帝王将相家训》
——家风正，则国风正

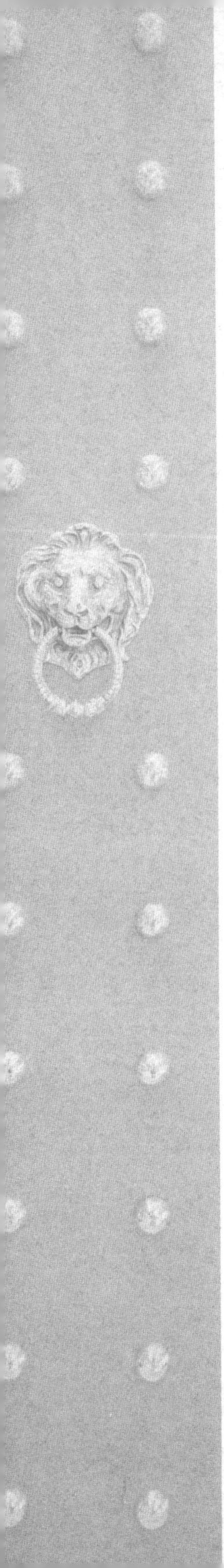

附录

第一章 《颜氏家训》

——古今家训，以此为祖

《颜氏家训》成书于隋文帝灭陈后、隋炀帝即位前，约公元6世纪末。该书既是家训，又是学术著作，内容之详实，体系之宏大，无不让人喟叹。作者颜之推是南北朝时期著名的文学家、教育家，他一生坎坷，四朝为官，饱尝乱世之苦。他“生于乱世”而“流离播越”的人生经历，使其对南北朝的社会习俗、学风特色、政治得失等了然于胸。在该书中，颜之推以“务先王之道，绍家世从业”为宗旨，从人生经历、学识思想、政治感悟、告诫子孙等层面入手，开后世家训之先河，堪称汉族传统家庭教育之范本。

01

序致篇：夫圣贤之书，教人诚孝

夫圣贤之书，教人诚孝，慎言检迹，立身扬名，亦已备矣。魏晋已（通“以”）来，所著诸子，理重事复，递相模学，犹屋下架屋、床上施（施：放）床耳。吾今所以复为此者，非敢轨物范世也，业已整齐门内，提撕子孙。夫同言而信，信其所亲；同命而行，行其所服。禁童子之暴谑，则师友之诫，不如傅婢（阿姨，年长的女子）之指挥，止凡人之斗阋（打架争吵），则尧舜之道，不如寡妻之诲谕。吾望此书为汝曹之所信，犹贤于傅婢、寡妻耳。

吾家风教，素为整密，昔在龆龀（tiáo chèn，垂髫换齿之时，即孩童），便蒙诱诲。每从两兄，晓夕温凊，规行矩步，安辞定色，锵锵翼翼，若朝严君焉。赐以优言，问所好尚，励短引长，莫不恳笃。年始九岁，便丁荼蓼，家涂离散，百口索然。慈兄鞠养，苦辛备至，有仁无威，导示不切。虽读《礼》《传》，微爱属文，颇为凡人之所陶染。肆欲轻言，不修边幅。年十八九，少知砥砺，习若自然，卒难洗荡。二十已后，大过稀焉。每常心共口敌，性与情竞，夜觉晓非，今悔昨失，自怜无教，以至於斯。追思平昔之指（志向、志趣），铭肌镂骨；非徒古书之诫，经目过耳也。故留此二十篇，以为汝曹后车耳。

今译

圣贤所写的书籍，教诲人们要忠诚、孝顺，说话要谨慎，行为举止要检点，要建立功业，让声名得以远扬，所有这些都讲得面面俱到。自从魏晋以来，诸子所做的书籍，重复着类似的理论与相似的道理，一个接着一个模仿、学习，这好比屋子下面又修建了屋子，床上面又摆放了床，显得多余，也没有用。如今，我之所以再写这部《家训》，并非敢于在为人处世方面给大家做什么示范，只是为了整顿家风，教育子孙后代。同样的言语，因为是所亲近的人说出来的就相信；同样的命令，因为是所佩服的人发出来的就执行。禁止小孩胡闹嬉笑，那师友的训诫，就不如阿姨的指挥；阻止老百姓打架争吵，那尧舜的教导，就不如妻子的劝解。我希望你们能遵守这部《家训》，也希望它所起的作用能胜过阿姨对孩童、妻子对丈夫的作用。

我家的门风家教，素来严整周密，我在还小的时候，就受到诱导与教诲。我每天跟随着两位兄长，早晚都要侍奉双亲，以尽孝道，言谈谨慎，举止端正，言语平和，神色安详，恭敬有礼，小心谨慎，好似拜见威严的君主一般。双亲经常劝勉、鼓励我们，传授我们锦言佳句，询问我们的爱好，引导长处勉励不足，凡此种种无不恳切深厚。我九岁时，父亲去世了，家庭陷入困顿之中，家道中落，人口萧条。哥哥将我抚养长大，很辛苦，他对我仁爱有余，却缺少威严，对我的引导启示也不那么严切。虽然我当时也诵读过《周礼》《春秋左传》等书，但之所以爱好写文章，在很大程度上是受世人的影响。放纵欲望，言语轻率，不修边幅。到了十八九岁，才稍加磨砺，然而习惯已成自然，短时间里难以除尽。直到二十岁后，才很少犯那些大的过失，但还是经常心口不一，善性与私情彼此矛盾，直到晚上才会发现早上犯下的过错，今天悔恨昨天发生的错误，常常感叹自己缺乏教育，才会到了这步田地。回想起平生的意愿志趣，体会尤深；绝非古书上的告诫听一遍、看一遍就能体会得到的。所以写下这二十篇文章，让你们作为借鉴。

简评

《序秩》是《颜氏家训》的序言，在序言中，颜之推主要介绍了自己撰写此书的原因和目的。他有感于魏晋以来文化人著述往往因袭而无补于人生的现象，并结合自己的亲身感受，揭示自己撰写此书的目的是“整齐门内，提撕子孙”。基于这样的目的，颜之推的遣词用语比较亲切和真挚，循循善诱的文风贯穿于字里行间。作者也毫不掩饰幼年时期所犯的过失，从几个年龄段剖析了自己的交友之失、言语之失和行为之失，具有现身说法之效。这种坦荡无私的胸怀本身就具有训诫意义，值得长辈们借鉴。

02

教子篇：中庸之人，不教不知也

上智不教而成，下愚虽教无益，中庸之人，不教不知也。古者，圣王有胎教之法：怀子三月，出居别宫，目不邪视，耳不妄听，音声滋味，以礼节之。书之玉版，藏诸金匮（柜子）。生子咳嫕，师保固明，孝仁礼义，导习之矣。凡庶纵不能尔，当及婴稚，识人颜色，知人喜怒，便加教诲，使为则为，使止则止。比及数岁，可省笞（chī，用竹杖、荆条打）罚。父母威严而有慈，则子女畏慎而生孝矣。吾见世间，无教而有爱，每不能然；饮食运为，恣其所欲，宜诫翻奖，应诃（通“呵”，怒斥、喝斥）反笑，至有识知，谓法当尔。骄慢已习，方复制之，捶挞至死而无威，忿怒日隆而增怨，逮于成长，终为败德。孔子云：“少成若天性，习惯如自然”是也。

俗谚曰："教妇初来，教儿婴孩。"诚哉斯语！

人之爱子，罕亦能均；自古及今，此弊多矣。贤俊者自可赏爱，顽鲁者亦当矜怜，有偏宠者，虽欲以厚之，更所以祸之。共叔之死，母实为之。赵王之戮，父实使之。刘表之倾宗覆族，袁绍之地裂兵亡，可为灵龟（龟名，古时候用来占卜）明鉴也。

齐朝有一士大夫，尝谓吾曰："我有一儿，年已十七，颇晓书疏（奏疏、信札等），教其鲜卑语及弹琵琶，稍欲通解，以此伏事公卿，无不宠爱，亦要事也。"吾时俯而不答。异哉，此人之教子也！若由此业，自致卿相，亦不愿汝曹为之。

今译

智商超凡的人，即使不教育他，他也能成才；智力愚钝的人，无论怎么教育他，都没有用；智力中等的人，如果不教育他，他就不明白事理。古时候，圣王提倡胎教：王后怀着太子，怀孕三个月时，就要搬入专门准备的房间里，不该看的东西不看，不该听的东西不听，音乐也好，饮食也好，都严格遵循礼节。这种胎教的方法被写在玉板上，藏入金柜里。太子出生后，两三岁的时候就已经确定好师保，从那时就开始教育和训练他孝、仁、礼、义等方面的素质。虽然平民百姓做不到这样，但是也应该在孩子知道察言观色，能弄懂大人喜怒哀乐的时候，就开始教诲他们：让他做，他就去做；让他不要做，他就不去做。这样一来，等他长大了，就不必动用竹板来体罚他了。作为父母，平时威严而慈爱，子女就会心生敬畏，谨慎小心，从而滋生孝心。依我之见，在这世间，有的父母不知道教育子女，而是一味地溺爱子女，往往做不到上述这些；他们任意放纵子女吃喝玩乐，本应该教育子女的时候，反而奖励他们，本应该斥责子女的时候，却露出了笑容。等子女长大了，懂事了，他们就会认为，按照道理本就是这样的。子女已经养成了骄横跋扈的习性，做父母的才想起来去遏制它，即使用鞭子、棍棒把子女抽打致死，也无法树立威信。父母对子女的怒火与日俱增，招致子女的怨恨。等子女长大成人后，还是道德败坏。就像孔子所说的，“少成若天性，习惯如自然”。俗话说得好：“教育媳妇要趁着她刚过门，教育儿子要趁着他年幼。”此话不假！

人们喜爱自己的子女，却很少有人能真的做到一视同仁。古往今来，其中的弊端实在太多！有的孩子聪明伶俐、漂亮可爱，自然容易获得父母的欣赏与喜爱；有的孩子愚钝呆板，父母也应该同情和怜悯他。有的人偏爱孩子，想用自己的爱厚待他，却反而害了他。共叔段的死，其实就是他的母亲一手造成的。赵王被杀害，是他的父亲一手造成的。其他的例子，比如刘表的宗族遭到覆灭，袁绍兵败、地失，这些例子都如同灵龟、明镜一般，可以作为借鉴啊！

齐朝的一位士大夫跟我说过：“我有一个孩子，如今已经十七岁，尤其擅长书写公文，我教他学习说鲜卑语、弹奏琵琶，他也逐渐掌握了，他利用这些特长为王公们效劳，没有人不宠爱他，这真是很重要的事情啊。”当时，我低着头，没有作答。这人教育孩子的方式实在让人诧异！即使从事这个行业能让你们当上宰相，我也不想让你们去做。

简评

在《教子》篇中，颜之推重点讨论了士大夫如何教育子女的问题，他认为儿童的早期教育尤为关键。身为父母，教育孩子要一视同仁，不能因孩子的天资不同而有所偏袒。教育孩子的关键是树立正确的立场，讲究恰当的方式，尤其要关注孩子早期教育中的品德问题，良好的品德是成人、成才的基础。

03

兄弟篇：兄弟者，分形连气之人也

夫有人民而后有夫妇，有夫妇而后有父子，有父子而后有兄弟：一家之亲，此三而已矣。自兹以往，至于九族，皆本于三亲焉，故于人伦为重者也，不可不笃（忠诚，此处指认真对待）。

兄弟者，分形连气之人也。方其幼也，父母左提右挈，前襟后裾，食则同案，衣则传服（大的孩子穿过的衣服又传给小的孩子穿），学则连业，游则共方，虽有悖乱之人，不能不相爱也。及其壮（壮年，古时候三十岁之上称为壮年）也，各妻其妻，各子其子，虽有笃厚之人，不能不少衰也。娣姒（dì sì，兄弟之妻的互称，弟妻为娣，兄妻为姒，后来又称为妯娌）之比兄弟，则疏薄矣；今使疏薄之人，而节量亲厚之恩，犹方底而圆盖，必不合矣。惟友悌深至，不为旁人之所移者，免夫！

二亲既殁（死亡），兄弟相顾，当如形之与影，声之与响；爱先人之遗体，惜己身之分气，非兄弟何念哉？兄弟之际，异于他人，望深（要求过高）则易怨，地亲则易弭。譬犹居室，一穴则塞之，一隙则涂之，则无颓毁之虑；如雀鼠之不恤，风雨之不防，壁陷楹（厅堂前的柱子）沦，无可救矣。……

兄弟不睦，则子侄不爱；子侄不爱，则群从（堂兄弟及其子侄）疏薄；群从疏薄，则僮仆为仇敌矣。如此，则行路皆踖（jí，践踏）其面而蹈（踩踏）其心，谁救之哉？人或交天下之士，皆有欢爱，而失敬于兄者，何其能多而不能少也！人或将数万之师，得其死力，而失恩于弟者，何其能疏而不能亲也！

今译

有了人类之后，才有了夫妻；有了夫妻之后，才有了父子；有了父子之后，才有了兄弟：一个家庭的亲人，就是由这三者构成的。以此类推，直至产生九族，都是源自于“三亲”。可见，对人伦关系而言，三亲是最重要的，不得不重视。

兄弟就是一母所生，形体不同却气息相通的人。当他们年幼的时候，父母左手牵着一个，右手拉着一个；这一个抓着父母的衣前襟，那一个扯着父母的衣后摆；用同一个餐盘吃饭；哥哥穿过的衣服又传给了弟弟穿；哥哥用过的课本传给了弟弟；在同一个地方玩耍。即使有人违背了礼节，兄弟之间也不会彼此不友爱。等到他们长大成人，各自娶妻生子，哪怕是忠厚之人，兄弟之间的感情也会逐渐淡去。比起兄弟之间，妯娌之间的关系就更加淡薄、疏远。如今却让关系淡薄、疏远的人来决定关系亲密者之间的关系，就好像给方形的底座搭配了一个圆盖子，肯定合不拢。兄弟之间唯有相亲相爱、感情深厚，关系才不会受到各自妻子的影响，也可以避免发生上述情况。

父母去世后，兄弟之间要互相照顾，就好像身体和影子、声音和回声的关系那般密切。互相爱护父母予以的躯壳，互相珍爱父母予以的血气，若不是兄弟，又有谁能如此互相关爱呢？兄弟之间的关系与其他人是不一样的，彼此的期望过高，就容易滋生不满，但如果接触频繁，也容易消除这种不满。就如同一间屋子，有了一个洞，就要马上堵上；有了一条缝隙，就要立即涂抹。这样一来，就不用担心房屋会倒塌了。如果不把麻雀、老鼠的危害放在心头，不提防风霜雨雪的侵蚀，墙壁就会倒塌，楹柱就会摧折，到时候为时已晚，就无法再补救。……

如果兄弟之间不能和睦相处，侄子之间也就不能友爱互助；如果子侄之间不能友爱互助，家族中子弟这一辈的关系就会逐渐疏远淡薄；如果子侄辈关系疏远，彼此的仆人之间就可能变成仇敌。这样一来，就连往来的路人都可以随意地凌辱他们，又有谁会对他们施以援手呢？然而，有人能与天下之士结交，彼此相处愉快、友爱互助，却缺乏对自己哥哥的敬重，为什么对大多数人都能做到，唯独对少数人做不到呢？有人能统领数万人的军马，让属下誓死效力，却缺乏对自己弟弟的怜悯宠爱，为什么对关系疏远之人尚且如此，唯独对关系亲密之人做不到呢？

简评

颜之推在《兄弟》篇里主要探讨了家庭成员之间应该如何相处的问题。正所谓“兄弟者，分形连气之人也”，在颜氏看来，除了父母、子女之情之外，兄弟之情是最深厚的一种情感。古代的中国社会是男权社会，对于整个家族的和睦、安定、团结而言，兄弟之间的友爱互助、相亲相爱是尤为重要的。此外，作者还阐述了一些会影响兄弟之间感情的不利因素，告诫世人要注意防范。在今日看来，颜之推的观点有可取之处，但由于时代所限，一些观点中也存在因循守旧、不合时宜的弊端，读者阅读时需加以甄别。

04

后娶篇：家有此者，皆门户之祸也

吉甫，贤父也，伯奇，孝子也，以贤父御孝子，合得终于天性，而后妻间之，伯奇遂放。曾参妇死，谓其子曰：“吾不及吉甫，汝不及伯奇。”王骏丧妻，亦谓人曰：“我不及曾参，子不如华、元。”并终身不娶，此等足以为诫。其后，假继（继母）惨虐孤遗，离间骨肉，伤心断肠者，何可胜数。慎之哉！慎之哉！

江左不讳庶孽，丧室之后，多以妾媵（yìng，古时候诸侯之女出嫁，一同陪嫁的妹妹和侄女被称为妾媵）终家事；疥癣蚊虻，或未能免，限以大分，故稀斗阋之耻。河北鄙于侧出（指婢妾所生的子女），不预人流，是以必须重娶，至于三四，母年有少于子者。后母之弟与前妇之兄，衣服饮食，爰及婚宦，至于士庶贵贱之隔，俗以为常。身没之后，辞讼盈公门，谤辱彰道路，子诬母为妾，弟黜（chù，贬斥）兄为佣，播扬先人之辞迹，暴露祖考之长短，以求直己者，往往而有。悲夫！自古奸臣佞妾，以一言陷人者众矣！况夫妇之义，晓夕移之，婢仆求容，助相说引，积年累月，安有孝子乎？此不可不畏。

凡庸之性，后夫多宠前夫之孤，后妻必虐前妻之子；非唯妇人怀嫉妒之情，丈夫有沉惑之僻，亦事势使之然也。前夫之孤，不敢与我子争家，提携鞠养，积习生爱，故宠之；前妻之子，每居己生之上，宦（旧时指做官）学婚嫁，莫不为防焉，故虐之。异姓（指的是前夫之子）宠则父母被怨，继亲虐则兄弟为仇，家有此者，皆门户之祸也。

今译

吉甫是一位贤明的父亲，伯奇是一位孝顺的儿子，让贤明的父亲来教育孝顺的儿子，应该能如愿以偿吧。然而，吉甫的后妻从中挑拨，伯奇被他的父亲放逐。曾参的妻子死后，他不再续弦，跟儿子说：“我比不上吉甫那么贤明，你们也比不上伯奇那么孝顺。”王骏的妻子死后，跟别人说的也是一样的理由：“我比不上曾参，我的儿子也比不上曾华、曾元。”这三个人终其一生都没有另娶。这些例子都足以让后人引以为戒。在曾参、王骏之后，继母残忍地虐待前妻留下的孩子，离间父子之间的骨肉亲情，如此令人肝肠寸断的惨事比比皆是，因此对于续弦一事，要慎之又慎啊！

在江东地区，人们往往不顾及妾媵生下的孩子，正妻死了，就由妾室负责操持家事。家庭内部的小纠纷或许无法避免，但碍于妾室的名分和地位，兄弟之间内斗这样羞耻的事情却很少发生。在河北地区，人们往往看不起妾室生下的孩子，不让他们平等地参与各种家庭内部乃至社会事务。这样一来，正妻死后，就肯定会另娶，甚至另娶三、四次，后母的年纪甚至比前妻所生的儿子还小。后妻与前妻的儿子，在服饰饮食、婚配做官等方面居然就像士人与庶民一般有贵贱之分，而按照当地的风俗，这被认为是很正常的事情。这样的家庭，父亲死后，去官府中诉讼不断，在路上都能听到诽谤、谩骂的声音。前妻的儿子辱骂后母是小老婆，后母的儿子贬低前妻的儿子是佣人、仆从，他们到处宣扬祖宗的隐私，揭露先人的长短，都是为了证明自己的正义，这种情况太常见了。实在是可悲！古往今来，那些奸臣佞妾常常一句话就害了别人，这样的事情太多了！更何况凭借夫妻之间的情义，早晚会改变男人的心意，女婢男仆为了讨主人的欢心，也帮着说话，随着时间的积累，哪里还会有孝子呢？这真是让人感到恐惧啊。

按照一般人的秉性，大多数后夫都会宠爱前夫留下的孩子，但是后妻却会虐待前妻留下的孩子。并不是妇人才会心怀嫉妒，而男子只会一味宠溺。他们之所以这样，也是事态造成的。前夫的孩子不敢和自己的孩子争夺家产，但从小抚养、照顾他，随着时间的积累，会产生仁爱之心，才会宠爱他；前妻孩子的地位常常比自己孩子的高，无论是读书做官，还是婚恋嫁娶，没有哪一样不需要小心提防，因此后妻才会虐待他。然而，后夫宠爱前夫留下的孩子，父母就会招致孩子的怨恨；后母虐待前妻留下的骨肉，兄弟就会变为仇敌。如果哪家发生了这样的事，都是家庭里的悲剧啊！

简评

丧偶续弦，乃是人之常情，然而有子之人在续弦一事上必须慎之又慎，如若不然，就会让孩子幼小的心灵蒙上阴影，甚至让孩子长大成人后误入歧途。颜之推在《后娶》一篇中旁征博引，运用许多事例作为佐证，告诫世人在妻子死后续弦追求个人幸福的同时，也不能忽略了孩子的感受。

05

治家篇：夫风化者，自上而行于下者

夫风化者，自上而行于下者也，自先而施于后者也。是以（因此）父不慈则子不孝，兄不友则弟不恭，夫不义则妇不顺矣。父慈而子逆，兄友而弟傲，夫义而妇陵（通“凌”，欺辱），则天之凶民，乃刑戮之所摄（通“慑”，使他人畏惧），非训导之所移也。

笞怒废于家，则竖子之过立见；刑罚不中，则民无所措手足。治家之宽猛，亦犹国焉。

孔子曰：“奢则不孙（通“逊”，恭顺），俭则固（鄙陋）；与其不孙也，宁固。”又云：“如有周公之才之美，使骄且吝，其余不足（足以、值得）观也已。”然则可俭而不可吝已。俭者，省约为礼之谓也；吝者，穷急不恤之谓也。今有施则奢，俭则吝；如能施而不奢，俭而不吝，可矣。

生民之本，要当稼穑（jià sè，种植五谷而获得食物）而食，桑麻以衣。蔬果之畜，园场之所产；鸡豚（tún，猪）之善，埘（shí，在墙壁上挖洞做出的鸟窝）圈之所生。爰及栋宇器械，樵苏脂烛，莫非种殖之物也。至能守其业者，闭门而为生之具以足，但家无盐井耳。今北土风俗，率能躬俭节用，以赡衣食；江南奢侈，多不逮（到、及）焉。

梁孝元世，有中书舍人，治家失度，而过严刻，妻妾遂共货（贿赂）刺客，伺醉而杀之。

世间名士，但务宽仁；至于饮食饷馈，僮仆减损，施惠然诺，妻子节量，狎侮宾客，侵耗乡党：此亦为家之巨蠹（dù，蛀虫，指的是危及家庭的人或事）矣。

今译

关于教化一事，历来是自上而下推行、延续的，由前人影响后人。因此，如果父亲不慈爱，子女就不会孝顺；如果哥哥不友爱，弟弟就不会恭敬；如果丈夫不讲究仁义，妻子就不会柔顺。做父亲的慈爱，子女却忤逆；做哥哥的友爱，弟弟却倨傲不逊；做丈夫的讲究仁义，妻子却凶悍，那这就是他们的天性，唯有通过刑罚、杀戮让他们产生畏惧之心，而不是通过训诫、教化就能改变的。

如果取消家庭内部的体罚，孩子就会马上犯错；如果不能适当地施加刑罚，老百姓往往不知道要如何是好。治家要奉行宽与严的标准，这和治国是一样的。

孔子说过："奢侈会显得不恭顺，俭朴会显得鄙陋；然而，宁愿显得鄙陋，也不能不恭顺。"孔子还说过："如果一个人拥有周公那般卓越的才华，但只要他骄横而吝啬，那么他其他方面的才华也微不足道。"可见，应该节俭，但不能吝啬。节俭指的是俭省节约以求符合礼数；吝啬指的是面对困顿之人也不施以援手。如今的人，愿意接济他人的人却也奢侈，能够节俭度日的人却又吝啬。如果能做到肯接济他人却不奢侈浪费，能节俭度日却不吝啬小气，那就足够了。

百姓生活的根本就是要通过春种秋收来获取粮食，通过种桑纺麻来获取衣物。积聚水果蔬菜，要通过果园菜圃生产；鸡肉、猪肉等珍馐美味，要通过鸡窝、猪圈生产。甚至房屋、器具、柴火、蜡烛，无不是耕种养殖的产物。有的人擅长管理家业，哪怕足不出户，也能拥有充足的物品来维持生计，家里只不过少了一口能产盐的井而已。如今，按照北方地区的风俗，大多数人能做到俭省节约，以确保吃穿用度；然而，江南地区的风气却铺张浪费，在节俭持家方面远远比不上北方。

在梁朝孝元帝时，有一位中书舍人，治理家业却缺乏法度，对待家人又太过严苛。妻妾于是一起买通了刺客，趁着他喝醉酒时，将他杀害。

人世间还有些名士，只一味讲究宽厚仁义，就连用来招待宾客的馈赠之物都被童仆克扣减损，承诺用来救济亲友的物品被妻子把持着，甚至还发生了侮辱宾客、侵扰乡邻的事情，这实在是危及家庭的祸端！

简评

在《治家》篇中，颜之推重点讨论了治家需要掌握的一些基本理论与方法。颜之推从历史的角度进行探讨，他认为，治理家庭与治理国家殊途同归，需要从上而下推行，换而言之，父母在子女面前必须做到率先垂范，也就是“自上而行于下者也，自先而施于后者也”。同时，颜之推还强调，治理家业要从小事抓起，不能有丝毫马虎。

06

风操篇：见似目瞿，闻名心瞿

《礼》曰：“见似目瞿，闻名心瞿。“有所感触，恻怆心眼；若在从容平常之地，幸须申其情耳。必不可避，亦当忍之；犹如伯叔兄弟，酷类先人，可得终身肠断，与之绝耶？又：“临文不讳，庙中不讳，君所无私讳。”益知闻名，须有消息，不必期（一定要）于颠沛而走也。梁世谢举，甚有声誉，闻讳必哭，为世所讥。又有臧逢世，臧严之子也，笃学修行，不坠门风；孝元经牧江州，遣往建昌督事，郡县民庶，竞修笺书，朝夕辐辏，几案盈积，书有称“严寒”者，必对之流涕，不省取记，多废公事，物情怨骇，竟以不办而还。此并过事也。

近在扬都，有一士人讳审，而与沈氏交结周厚，沈与其书，名而不姓，此非人情也。

凡避讳者，皆须得其同训（意思相同或相近的词）以代换之：桓公名白，博（博戏，旧时的一种棋局）有五皓之称；厉王名长，琴有修短之目。不闻谓布帛为布皓，呼肾肠为肾修也。梁武小名阿练，子孙皆呼练为绢；乃谓销炼物为销绢物，恐乖（违背）其义。或有讳云者，呼纷纭为纷烟；有讳桐者，呼梧桐树为白铁树，便似戏笑耳。

今人避讳，更急于古。凡名子者，当为孙地。吾亲识（亲友）中有讳襄、讳友、讳同、讳清、讳和、讳禹，交疏造次（仓促），一座百犯，闻者辛苦，无僇赖焉。

今译

《礼记》说：“看到与去世的父母相似的容貌，听到与去世的父母相同的名字，都会心跳难安。”这是因为有所感慨而引发了内心的哀痛。如果这类事在融洽的气氛下发生，可以把这种情感表达出来。若遇上实在难以避免的情况，就应该忍一忍。比如自家的叔伯、兄弟，容貌与去世的父母酷似，难道你能因而一辈子肝肠寸断，与他们断绝往来吗？《礼记》还说过：“写文章用不着避讳，在宗庙祭祀用不着避讳，在君主面前用不着避讳。”这就让我们进一步懂得了，听到先人的名字时，不妨先斟酌一下采取何种态度最为恰当，而不是马上窘迫地躲避。梁朝年间的谢举很有声誉，然而听到别人称呼先逝父母的名字就嚎啕大哭，从而引得世人讥笑。还有个人名叫臧逢世，是臧严的儿子，勤奋好学，修身养性，颇有读书人家的风骨。当时，梁元帝正在江州出任刺史，就派他去建昌督促公事，当地百姓写来许多信函。这些信函集中存放在官署里，在案桌上堆得满满的。臧逢世处理公务的时候，只要看到信函中有“严寒”一词，就会落泪，不再察看或回复，所以常常耽误公事。对此，人们既感到不满，又觉得诧异。最终，他因为办事不力被召回。以上列举的都是避讳不当的事例。

最近，扬都有位读书人很避讳“审”字，他与一位沈姓士人有深厚的交情，姓沈的士人给他写信，落款处只写名却不写姓，这就是不通人情了。

现在但凡要避讳某个字，就要用它的同义字来代替：齐桓公名为小白，故而五白这类博戏就有了“五皓”的别名；淮南厉王名为长，故而“人性各有长短”被说成“人性各有修短”。但是，没有听说过将“布帛”称为“布皓”，或将“肾肠”称为“肾修”的说法。梁武帝的小名为阿练，故而他的子孙都称练为绢，然而将“销炼物”称为“销绢物”就有悖于这个词的本意了。还有的人避讳“云”字，称“纷纭”为“纷烟”；有的人避讳“桐”字，称“梧桐树”为“白铁树”，这就像是玩笑话了。

在避讳这方面，现在的人比古人更严苛。那些为儿子取名的人，应该为自己的孙子留一些余地。我的亲朋好友之中，有避讳“襄”字的，有避讳“友”字的，有避讳“同”字的，有避讳“清”字的，有避讳“和”字的，有避讳“禹”字的。大家聚在一块时，关系比较疏远的人一时情急，难免说出冒犯众人的话，听话的人感到伤心，让人无所适从。

简评

作者在《风操》篇里阐述了封建士大夫应该遵循的门风节操。作者以传统经学为出发点，根据当时社会的实际情况，探讨了对“名讳”“称谓”等流行风尚的看法。在作者看来，讲究门风与节操是来自社会与时代的要求，但若为了追求个人的声誉而荒废公务，不通人情，也是不可取的。

07

慕贤篇：千载一圣，犹旦暮也

古人云："千载一圣，犹旦暮也；五百年一贤，犹比膞（xián，肩膀挨着肩膀）也。"言圣贤之难得，疏阔如此。傥（同"倘"）遭不世明达君子，安可不攀附景仰之乎？吾生于乱世，长于戎马，流离播越，闻见已多；所值名贤，未尝不心醉魂迷向慕之也。人在年少，神情未定，所与款狎，熏渍陶染，言笑举动，无心于学，潜移暗化，自然似之；何况操履艺能，较明易习者也？是以与善人居，如入芝兰之室，久而自芳也；与恶人居，如入鲍鱼之肆，久而自臭也。墨子悲于染丝，是之谓矣。君子必慎交游焉。孔子曰："无友不如己者。"颜、闵之徒，何可世得！但优于我，便足贵之。

世人多蔽，贵耳贱目，重遥轻近。少长周旋，如有贤哲，每相狎侮，不加礼敬；他乡异县，微藉风声，延颈企踵，甚于饥渴。校其长短，核其精粗，或彼不能如此矣，所以鲁人谓孔子为东家丘。昔虞国宫之奇，少长于君，君狎之，不纳其谏，以至亡国，不可不留心也。

用其言，弃其身，古人所耻。凡有一言一行，取于人者，皆显称之，不可窃人之美，以为己力；虽轻虽贱者，必归功焉。窃人之财，刑辟之所处；窃人之美，鬼神之所责。

梁孝元前在荆州，有丁觇者，洪亭民耳，颇善属文，殊工草隶；孝元书记，一皆使之。军府轻贱，多未之重，耻令子弟以为楷法，时云："丁君十纸，不敌王褒数字。"吾雅（甚、非常）爱其手迹，常所宝持。孝元尝遣典签惠编送文章示萧祭酒，祭酒问云："君王比赐书翰，及写诗笔，殊为佳手，姓名为谁？那得都无声问？"编以实答。子云叹曰："此人后生无比，遂不为世所称，亦是奇事。"于是闻者稍复刮目。稍仕至尚书仪曹郎，末为晋安王侍读，随王东下。及西台陷殁，简牍湮散，丁亦寻卒于扬州；前所轻者，后思一纸，不可得矣。

今译

古人说："一千年能出现一位圣人，已经快得如同朝暮之间；五百年能出现一位贤人，已经频繁得如同人群中肩碰着肩。"可见圣人、贤人已经到了如此稀少、难得的地步。如果遇见了人世间少有的明达君子，又如何能不攀附他、仰慕他呢？我在乱世出生，在兵荒马乱之中长大，颠沛流离，因而有不少见闻；然而每当遇上了贤人名士，仍然是心驰神往。年轻的时候，人的精神、性情都没有定型，与那些志趣相投的朋友朝夕相处，受到他们的熏陶、感染，他们的一举一动、一言一笑，纵然没有刻意模仿，却在潜移默化之中与他们有几分相似，更何况品德操守、技能本领都是容易学会的东西啊！故而，与善人打交道，就如同走进一间满是芝草、兰花的屋子，时间长了，自己也变得芬芳；与恶人打交道，就如同走进一间满是鲍鱼的商铺，时间长了，自己也变得腥臭。墨子看到人们染丝而发出感叹，大致说的就是这个意思。君子与人交往，一定要慎之又慎。孔子说过："别和不如自己的人做朋友。"像颜回、闵损那样贤明的人，我们终其一生也很难遇上！只要是比我强的人，我就应该敬重他。

世人经常有一种偏见：对传说中的东西孜孜以求，对亲眼看到的东西不屑一顾；对远处的事物心生向往，对近处的事物毫不挂怀。自幼一起长大的人，哪怕是贤能之人，人们也常常轻视他，而不是待之以礼；而从远方而来的能人异士，却靠着那么一点名气，让人们伸长脖子、踮起脚跟，朝思暮想，那种心情比忍饥挨饿还要难受。他们兴致勃勃地评论着他人的优劣长短，不厌其烦地讨论着他人的得失，就好像其他人不会这么做一样。故而，鲁国人将孔子称为"东家丘"。先前，虞国的宫之奇年龄比国君稍长，国君就很看不起他，也不听取他的意见，最终亡了国，这个教训不能不牢记于心啊。

听取了某人的意见却又对他弃之不理，这种行径在古人看来是可耻的。一旦采纳了某个意见或办理了某件事，就意味着得到了他人的帮助，应该对外说明，不应该窃取他人的成果，作为自己的功劳。哪怕是地位低下的人，也要肯定他的功劳。偷窃他人的财物，会遭受刑罚的处罚；窃取他人的功劳，会遭受鬼神的谴责。

以前，梁孝元帝在荆州为官，那里有个人名为丁觇，是洪亭人氏，喜欢写文章，尤其擅长草书、隶书，孝元帝把抄写文书的事都交给了他。军府里那些地位低下之人大多看不起他，不屑于让自己的弟子临摹他的书法，当时流传着一句话："丁君写的十张纸也比不上王褒的几个字。"我钟爱他的墨迹，将它们收藏起来。孝元帝曾经派典签惠编把文章送去给祭酒萧子云看，萧子云问惠编："最近国君写信给我，还有他诗歌文章里的书法也很漂亮，那书写的人的确是世间罕见的高手，他姓甚名谁？为什么没有一点名气呢？"惠编如实回答。萧子云不由感叹："没有哪个后生能和他相提并论，而他却并不为世人称道，实在是一桩奇事。"从那以后，听说过这事的人才对他稍加留意。后来，丁觇逐渐升迁尚书仪曹郎，最后又升为晋安王侍读，跟随晋安王一路东下。随着江陵沦陷，他的那些文书、信札也都失散了。不久后，丁觇在扬州去世。那些曾经看不起他的人，后来只是想看一眼他的一纸墨迹，却毫无办法。

简评

作者在《慕贤》篇里表达了自己仰慕贤才、求贤若渴的心情。在作者看来，年少时，人们应该多与那些德行高尚的君子结交，这样自己的性情会在潜移默化之中受到熏陶，成为有德行、有操守的君子。对那些德才兼备的人，平日里一定要以礼相待，多学习他们的长处，无论是对古代的贤能之人，还是对身边有德有才之人，都应如此。

08

勉学篇：自古明王圣帝，犹须勤学

自古明王圣帝，犹须勤学，况凡庶乎！此事遍于经史，吾亦不能郑重，聊举近世切要，以启寤（wù，通“悟”）汝耳。士大夫子弟，数岁已上，莫不被教，多者或至《礼》《传》，少者不失《诗》《论》。及至冠婚，体性稍定；因此天机，倍须训诱。有志尚者，遂能磨砺，以就素业，无履立者，自兹堕慢，便为凡人。人生在世，会当有业：农民则计量耕稼，商贾则讨论货贿，工巧则致精器用，伎艺则沈思法术，武夫则惯习弓马，文士则讲议经书。多见士大夫耻涉农商，差务工伎，射则不能穿札，笔则才记姓名，饱食醉酒，忽忽无事，以此销日，以此终年。或因家世余绪，得一阶半级，便自为足，全忘修学；及有吉凶大事，议论得失，蒙然张口，如坐云雾；公私宴集，谈古赋诗，塞默低头，欠伸而已。有识旁观，代其入地。何惜数年勤学，长受一生愧辱哉！

梁朝全盛之时，贵游子弟，多无学术，至于谚云：“上车不落则著作，体中何如则秘书。”无不熏衣剃面，傅粉施朱，驾长檐车，跟高齿屐，坐棋子方褥，凭斑丝隐囊（靠枕），列器玩于左右，从容出入，望若神仙。明经（六朝以明经取士）求第，则顾人答策；三九公瘉，则假手赋诗。当尔之时，亦快士也。及离乱之后，朝市迁革，铨衡选举，非复曩者之亲；当路秉权，不见昔时之党。求诸身而无所得，施之世而无所用。被褐而丧珠，失皮而露质，兀若枯木，泊若穷流，鹿独（颠沛流离的样子）戎马之间，转死沟壑之际。当尔之时，诚驽材也。有学艺者，触地而安。自荒乱以来，诸见俘虏。虽百世小人，知读《论语》《孝经》者，尚为人师；虽千载冠冕，不晓书记者，莫不耕田养马。以此观之，安可不自勉耶？若能常保数百卷书，千载终不为小人也。

今译

古往今来，那些明王圣帝都必须勤奋学习，更何况是平民百姓呢？这类事在经书典籍中比比皆是，我不想再列举，不如说一些最近的要紧事，从而启发你们。现如今，士大夫的子弟长到几岁之后，都要接受教育，学得多的人已经学完了《礼经》《春秋三传》；学得少的人，也学完了《诗经》《论语》。等他们长大成人，体质、性情慢慢成型，就要趁着这个时候抓紧训诫、教导他们。他们当中有志向的人，往往能经受住磨砺，成就一番事业；而没有操守的人，就会变得懒惰，沦为平庸之辈。人生在世，应该有一份工作：做农民，就要计划着耕田种地；做商贩，就要商量着交易买卖；做工匠，就要精心制作各种器具物品；做艺人，就要刻苦钻研各种技艺；做武士，就要熟悉骑马射箭；做文人，就要能探讨儒学经书。我见过很多士大夫以从事农业或商业为耻，又没有一门手工技艺傍身，让他射箭连一层铠甲都射不穿，让他写文章也只能写出自己的名字，终日里酒足饭饱，无所事事，消磨光阴，终此一生。还有些人受到祖上荫蔽，谋得一官半职，就此满足，荒废了学业，遇上吉凶大事，需要议论得失，却哑口无言，茫然而不知所措，就像坠入云里雾里一般。在各种公私宴会上，他人谈古论今，赋诗明志，他的嘴就像被堵上了一般，低头不语，只有打哈欠的份儿。那些见识广博的旁观者都替他害臊，感到无地自容。这些人啊，为何不肯花费几年光阴勤学苦练，而宁可一生受辱呢？

梁朝全盛年间，那些达官贵人的子弟大多不学无术，就像当时流传的谚语所说："登车不跌跤，可当著作郎；会说身体好，可作秘书官。"这些贵族子弟个个用香料熏衣裳，修脸剃面，涂脂抹粉；他们乘坐着长檐车外出，穿着高齿屐走路，坐在绣着方格状图案的丝绸坐垫上，靠着五色丝线纺织而成的靠枕，身旁摆放着各类古玩，进进出出，派头十足，就像神仙一般。到了明经答问、求取功名时，他们就雇人代替自己去考试；在三公九卿列席的宴会上，他们假借他人之手来为自己吟诗作赋。在这些时候，他们却有模有样的。动乱之时，朝廷更迭，考察选拔官吏，不再任人唯亲，在朝廷执掌大权的人也失去了同党。这时，这些贵族子弟无法自立，又无法在社会上发挥才干。他们只能身穿粗布衣裳，贩卖家中珠宝，褪去华丽的外表，暴露出无能的本质。呆头呆脑的，就像一段枯朽的木头；有气无力的，就像快要干涸的流水；在乱军之中四处漂泊，最终抛尸在荒野。这些贵族子弟在这时成了彻底的蠢材。有学识、有技艺的人，无论走到哪里，都能站稳脚跟。自从兵荒马乱以来，我见过很多俘虏，有的人虽然世代都是平民百姓，却懂得《孝经》《论语》，还能当别人的老师；还有的人，虽然是代代相传的世家子弟，却不会写书法，也不会做文章，只能去为别人耕田、放马。由此可见，怎么能不勤奋学习呢？如果能时不时翻阅那数百卷书卷，哪怕再过上一千年，也不会沦为人格卑下的人。

简评

在《勉学》一篇中，颜之推的一番话语感人至深，如果把它放在案头，会让人深感警觉，将读书视为一桩大事。这篇文章不厌其烦，谆谆教诲，告诫后学，言辞恳切，但凡求学之人，都应该熟记于心，明白其中的深意。读《勉学》篇，可以从中探究学习的窍门，简而言之，勉力求学是为了充实自身，而不是为了向他人卖弄。古人尚且如此，今人更要如此。“勉学”二字，“勉”是努力，“学”是学习，言尽于此，已经道明本篇的中心思想。

通读《颜氏家训》一书，《勉学》篇可以说是最重要的一篇，颜之推语重心长地道出了“人生在世，会当有业”的道理。与此同时，他还猛烈地抨击了当时那些贵族子弟不务正业，没有能力，靠着门第而身居高位的现状。他清醒地意识到门阀制度弊端重重，故而谆谆教诲自己的孩子：不要轻视工、农、士、商、兵任何一个行业，每个行业都有各自的学问和窍门。行业没有高低贵贱之分，只要掌握了一门技艺，就能安身立命，否则就容易荒废一生。

09

文章篇：学问有利钝，文章有巧拙

学问有利钝，文章有巧拙。钝学累功，不妨精熟；拙文研思，终归蚩鄙。但成学士，自足为人。必乏天才，勿强操笔。吾见世人，至无才思，自谓清华，流布丑拙，亦以众矣，江南号为詅（líng）痴符（旧时方言，指的是没有真才实学而善于自夸的人）。近在并州，有一士族，好为可笑诗赋，誂擎邢、魏诸公，众共嘲弄，虚相赞说，便击牛酾酒，招延声誉。其妻，明鉴妇人也，泣而谏之。此人叹曰："才华不为妻子所容，何况行路！"至死不觉。自见之谓明，此诚难也。

学为文章，先谋亲友，得其评裁，知可施行，然后出手；慎勿师心自任，取笑旁人也。自古执笔为文者，何可胜言。然至于宏丽精华，不过数十篇耳。但使不失体裁，辞意可观，便称才士；要须动俗盖世，亦俟河之清乎！

不屈二姓，夷、齐之节也；何事非君，伊、箕之义也。自春秋已来，家有奔亡，国有吞灭，君臣固无常分矣；然而君子之交绝无恶声，一旦屈膝而事人，岂以存亡而改虑？陈孔璋居袁裁书，则呼操为豺狼；在魏制檄，则目绍为蛇虺（huǐ，蛇、虺皆为蛇类，比喻凶残狠毒之人）。在时君所命，不得自专，然亦文人之巨患也，当务从容消息（斟酌）之。

齐世有席毗者，清干之士，官至行台尚书，嗤鄙文学，嘲刘逖云："君辈辞藻，譬若荣华，须臾之玩，非宏才也；岂比吾徒千丈松树，常有风霜，不可凋悴矣！"刘应之曰："既有寒木，又发春华，何如也？"席笑曰："可哉！"

凡为文章，犹人乘骐骥（qí jì，良马），虽有逸气，当以衔勒制之，勿使流乱轨躅（zhú，轨迹），放意填坑岸也。

文章当以理致为心肾，气调为筋骨，事义为皮肤，华丽为冠冕。今世相承，趋本弃末，率多浮艳。辞与理竞，辞胜而理伏；事与才争，事繁而才损。放逸者流宕而忘归，穿凿者补缀而不足。时俗如此，安能独违？但务去泰去甚耳。必有盛才重誉，改革体裁者，实吾所希。

古人之文，宏才逸气，体度风格，去今实远；但缉缀疏朴，未为密致耳。今世音律谐靡，章句偶对，讳避精详，贤于往昔多矣。宜以古之制裁为本，今之辞调为末，并须两存，不可偏弃也。

今译

做学问有敏锐与迟钝之分，写文章有巧妙与拙劣之分。迟钝的人，即使不断努力，学问也很难臻于纯熟；写文章拙劣的人，哪怕反复推敲，写的文章仍难免不入流。只要能成为饱学之士，就能在世间立足、为人。然而，如果确实缺乏写作天赋，还是不要勉强自己下笔为好。我看啊，世上有的人，丝毫没有才思，却号称文章清丽华美，四处传播他那些拙劣不堪的文章，这种人实在是太多了，江南一带称这种人为詅痴符。近来，并州有一位士族尤其喜欢写拙劣滑稽的诗歌，与邢邵、魏收诸公开玩笑。大伙儿一起嘲笑这位士族，假意称赞他的诗歌。这位士族信以为真，杀牛倒酒、宴请宾客、招揽声誉。他的妻子是一个明白人，哭着劝他别这么做。这位士族叹息："连妻子都不认可我的才华，更何况陌生人呢！"他到死都没能醒悟。能够自知，才称得上聪明，但确实不容易做到啊。

学习如何写文章，应该先征求一下亲友的意见，经过他们的一番赏析、甄别，直到能在人群中传颂了，再出手；注意不要任由自己的性子胡来，免得遭人耻笑。古往今来，执笔写文章的人数也数不清，然而能达到精美、瑰丽的境界的，不过数十篇罢了。写出的文章只要不违背原本的结构规范，词意通达，就算得上是才士了。非要写出惊世骇俗、气盖群雄的文章，恐怕只能等到黄河水澄清的那一天吧！

不愿委身于两个王朝，这是伯夷、叔齐的气节；愿意侍奉任何一位君王，这是伊尹、箕子的道理。自春秋年间以来，士大夫家族四处流亡、逃窜，邦国被吞并、覆灭，君主与臣子之间早就没有了固定的名分。然而，君子打交道绝不会互相诋毁，一旦委身侍奉他人，又怎么能因他的存亡而改变自己的初衷呢？陈孔璋为袁绍效力，撰写文章，就称曹操为豺狼；在魏国担当草檄，就视袁绍为蛇蝎。这是遵循当时君王的命令，自己也是身不由己，但这是文人的大毛病，应当从容斟酌。

齐朝年间，有个人名为席毗，是个清明、干练之人。在朝为官，当了行台尚书。他嘲笑、鄙视某些文章，讥讽刘逖说：“你辈文章的辞藻，就如同荣华富贵，只能欣赏片刻，却称不上栋梁之才；哪里能与我辈这般千丈青松相提并论，纵然饱经风霜，也不会凋零憔悴！”刘逖回答：“既是耐得住严寒的树木，又能在春日里开花，这样如何？”席毗笑着说：“那当然最好！”

写文章就如同驾驭良驹一样，虽然良驹丰神俊朗，却应该用嚼口和络头来控制它，免得它乱了阵脚，胡乱奔跑，最终落入沟壑之中。

写文章，应该以义理、情致作为心肾，以气韵才情作为筋骨，以典故与事实作为皮肤，以华美的辞藻作为服饰。如今人们因继承前人写作的传统，关注细枝末节，反而丢失了根本，写出来的文章轻浮、华丽，文辞与义理互为比较，却文辞优美而义理薄弱；内容与才情一争高低，却内容庞杂而才情不足。放纵不羁之人所写的文章，酣畅淋漓，却偏离主旨；字斟句酌之人写的文章，堆砌材料却文采匮乏。如今的风气就是如此，你们又如何能独自避免呢？你们只要能做到写文章不要太过分，不要走极端，就足够了。能有才华卓越、声望显赫的人来改革文章体制，这才是我希望的。

古人写的文章，才华横溢，气势磅礴，其风格体例，与如今相去甚远。古文在遣词造句方面质朴简洁，不讲究细致严密。反观如今的文章，音律和谐迤逦，语句对仗工整，避讳精准详细，这些方面都比以前强。应该将古人所写文章的结构、体例作为根本，将今人所写文章的语句韵律作为枝叶，两者并存，不可偏废其一。

简评

在《文章》一篇中，颜之推提出各类文章都有各自的用途，不可有所偏废。节选章节重点强调，子孙后代在遣词造句、撰写文章的时候要古今对照，各取所长，既要遵循古人文章典雅周正的文风，又要注重当今语句韵律的韵味，不要盲目地跟从社会上不正的风气，这样才能写出千古流传的好文章。

10

名实篇：名之与实，犹形之与影也

名之与实，犹形之与影也。德艺周厚，则名必善焉；容色姝丽，则影必美焉。今不修身而求令名于世者，犹貌甚恶而责妍影于镜也。上士忘名，中士立名，下士窃名。忘名者，体道合德，享鬼神之福佑，非所以求名也；立名者，修身慎行，惧荣观之不显，非所以让名也；窃名者，厚貌深奸，于浮华之虚称，非所以得名也。

人足所履，不过数寸，然而咫尺之途，必颠蹶（跌倒）于崖岸，拱把之梁，每沉溺于川谷者，何哉？为其旁无馀地故也。君子之立己，抑亦如之。至诚之言，人未能信，至洁之行，物或致疑，皆由言行声名，无馀地也。吾每为人所毁，常以此自责。若能开方轨（车辆并行，指的是平坦大道）之路，广造舟（造船为桥，指的是今之浮桥）之航，则仲由之言信，重于登坛之盟，赵熹之降城，贤于折冲之将矣。

吾见世人，清名登而金贝入，信誉显而然诺亏，不知后之矛戟，毁前之干橹也。宓子贱云：“诚于此者形于彼。”人之虚实真伪在乎心，无不见乎迹，但察之未熟耳。一为察之所鉴，巧伪不如拙诚，承之以羞大矣。伯石让卿，王莽辞政，当于尔时，自以巧密；后人书之，留传万代，可为骨寒毛竖也。近有大贵，以孝著声，前后居丧，哀毁逾制，亦足以高于人矣。而尝于苫（shān）块（古人居父母之丧，以草垫为席，土块为枕）之中，以巴豆涂脸，遂使成疮，表哭泣之过。左右童竖，不能掩之，益使外人谓其居处饮食，皆为不信。以一伪丧百诚者，乃贪名不已故也。

有一士族，读书不过二三百卷，天才钝拙，而家世殷厚，雅自矜持，多以酒犊珍玩，交诸名士，甘其饵者，递共吹嘘。朝廷以为文华，亦尝出境聘。东莱王韩晋明笃好文学，疑彼制作，多非机杼，遂设宴言，面相讨试。竟日欢谐，辞人满席，属音赋韵，命笔为诗，彼造次即成，了非向韵。众客各自沉吟，遂无觉者。韩退叹曰：“果如所量！”韩又尝问曰：“玉珽（tǐng，即玉笏，旧时天子所持的玉制手板）杼上终葵首，当作何形？”乃答云：“珽头曲圜，势如葵叶耳。”韩既有学，忍笑为吾说之。

今译

名声与实质的关系，就像形体与影子的关系。一个人德才兼备，一定有好名声；一个人容貌出众，影子一定也很美。现如今，有的人不注重修身养性，却期盼着好名声能在社会上传扬，这就如同相貌丑陋却希望镜子中能出现漂亮的影子一般。品性上等的人早就忘记了名声，品性中等的人努力树立好名声，品性下等的人竭力沽名钓誉。将名声置之度外的人，能够体察事物的规律，让一言一行符合道德规范，故而得到鬼神的庇佑，不用自己去谋求名声；树立名声的人，竭力提高道德修养，慎重对待言行举止，时常担心不能彰显自己的声誉，故而在名声方面也不会谦让；沽名钓誉的人，看似忠厚老实，实则大奸大恶，贪求虚名，故而也不会得到好名声。

人的脚踩在地上，覆盖的面积只有几寸，然而行走在咫尺之宽的山道上，也会摔下山崖；从只有碗口粗的独木桥上渡河，也会落入河里淹死，为什么呢？这是因为人的脚旁没有留余地。君子想要立足于社会，就要遵循这个道理。最诚实的话，其他人未必相信；最高洁的行为举止，其他人往往容易怀疑。这正是这类言论、行为的名声太好，没有留有余地所导致的。每当我被他人诋毁时，就会常常因此而自责。如果你们能开辟出平坦大道，能让河上的浮桥加宽，那么你们就能像子路一样，说出的话令人信服，胜过诸侯登坛结盟的盟约；也能像赵熹一样，将敌方盘踞已久的城寨招降，胜过杀敌获胜的将军。

我看世上那些人，在树立了清白的好名声以后，就将金银财宝敛入腰包；在彰显了信誉之后，就不再信守承诺，却不知道自己说出的话自相矛盾。宓子贱说过："诚于此者形于彼。"人的真实或虚伪本质上在于内心，但会通过他的形迹显露出来，只是人们没有深入探究而已。如果进行考察甄别，那么善于伪装的人就比不上稚拙赤诚的人，他终将蒙羞受辱。春秋年间，伯石曾经三次推辞卿的册封；汉朝年间，王莽也曾经多次推辞大司马的任命。那时他们自认为把事情做得很缜密，可后人记载下他们的言行，世代流传，人们读罢，觉得毛骨悚然。近来，有一位大官以孝顺而闻名于世，在居丧期间，他的悲伤远远超出了丧礼的要求，他的孝心可以说超出了一般人。然而，在居丧期间，他曾经在草垫土块之中，用巴豆涂抹脸庞，以至于脸上长出了疮疤，借此来表现他哭得有多惨。他身边的童仆没能为他掩盖住这件事，使这事传了出去，以至于外人不再相信他在饮食起居等各方面表现出的孝心。在一件事情上弄虚作假，就会在很多事情上丧失信誉，这正是因贪求名声而不知满足啊。

还有一位士家子弟，只读过二三百卷书罢了，天性也比较愚钝，然而他家境殷实，颇有些骄傲自负。他常常用美酒、牛肉、珍奇古玩来结交和诱惑名士，但凡受惠于他的人，都纷纷吹捧他。朝廷以为他才能过人，曾经派他作为使节去各国出访。东莱王韩晋明酷爱文学，怀疑这位士族所写的文章大部分不是来自于自己的构思，就设下筵席，与他交谈，打算当面考一考他。设宴那天，气氛融洽欢乐，文人才子欢聚一堂，大伙儿挥毫弄墨，吟诗作赋。这位士族也拿起笔来，一挥而就，然而诗歌却完全没有之前的风韵。众宾客专心低吟，没有发现这篇诗歌有何异常。退席后，韩晋明感叹："果然不出所料！"韩晋明又问他："'玉珽杼上终葵首'，应该是什么样子呢？"他回答："玉珽的头部弯曲圆润，看上去就像葵叶一般。"韩晋明是个有学识的人，他忍着笑跟我说了这事。

简评

颜之推在《名实》一篇中主要探讨了名声与实质的关系问题，从而引出了当今之人大多名不副实的问题。在颜之推看来，好的名声是通过自己的"德艺周厚""修身慎行"而获得的，这种好名声是名副其实的；却也不乏沽名钓誉之徒，通过各种不正当手段谋取虚名，这种"好"名声是名不副实的。然而，一切虚假或伪善的东西最终都会败露，"好"名声也会随风而逝。

11

涉务篇：士君子之处世，贵能有益於物耳

士君子之处世，贵能有益于物耳，不徒高谈虚论，左琴右书，以费人君禄位也。国之用材，大较不过六事：一则朝廷之臣，取其鉴达治体，经纶博雅；二则文史之臣，取其著述宪章，不忘前古；三则军旅之臣，取其断绝有谋，强干习事（精明强悍，熟悉事务）；四则藩屏之臣，取其明练风俗，清白爱民；五则使命之臣，取其识变从宜，不辱君命；六则兴造之臣，取其程功节费，开略有术，此则皆勤学守行者所能辨也。人性有长短，岂责

具美于六涂哉？但当皆晓指趣，能守一职，便无愧耳。

吾见世中文学之士，品藻（鉴定等级）古今，若指诸掌，及有试用，多无所堪。居承平之世，不知有丧乱之祸；处庙堂之下，不知有战陈（作战的阵法）之急；保俸禄之资，不知有耕稼之苦；肆吏民之上，不知有劳役之勤，故难可以应世经务也。晋朝南渡，优借士族；故江南冠带，有才干者，擢为令仆已下尚书郎中书舍人已上，典章机要。其余文义之士，多迂诞浮华，不涉世务；纤微过失，又惜行捶楚，所以处于清高，盖护其短也。至于台阁令史，主书监帅，诸王签省，并晓习吏用，济办时须，纵有小人之态，皆可鞭杖肃督，故多见委使，盖用其长也。人每不自量，举世怨梁武帝父子爱小人而疏士大丈，此亦眼不能见其睫耳。

梁世士大夫，皆尚褒衣博带，大冠高履，出则车舆，入则扶侍，郊郭之内，无乘马者。周弘正为宣城王所爱，给一果下马（一种矮小的马，能从果树下行走），服御之，举朝以为放达。至乃尚书郎乘马，则纠劾之。及侯景之乱，肤脆骨柔，不堪行步，体羸气弱，不耐寒暑，坐死仓猝者，往往而然。建康令王复性既儒雅，未尝乘骑，见马嘶喷陆梁（奔腾跳跃），莫不震慑，乃谓人曰："正是虎，何故名为马乎？"其风俗至此。

古人欲知稼穑之艰难，斯盖贵谷务本之道也。夫食为民天，民非食不生矣，三日不粒，父子不能相存。耕种之，薅（lì，通"薅"，除草）盰之，刈获之，载积之，打拂之，簸扬之，凡几涉手，而入仓廪，安可轻农事而贵末业哉？江南朝士，因晋中兴，南渡江，卒为羁旅，至今八九世，未有力田，悉资俸禄而食耳。假令有者，皆信（依靠）僮仆为之，未尝目观起一墢（mǽng，耕地时一耦所翻起的土）土，耕一株苗；不知几月当下，几月当收，安识世间馀务乎？故治官则不了，营家则不办，皆优闲之过也。

今译

君子为人处世，贵在能对其他人有所裨益，不仅是高谈阔论，弹琴读书，以此消耗国君提供的俸禄或官职。能为国家所用的人才不外乎六种：

第一种是朝廷之臣，他们知晓政治法典，规划处理国务，学识渊博，品性高洁；第二种是文史之臣，他们能撰文写书，阐述先贤治乱兴革的缘由，让今人牢记前人的教训与经验；第三种是军旅之臣，他们杀伐果决，精明强悍，熟悉战阵布局；第四种是藩属之臣，他们精通地方民俗，清廉高洁，庇护百姓；第五种是使命之臣，他们善于洞悉变化，择善而从之，不辜负君主托付的外交职责；第六种是兴造之臣，他们能计算功效，节约开支，善于筹划。上述六种臣子，都是努力学习、维持操守的人才能成为的。人的资质天赋有高下之分，怎能强求一个人将上述“六事”做得面面俱到呢？然而，人人都应该懂得其中的要领，能在自己的职位上恪尽职守，也就问心无愧了。

纵观世上那些摆弄文学之人，他们评论古今，明白得如同摆弄掌中之物一样，然而若要让他们去干一番实事，大多数人却难当重任。他们生活在安定的年代，不知道会遭受兵荒马乱的祸患；他们在朝为官，不知道战争攻伐的紧迫；他们有稳定的俸禄，不明白辛勤耕种的劳苦；他们高高在上，不懂得劳役的辛劳。故而，他们很难顺应时势去处理公务。晋朝南渡之后，朝廷厚待士族，故而江南那些官吏，但凡有些才能的，都被擢升为尚书令、尚书仆射以下，尚书郎、中书舍人以上的官职，由他们处理各种政要大事。剩下那些夸夸其谈的书生，大多迂腐骄矜，徒有其表，从不接触实际事务；犯的一些小错误，又不足以对他们处以杖责等处罚，故而只能让他们担任一些好名声的职位，借此来掩饰他们的不足。至于尚书省的令史、主书、监帅，诸王身边的签帅、省事等，都是由熟悉官吏事务、能够担负责任的人来担当，即使其中有的人表现不佳，也能处以鞭打杖责，严加管教，这些人能被任用，大概也是用其所长吧。人经常容易不自量力，当时人们抱怨梁武帝父子亲近小人、疏远贤良，这就好像眼珠子看不到睫毛一样，其实是没有自知之明的表现。

梁朝的士大夫偏好宽袍长带，大帽高履，外出乘坐车舆，在家中由童仆伺候，在城郊之内，士大夫从不骑马。周弘正深受宣城王宠爱，获得一匹果下马，外出常常骑马，朝廷官员都认为他狂傲放纵。如果尚书郎一类的官员在城内骑马，还会有人弹劾举报。到了侯景之乱时，这些士大夫肌肤娇嫩，筋骨脆弱，连走路都费劲；身体瘦弱，气血不足，受不住严寒酷暑，面对仓促间的变乱，这些人只能坐以待毙。建康令王复，性情温文尔雅，从没骑过马，每当看到马嘶吼奔腾，就感到震惊难安，对其他人说："这明明是老虎，为何要称它为马呢？"可见，那时的风气已经到了这等地步。

古时候，人们试图了解农业生产的艰辛，这也体现了重视粮食、以农为本的思想。吃饭是国计民生的头等大事，老百姓没了粮食，就活不下去，三天没有饭吃，哪怕是父子之间，也没有心思问候彼此。耕种一季粮食，需要经过耕地、播种、除草、松土、收割、运载、脱粒、簸扬等多道工序，粮食最终才能入仓，怎么还能轻视农业而注重商业呢？江南朝廷的士大夫因为晋朝兴盛，渡江南下，客居异乡，如今已经延续了八九代，却从不愿出力干农活，而是靠着俸禄维持生计。哪怕有田地，也靠着童仆耕种，自己却从未亲自翻过一尺土，薅过一株苗；不知道应该何时播种，也不知道应该何时收割，这样又怎能知道其他社会上的事务呢？因此，他们为官却不明白吏道，治家又不懂得经营，这一切都是生活太悠哉造成的。

简评

颜之推在《涉务》篇里阐述了要做实事的观点，主张人们应专心致志处理事务。到了南朝后期，南方地区的门阀制度逐渐衰落，大多数士族子弟都是"金玉其表，败絮其中"，很少有人能踏踏实实办实事，朝廷也不得不动用庶民寒士来处理各种要务。颜之推是士族出身，对于这种现状，他看在眼中，急在心中，在《涉务》篇里强烈谴责了那些形同废物、不办实事的士族子弟。此外，他还提出，身为士大夫，为人处世要对社会、对百姓有所裨益，要抛弃清高虚名，力求实事求是，唯有如此，才能利国利民利己。

12

省事篇：多为少善，不如执一

铭金人云：“无多言，多言多败；无多事，多事多患。”至哉斯戒也！能走者夺其翼，善飞者减其指，有角者无上齿，丰后者无前足，盖天道不使物有兼焉也。古人云：“多为少善，不如执一；鼫（shí）鼠五能，不成伎术。”近世有两人，朗悟士也，性多营综，略无成名。经不足以待问，史不足以讨论，文章无可传于集录，书迹未堪以留爱玩，卜筮（shì）射六得三，医药治十差五，音乐在数十人下，弓矢在千百人中，天文、画绘、棋博，鲜卑语、胡书，煎胡桃油，炼锡为银，如此之类，略得梗概，皆不通熟。惜乎，以彼神明，若省其异端，当精妙也。

上书陈事，起自战国，逮于两汉，风流弥广。原其体度：攻人主之长短，谏诤之徒也；讦群臣之得失，讼诉之类也；陈国家之利害，对策之伍也；带私情之与夺，游说之俦也。总此四涂（通“途”，道路），贾诚以求位，鬻言以干禄。或无丝毫之益，而有不省之困，幸而感悟人主，为时所纳，初获不赀之赏，终陷不测之诛，则严助、朱买臣、吾丘寿王、主父偃之类甚众。良史所书，盖取其狂狷（juàn，谨慎自守之人）一介，论政得失耳，非士君子守法度者所为也。今世所睹，怀瑾瑜而握兰桂者，悉耻为之。守门诣阙，献书言计，率多空薄，高自矜夸，无经略之大体，咸豹糠之微事，十条之中，一不足采，纵合时务，已漏先觉，非谓不知，但患知而不行耳。或被发奸私，面相酬证，事途回穴，翻惧愆尤（罪过）；人主外护声教，脱加含养，此乃侥幸之徒，不足与比肩也。

君子当守道崇德，蓄价待时，爵禄不登，信由天命。须求趋竞，不顾羞惭，比较材能，斟量功伐，厉色扬声，东怨西怒；或有劫持宰相瑕疵，而获酬谢，或有喧聒时人视听，求见发遣；以此得官，谓为才力，何异盗食致饱，窃衣取温哉！世见躁竞得官者，便谓“弗索何获”；不知时运之来，不求亦至也。见静退未遇者，便谓“弗为胡成”；不知风云不与，徒求无益也。凡不求而自得，求而不得者，焉可胜算乎！

今译

孔子曾在周朝的宗庙里看见一个铜像，其后背刻着几行字：“不要多说话，话多则受损；不要多管闲事，多管闲事则招致灾祸。”这个训诫说得实在是妙！对动物而言，擅长奔跑的就不会长翅膀，擅长飞翔的就不会长前肢，头上有角的嘴里就不长上齿，后肢发达的前肢就会退化，这大约就是自然法则吧，让动物各有优劣。古人说得好：“很少有人能干得多，又干得好，那就不如专心致志地做好一件事；鼫鼠身怀五种本事，却很难派上用场。”最近有两个人，都是聪颖之人，兴趣众多，却不具备哪一项专长能让他们树立起声誉。他们的经学知识经不起他人拷问，他们的史学知识又不足够与他人探讨；他们的文章达不到编集传世的水平，书法作品也不值得收藏欣赏；他们为别人卜筮，六次只有三次是对的，为别人看病，只有一半能够痊愈；他们在音乐上的造诣在数十人之下，射箭的本事也不是卓越超群，天文、绘画、棋艺、鲜卑话、胡人的文字、煎胡桃油、炼锡成银等技艺，也是略知一二，并不算精通。实在是可惜，他们拥有非凡的精神与灵气，如果能放下其他的兴趣，专心致志地研究其中一种，一定能达到精妙的地步。

上书国君表达意见起源于战国年间，到了两汉时期，这种风气更盛行。这类上书大致可分为四类：指责君主的长短，属谏诤一类的；攻讦群臣的得失，属讼诉一类的；阐述国家的利弊，属对策一类的；通过私人感情来打动对方，属游说一类的。总而言之，这四种方式都是通过表现忠诚来谋求地位，通过表达言论来谋求利益。他们所说的意见也许没有丝毫裨益，可能因不被国君理解而招致困扰；或者有幸能让国君有所感悟，被及时采纳，最初获得了难以估算的赏赐，然而最终却招致难以估测的杀身之祸，就像严助、朱买臣、吾丘寿王、主父偃这些人，这类例子很多。优秀的史官只是挑选出那些狂狷耿介之人来评论时势得失，然而这些事情都不是世家君子或遵循法度之人能干得出来的。就我目前所看到的来说，德才兼备之人都以做这种事为耻。守候在国君出入必经的门户外，或亦步亦趋地来到朝廷的殿堂之上，通过上书向国君献计，然而这些东西大多是空洞浅薄的，或是自夸自卖的，根本没有治理国家的准则，只是一些鸡毛蒜皮之事，十条意见之中也许没有一条值得采纳；哪怕其中有符合实际情况的言论，也是别人早就意识到的问题，而不是人们没有意识到的。令人忧虑的是，明明意识到了却不去实行。有时候，上书者被人揭露出奸诈营私之事，当面与人对峙，事情的发展与变化反复无常，这时候当事人常常担惊受怕。国君为了维护朝廷声誉，或许会包涵他们，那他们也只算是侥幸豁免，正人君子是不愿与他们为伍的。

作为君子，要恪守正道，推崇德行，积累声望，等候时机。如果一个人的官职与俸禄不能擢升，那只能是因为天命了。自己四处奔走求索，不顾羞耻，与他人比较才能的高下，计较功劳的大小，声色俱厉，满腹抱怨，甚至还有人用宰相的缺点要挟对方，只为谋求酬劳，有的人吵吵嚷嚷，混淆视听，以求早日被任用。通过这些手段谋求官职，把这说成是自己的才华与能力，这与窃取食物来果腹，盗窃衣服来取暖，又有何区别？人们看到那些四处奔走而钻营官职的人，就会说："不去索取，又如何能获得呢？"他们有所不知，时运到来的时候，你不求取，也会获得。人们看到那些谦逊礼让却没有获得赏识的人，就会说："不去争取，又如何能成功呢？"他们有所不知，时机未到，徒然追求，也没有丝毫好处。人世间那些没有索取却获得了的人，或是那些索取了却一无所获的人，又哪里能算得清呢？

简评

颜之推在《省事》一篇提出了“省事”的观念，言下之意就是要减少事情。在颜之推看来，如果不想让家庭蒙受祸事，不想让家庭成员的生活颠沛流离，就要做到不多说，不多管闲事，这是因为“多说多败，多事多患”。历史上不乏巧言善辩之人，下场往往凄惨，颜之推列举了不少事例，这些人凭着三寸不烂之舌，或许能一时得势，却往往躲不开身败名裂、家破人亡的下场。

13

止足篇：情性不知其穷

《礼》云：“欲不可纵，志不可满。”宇宙可臻其极，情性不知其穷，唯在少欲知足，为立涯限尔。先祖靖侯戒子侄曰：“汝家书生门户，世无富贵；自今仕宦不可过二千石，婚姻勿贪势家。”吾终身服膺，以为名言也。

天地鬼神之道，皆恶满盈。谦虚冲损，可以免害。人生衣趣（仅仅够）以覆寒露，食趣以塞饥乏耳。形骸之内，尚不得奢靡，己身之外，而欲穷骄泰邪？周穆王、秦始皇、汉武帝，富有四海，贵为天子，不知纪极，犹自败累，况士庶乎？常以二十口家，奴婢盛多，不可出二十人，良田十顷，堂室才蔽风雨，车马仅代杖策，蓄财数万，以拟吉凶（婚嫁丧娶）急速，不啻此者，以义散之；不至此者，勿非道求之。

仕宦称泰，不过处在中品，前望五十人，后顾五十人，足以免耻辱，无倾危也。高此者，便当罢谢，偃仰私庭。吾近为黄门郎，已可收退；当时䍐（xiàn）旅（客居异乡），惧罹谤䜃（shì，诽谤），思为此计，仅未暇尔。自丧乱已来，见因托风云，侥幸富贵，旦执机权，夜填坑谷，朔欢卓郑，晦泣颜原者，非十人五人也。慎之哉！慎之哉！

今译

《礼记》说："欲望不可放纵，志向不可满足。"宇宙天地是何其大，却也会达到极限，人的天性也是没有穷尽的，只有寡欲而知足，才能划出一定的界限来。先祖靖侯曾告诫子侄："你们家是书生门户，世世代代都不曾有过富贵生活；从今往后，你们为官，担任的官职年俸不可超过二千石；你们结婚，不可贪求高攀那些豪门显贵。"我一生都把这些话牢记在心，当成至理名言。

憎恶满溢乃大自然的法则。谦虚淡泊，就能避免祸患。人生在世，只要衣服足够御寒，食物足够果腹，就可以了。穿衣、饮食这两件事情与人关系密切，在这两方面尚且不应该奢侈、浪费，更何况是那些并非身体所必需的事情，又何必要如此奢侈？周穆王、秦始皇、汉武帝，都贵为天子，四海皆为他们所有，仍旧不知满足，到头来还是遭受祸患，更何况是普通人呢？我一直认为，对一个二十口人的家庭来说，奴婢最多不能超过二十人，良田只需要十顷，屋舍只要能遮风挡雨，车马只要能代步，钱财只要积蓄几万，以备婚丧嫁娶之用，一旦超出这个数目，就应该仗义疏财；倘若达不到这个数目，也不能通过不正当的手段谋求。

我认为，在朝为官，最高只要做到中等品级就行了，向前看，前面有五十人，向后看，后面也有五十人，这样既不用感到羞耻，也不用承担风险。面对比中品更高的官职，就要婉言谢绝，闭门在家，安乐度日。我最近担当黄门侍郎一职，已经可以告退了；只是客居异乡，唯恐遭人攻击诽谤，虽然已经有这个打算，只是没找到机会。自从丧乱发生以来，我看见有人趁机而起，侥幸获得富贵，白天还大权在握，晚上却已尸填坑谷；月初时还庆幸自己像卓氏、程郑那么富有，到了月底时，又唏嘘自己像颜渊、原宪那么贫困。有过这种际遇的人，恐怕远不止十个、五个。要小心啊！要小心！

简评

颜之推在《止足》一篇中提出了“止足”的观点，其实就是“知足”，言下之意便是既要知足，又要知止。所谓知止，就是在朝为官或积聚钱财都要把握一个尺度，身居高位或财富太多，都很容易招致灾祸，不如把握好尺度，平安度日。颜之推认为，安身立命、保全门第最重要的一点就是少欲而知足。在《止足》篇中，颜之推谆谆教诲，劝告子女要谨慎处世，谨慎为人。

14

诫兵篇：国之兴亡，兵之胜败

颜氏之先，本乎邹、鲁，或分入齐，世以儒雅为业，遍在书记。仲尼门徒，升堂者七十有二，颜氏居八人焉。秦、汉、魏、晋，下逮齐、梁，未有用兵以取达者。春秋世，颜高、颜鸣、颜息、颜羽之徒，皆一斗夫耳。齐有颜涿聚，赵有颜冣（zuì，通“最”），汉末有颜良，宋有颜延之，并处将军之任，竟以颠覆。汉郎颜驷，自称好武，更无事迹。颜忠以党楚王受诛，颜俊以据武威见杀，得姓已来，无清操者，唯此二人，皆罹祸败。顷世乱离，衣冠之士，虽无身手，或聚徒众，违弃素业，侥幸战功。吾既羸薄，仰惟前代，故置心于此，子孙志之。孔子力翘（举）门关，不以力闻，此圣证也。

吾见今世士大夫，才有气干，便倚赖之，不能被（披）甲执兵，以卫社稷；但微行险服，逞弄拳腕，大则陷危亡，小则贻耻辱，遂无免者。

国之兴亡，兵之胜败，博学所至，幸讨论之。入帷幄之中，参庙堂之上，不能为主尽规以谋社稷，君子所耻也。然而每见文士，颇读兵书，微有经略。若居承平之世，睥睨宫阃（kǔn，帝王的后宫），幸灾乐祸，首为逆乱，诖（guà）误（连累）善良；如在兵革之时，构扇反覆，纵横说诱，不识存亡，强相扶戴：此皆陷身灭族之本也。诫之哉！诫之哉！

今译

颜氏的先祖居住在春秋时期的邹国、鲁国，还有的分散到了齐国，世世代代都是以儒术作为事业之本，这一点在书籍里有记载。孔子门徒有七十二人学问最为精深，其中颜氏家族就占了八人。从秦、汉、魏、晋，一直到南朝的齐、梁，颜氏家族并没有人依靠用兵而扬名立万。春秋时期，有颜高、颜鸣、颜息、颜羽等人，他们都是武夫。齐国有颜涿聚，赵国有颜冣，汉朝末年有颜良，东晋末年有颜延，他们都是将军，最后也家道颓败。汉朝的郎官颜驷，自称好武，却没有任何事迹流传后世。还有颜忠因党附楚王而遭受诛杀，颜俊因割据武威而被杀害。自从有“颜”这个姓氏以来，只有这两个人不具备高尚的节操，最终都遭受了杀身之祸。这些年来，国家正逢乱世，虽然士大夫没有武艺气力，却也有人聚集了一干徒众，放弃了之前的诗书儒业，想去碰碰运气，谋取战功。我的身体这么单薄，又想起了前人因好兵尚武而招致的祸端，因此把心思都放在读书为官上，希望我的子孙后代都能牢记这一点。孔子气力很大，能把城门举起，然而他并不是因武艺而闻名，这正是圣人为世人树立起的榜样！我看见如今那些士大夫，血气方刚，以此自恃，却无法穿上铠甲、拿起兵器，去保家卫国；只是穿上剑客的服饰，行踪神秘莫测，四处摆弄拳法、剑术，重则招致杀身之祸，轻则沦为他人笑柄，几乎无人能够幸免。

国家的兴亡，战争的胜败，唯有学问到达渊博的程度，才能加以研究。一个人来到国家的决策机关，在朝廷之上参与国政，却不能尽职尽责地为君主出谋划策，从而为国家谋求安宁富强，这对君子来说是一种耻辱。然而，我却常常看到一些文士书生，只读过很少的兵书，对兵法也只略知一二。如果身处太平盛世，他们热衷于窥伺后宫的动静，因一点点动乱而幸灾乐祸，带头犯上作乱，甚至会牵连善良的人；如果处在战乱年代，他们就会到处纵横游说，看不清存亡的现状，却竭尽全力扶持拥戴他人，称他人为王。这些行为都是祸根，最终会招致杀身灭族之祸，对此要当心啊！要当心！

简评

颜之推在《诫兵》篇中反复告诫子孙后代，不要寄希望于通过习武来谋求一官半职，获得富贵显赫。颜之推将自己的观点与家族历史的兴衰相结合，说明颜氏一族是通过儒雅闻名于世的，家族之中那些尚武之人大多没有成就，下场也往往很悲凉。颜之推之所以有此认识，与其个人经历有极大关联，但这种观点放诸现代未免有失偏颇，稍显片面、极端。

15

养生篇：遂其所禀，不为夭折

神仙之事，未可全诬；但性命在天，或难钟值。人生居世，触途牵絷；幼少之日，既有供养之勤；成立之年，便增妻孥（nú，子女）之累。衣食资须，公私驱役；而望遁迹山林，超然尘滓，千万不遇一尔。加以金玉之费，炉器所须，益非贫士所办。学如牛毛，成如麟角。华山之下，白骨如莽，何有可遂之理？考之内教，纵使得仙，终当有死，不能出世，不愿议曹专精于此。若其爱养神明，调护气息，慎节起卧，均适寒暄，禁忌食饮，将饵药物，遂其所禀，不为夭折者，吾无间然。诸药饵法，不废世务也。庾肩吾常服槐实，年七十馀，目看细字，须发犹黑。邺中朝士，有单服杏仁、枸杞、黄精、术、车前得益者甚多，不能一一说尔。吾尝患齿，摇动欲落，饮食热冷，皆苦疼痛。见《抱朴子》牢齿之法，早朝叩齿三百下为良；行之数日，即便平愈，今恒持之。此辈小术，无损于事，亦可修也。凡欲饵药，陶隐居《太清方》中总录甚备，但须精审，不可轻脱。近有王爱州在邺学服松脂，不得节度，肠塞而死，为药所误者甚多。

夫生不可不惜，不可苟惜（以不正当的手段爱惜）。涉险畏之途，干祸难之事，贪欲以伤生，谗慝（tè，灾害、祸患）而致死，此君子之所惜哉；行诚孝而见贼，履仁义而得罪，丧身以全家，泯躯而济国，君子不咎也。自乱离已来，吾见名臣贤士，临难求生，终为不救，徒取窘辱，令人愤懑。侯景之乱，王公将相，多被戮辱，妃主姬妾，略无全者。唯吴郡太守张嵊，建义不捷，为贼所害，辞色不挠（言辞和神色都不屈服）；及鄱阳王世子谢夫人，登屋诟怒，见射而毙。夫人，谢遵女也。何贤智操行若此之难？婢妾引决若此之易？悲夫！

今译

神仙这类的事，不能说都是假的，但万物的生命长短都是上天决定的，很难估测准确的时限。人生在世，牵挂太多。年轻的时候，要承担供养侍奉父母的劳苦；成年之后，又增添了妻儿的拖累。这边想着家里吃穿用度的需求，那边想着各种公私事务。虽然人生这么辛苦，但是真正盼望在山林间隐居、达到超凡脱俗境界的人，千万个人里面也找不到一个。再加上炼制丹药要耗费金银珠宝，还少不了炉鼎这类器具，这更不是贫寒之人能办得到的。学道的人比比皆是，成仙的人却凤毛麟角。华山脚下堆积的白骨像野草一样多，学道修仙怎可能有顺遂的？如果把这个问题放在佛教之中考虑，哪怕成了仙，最后还是难免一死，并不能完全摆脱人世的羁绊，我不想让你们全情投入地做这类事。如果是为了保持精力，调理气息，故而起居遵循规律，穿衣冷暖恰当，饮食有所禁忌，吃些补药来滋补身体，达到延年益寿的效果，对此，我不会批评。要掌握服用各种药物的方法，不要因此而误事。南梁文学家庾肩吾常年服用槐树的果实，到了七十多岁，眼睛还能看清楚小字，胡须、头发也还是黑黑的。邺城有的朝廷官员专门服用杏仁、枸杞、黄精、白术、车前等，从中受益良多，不能一一列举出来。我曾经有牙疼的小毛病，牙齿松动，几乎要掉了，无论是吃冷的还是热的，都疼痛难忍。我看了《抱朴子》记载的固齿的方法：早晨起床后叩牙三百次。我试着坚持了几天，牙齿居然好了，我到现在还保持着这个习惯。这类小办法也不会妨碍其他事情，不妨一试。如果想服用补药，陶隐居所著《太清方》里收录了许多方子，但是必须仔细甄选，不能草率使用。近来，有个名为王爱州的人，他在邺城学着别人那样服用松脂，因为方法不恰当，结果把肠子堵了，人也死了。这类被药物毒害的事例有很多。

人的性命不可不爱惜，也不可毫无原则地吝惜。踏上危机重重的道路，犯下招致灾祸的错误，贪图肉欲而损害身体，遭受谗言而断送性命，君子在这些事情上总是很爱惜自己的生命；如果施行忠孝却遭人诋毁，奉行仁义却遭受罪责，舍弃性命而保全家庭，捐躯牺牲而拯救国家，那么君子则毫不抱怨。自从乱世以来，我见过许多名臣贤士，面对危险，贪生怕死，最终未能获救，白白地自取其辱，实在让人愤懑难平。“侯景之乱”时，大多数王公将相都受辱被杀，妃主姬妾几乎没人被保全下来。唯有吴郡太守张嵊，他兴兵讨伐贼寇，未能获胜，被贼军杀害，兵败被俘的时候，他的言辞和神色中都没有流露出丝毫屈服；还有鄱阳王世子萧嗣的妻子谢夫人，登上屋顶，怒斥贼军，被乱箭射杀。这位谢夫人正是谢遵的女儿。为什么那些贤明聪慧的士人想要维持操守如此之难，而其妻妾婢女自杀成仁又如此容易？真是可悲、可叹啊！

简评

颜之推在《养生》篇里介绍了各种养生的方法，但这些方法都是养生的身外因素，想要真正达到养生的目的，就要勤于修身养性，注重自身的因素，注重为人处世的方法，想方设法远离祸患。若不如此，即使拥有再强健的体魄，懂得再多延年益寿的养生之道，也难以达到长命百岁的目的：或者因恃才傲物而遭受刑罚，或者因贪生怕死而遭遇祸端。

16

书证篇：若不信其说，则冥冥不知

《诗》云：“参差荇菜。”《尔雅》云：“荇，接余也。”字或为莕。先儒解释皆云：“水草，圆叶细茎，随水浅深。今是水悉有之，黄花似莼，江南俗亦呼为猪莼，或呼为荇菜。”刘芳具有注释。而河北俗人多不识之，博士（学识渊博、贯古通今之人）皆以参差者是苋菜，呼人苋为人荇，亦可笑之甚。

《诗》云：“谁谓荼苦？”《尔雅》《毛诗传》并以荼，苦菜也。又《礼》云：“苦菜秀。”案：《易统通卦验玄图》曰：“苦菜生于寒秋，更冬历春，得夏乃成。”今中原苦菜则如此也。一名游冬，叶似苦苣而细，摘断有白汁，花黄似菊。江南别有苦菜，叶似酸浆，其花或紫或白，子大如珠，熟时或赤或黑，此菜可以释劳。案：郭璞注《尔雅》，此乃蘵（zhī）黄蒢也。今河北谓之龙葵。梁世讲《礼》者，以此当苦菜；既无宿根，至春方生耳，亦大误也。又高诱注《吕氏春秋》曰：“荣（开花）而不实曰英。”苦菜当言英，益知非龙葵也。

《月令》云:“荔挺出。”郑玄注云:“荔挺，马薤也。”《说文》云:“荔，似蒲而小，根可为刷。”《广雅》云:“马薤，荔也。”《通俗文》亦云马蔺。《易统通卦验玄图》云:“荔挺不出，则国多火灾。”蔡邕《月令章句》云:“荔似挺。”高诱注《吕氏春秋》云:“荔草挺出也。”然则《月令注》荔挺为草名，误矣。河北平泽率生之。江东颇有此物，人或种于阶庭，但呼为旱蒲，故不识马薤。讲《礼》者乃以为马苋；马苋堪食，亦名豚耳，俗名马齿。江陵尝有一僧，面形上广下狭；刘缓幼子民誉，年始数岁，俊晤善体物，见此僧云:“面似马苋。”其伯父縚因呼为荔挺法师。绍亲讲《礼》名儒，尚误如此。

《诗》云:“将其来施施。”《毛传》云:“施施，难进之意。”郑《笺》云:“施施，舒行皃也。”《韩诗》亦重为施施。河北《毛诗》皆云施施。江南旧本，悉单为施，俗遂是之，恐为少误。

《礼》云:“定犹豫，决嫌疑。”《离骚》曰:“心犹豫而狐疑。”先儒未有释者。案:《尸子》曰:“五尺大为犹。”《说文》云:“陇西谓犬子为犹。”吾以为人将犬行，犬好豫在人前，待人不得，又来迎候，如此返往，至于终日，斯乃豫之所以为未定也，故称犹豫。或以《尔雅》曰:“犹如麂，善登木。”犹，兽名也，既闻人声，乃豫缘木，如此上下，故称犹豫。狐之为兽，又多猜疑，故听河冰无流水声，然后敢渡。今俗云:“狐疑，虎卜。”则其义也。

客有难主人曰:“今之经典，子皆谓非，《说文》所言，子皆云是，然则许慎胜孔子乎？”主人拊掌大笑，应之曰:“今之经典，皆孔子手迹耶？”客曰:“今之《说文》，皆许慎手迹乎？”答曰:“许慎检以六文，贯以部分（按照部首分类），使不得误，误则觉之。孔子存其义而不论其文也。先儒尚得改文从意，何况书写流传耶？必如《左传》止戈为武，反正为乏，皿虫为蛊，亥有二首六身之类，后人自不得辄改也，安敢以《说文》校其是非哉？且余亦不专以《说文》为是也，其有援引经传，与今乖者，未之敢从。又相如《封禅书》曰:‘导一茎六穗于庖，牺双觡（gé，骨角）共抵之兽。’此导训择，光武诏云:‘非徒有豫养导择之劳’是也。而《说文》云:‘是禾名。’引《封禅书》为证；无妨自当有禾名，非相如所用也。‘禾一茎六穗于庖’，岂成文乎？纵使相如天才鄙拙，强为此语；则下句当云‘麟双觡各共抵之兽’，不得云牺也。吾尝笑许纯儒，不达文章之体，如此之流，不足凭信。大抵服其为书，隐括有条例，剖析穷根源，郑玄注书，往往引以为证；若不信其说，则冥冥不知一点一画，有何意焉。”

今译

《诗经》说：“参差荇菜。”《尔雅》解释说：“荇菜，就是接余。”有时“荇”字还写作“莕”。对此，前代学者的解释是：荇菜是一种水草，叶圆而茎细，它的高低由水的深浅来决定，如今凡是有水的地方就能找到它，黄色的花与莼菜花类似，江南一带也俗称其为“猪莼”，或称它为“荇菜”。这些，刘芳都做了注解。然而，河北一带的人大多不认识它，学识渊博之人将《诗经》说的“参差荇菜”视为苋菜，把人苋称为人荇，这的确太可笑了！

《诗经》说：“谁谓荼苦？”《尔雅》《毛诗传》都把“荼”解释成苦菜。另外，《礼记》说：“苦菜秀。”按：《易统通卦验玄图》解释说：“苦菜生长在寒冷的秋季，经历过冬季和春季，到了夏季，就长成了。”如今中原地区的苦菜就是如此。苦菜还有个名字叫“游冬”，叶子像苦苣一样，但是比苦苣更细小，摘断之后会流出白色的汁液，花是黄色的，像菊花一样。江南地区还有另外一种苦菜，叶子和酸浆草类似，有的花是紫色的，有的花是白色的，结出的果实像珠子那么大，成熟之后，有的是红色的，有的是黑色的。这种菜能消除疲倦。按：郭璞做注的《尔雅》中指出，这类苦菜其实是蘵草，也就是黄蒢。如今河北地区的人称它为龙葵。梁朝年间讲解《礼记》的人把它当成了中原地区的苦菜，实际上，它没有隔年的宿根，在春天才开始生长，这实在是一大误解。此外，高诱在为《吕氏春秋》写的注文中提到：“只开花而不结实的叫英。”故而，苦菜的花也应该称为英，这也更能说明它其实不是龙葵。

《月令》说：“荔挺出。”对此，郑玄做出的注释是：“荔挺就是马薤。”

《说文解字》指出："荔像蒲，但比较小，它的根可以用来做刷子。"《广雅》说："马薤就是荔。"《通俗文》也将它称为马蔺。《易统通卦验玄图》说："荔草长不出茎儿，国家就会多发火灾。"蔡邕在《月令章句》中说："荔草的茎会冒出地面。"高诱为《吕氏春秋》做注释，说道："荔草的茎冒出来。"可见，郑玄在《月令注》中把"荔挺"当成了草名，其实是错的。这种草在河北地区的沼泽里随处可见，江东一带却很少见，还有人把它种植在阶庭内，只是称它为旱蒲，因而不知道它还有个名字叫马薤。讲解《礼记》的人居然把它视为马苋；马苋是可以食用的，又被称为豚耳，还有个俗名叫马齿。江陵一带曾有一位僧人，他的脸上宽而下窄。刘缓的小儿子名为民誉，才刚刚几岁，却聪颖早慧，擅长描摹各类事物。他看见这位僧人，说道："他的脸像马苋一样。"因此，民誉的伯父刘縚就称这位僧人为荔挺法师。刘縚是当时著名的学者，曾讲解过《礼记》，尚且还会犯这种错误。

《诗经》说："将其来施施。"《毛传》说："施施，意思是难以前进的样子。"郑玄在《笺》中说："施施，意思是缓缓行走。"《韩诗》中也用"施施"二字。河北《毛诗》里同样写成"施施"。然而，在江南地区以前流传下来的《诗经》版本中，全部单写成"施"，于是人们就认可了它，这也应该是一个小小的误解。

《礼经》说："定犹豫，决嫌疑。"《离骚》说："心犹豫而狐疑。"对此，前代学者没人做出解释。按：《尸子》说："五尺长的狗被称为犹。"《说文解字》说："陇西称犬子为犹。"我认为人带着狗一起，狗喜欢先走在人的前面，等不到人，又折回来等着，如此反反复复，直到一天结束，这也是为什么"豫"字有游移不定的意思，故而有"犹豫"的说法。还有人根据《尔雅》的说法来解释："犹和麂长得很像，擅长攀登树木。"可见，犹是一种野兽名，听到人的声音之后，就先攀登树木高枝，如此反反复复，故而称为"犹豫"。狐狸是一种野兽，生性多疑，听到河面冰层下面没有水流动的声音才敢渡过河面。如今俗语说的"狐疑，虎卜"就是这个意思。

有位客人刁难我，说："对于今天的经典，你都说是不对的；《说文》说的，你都说是对的。这样一来，难不成许慎比孔子更高明？"我拍手大笑，说："今天的经典，难不成都是孔子亲笔所写？" 客人说："今天的《说文》，难不成都是许慎亲笔所写？" 我说："许慎通过六书来考证文字，将分出的部首贯穿于全书之中，以便让它们不出错，一旦出错，也能发现。孔子保留下这些文句的意思却不讨论文字本身的含义。前辈学者为了使文句通顺达意，尚且能改动经典里的文字，更何况那些经过书写流传的经典呢？如果像《左传》说的'止戈为武，反正为乏，皿虫为蛊，亥有二首六身'这类情况，后人当然无法随意改动，又如何能通过《说文》来校订它们的对错呢？更何况我也不是将《说文》当成唯一的标准，《说文》中援引的经传文句如果和今天的经传文句不相符，我也不敢顺从。再比如，司马相如在《封禅书》说过'导一茎六穗于庖，牺双觡共抵之兽'，其中'导'字解释为'择'，汉光武帝的诏书说的'非徒有豫养导择之劳'，其中的'导'字也是这个意思。然而，《说文》却解释为'是禾名'，还援引《封禅书》作为证据。我们不妨说，原本就有一种禾的名称是'导'，但是司马相如在《封禅书》中并没有使用。如若不然，难不成'禾一茎六穗于庖'能成文句？哪怕司马相如天资低劣，勉强写下了这句话，那下一句也应该说成'麟双觡各共抵之兽'，而不应该说成'牺'。我以前讥讽许慎是一个纯粹的儒者，一心专注于文字，却不了解文章体制，此类情况，就不足以作为凭证。然而，总体上来说，我很钦佩许慎所撰写的这本书，审定文字的时候有据可依，剖析文字意思的时候穷尽了它的根源。郑玄为经书做注解的时候，经常引用《说文》作为根据。如果不相信《说文》里的说法，就会糊里糊涂，不明白文字的一点一画究竟有何深意。

简评

《书证》篇展现了颜之推深厚的文字考证功底，内容丰富详实，对经、史、文章等进行零星考证，趣味盎然，其考证结果大多也是真实可靠的。然而，碍于历史的局限性，作者在阐述一些问题时仍有失确凿，这一点是可以理解的，我们阅读时需多加留心。其实，颜之推撰写本篇的真实目的并不局限于考证本身，而是深情地劝告儿孙，读书要力求广博，做学问要力求精深，推敲钻研一个问题时，要再三思索，再下结论，不可草率盲目。从今人的视角来看，本篇所倡导的研究、解决问题的方式仍值得借鉴。

17

音辞篇：冠冕君子，南方为优；闾里小人，北方为愈

夫九州之人，言语不同，生民已来，固常然矣。自《春秋》标齐言之传，《离骚》目楚词之经，此盖其较明之初也。后有扬雄著《方言》，其言大备。然皆考名物之同异，不显声读之是非也。逮郑玄注《六经》，高诱解《吕览》《淮南》，许慎造《说文》，刘熹制《释名》，始有譬况假借以证音字耳。而古语与今殊别，其间轻重清浊，犹未可晓；加以内言外言、急言徐言、读若之类，益使人疑。孙叔言创《尔雅音义》，是汉末人独知反语。至于魏世，此事大行。高贵乡公不解反语，以为怪异。自兹厥后，音韵锋出，各有土风，递相非笑，指马之谕，未知孰是。共以帝王都邑，参校方俗，考核古今，为之折衷。榷而量之，独金陵与洛下耳。南方水土和柔，其音清举而切诣，失在浮浅，其辞多鄙俗。北方山川深厚，其音沉浊而鈋（é）钝（雄浑厚重，不尖锐），得其质直，其辞多古语。然冠冕君子，南方为优；闾里小人，北方为愈。易服而与之谈，南方士庶，数言可辩；隔垣而听其语，北方朝野，终日难分。而南染吴、越，北杂夷虏，皆有深弊，不可具论。其谬失轻微者，则南人以钱为涎，以石为射，以贱为羡，以是为舐；北人以庶为戍，以如为儒，以紫为姊，以洽为狎。如此之例，两失甚多。至邺已来，唯见崔子约、崔瞻叔侄，李祖仁、李蔚兄弟，颇事言词，少为切正。李季节著《音韵决疑》，

时有错失；阳休之造《切韵》，殊为疏野。吾家儿女，虽在孩稚，便渐督正之；一言讹替，以为己罪矣。云为品物，未考书记者，不敢辄名，汝曹所知也。

古今言语，时俗不同；著述之人，楚、夏各异。《苍颉训诂》，反稗为逋卖，反娃为於乖；《战国策》音刎为免，《穆天子传》音谏为间；《说文》音戛为棘，读皿为猛；《字林》音看为口甘反，音伸为辛；《韵集》以成、仍、宏、登合成两韵，为、奇、益、石分作四章；李登《声类》以系音羿，刘昌宗《周官音》读乘若承：此例甚广，必须考校。前世反语，又多不切，徐仙民《毛诗音》反骤为在碉，《左传音》切椽为徒缘，不可依信，亦为众矣。今之学士，语亦不正；古独何人，必应随其讹僻乎？《通俗文》曰："入室求曰搜。"反为兄侯。然则兄当音所荣反。今北俗通行此音，亦古语之不可用者。玙璠（yú fán，美玉），鲁人宝玉，当音余烦，江南皆音藩屏之藩。岐山当音为奇，江南皆呼为神祇之祇。江陵陷没，此音被于关中，不知二者何所承案。以吾浅学，未之前闻也。

北人之音，多以"举""莒"为"矩"；唯李季节云："齐桓公与管仲于台上谋伐莒，东郭牙望见桓公口开而不闭，故知所言者莒也。然则莒、矩必不同呼。"此为知音矣。

夫物体自有精粗，精粗谓之好恶；人心有所去取，去取谓之好恶。此音见于葛洪、徐邈。而河北学士读《尚书》云好生恶杀。是为一论物体，一就人情，殊不通矣。

今译

全国各地的人们，使用的语言都不一样，自从人类诞生以来，就是这样的。《春秋公羊传》标注出有关齐国方言的解释，《离骚》被视为楚人语词方面的经典，也许这就是语言开始出现差异的初级阶段吧。之后，扬雄写了《方言》，使这方面的论述更加完备。但是，书里主要是考证事物名称的异同，而不关注读音的对错。直到郑玄为《六经》做了注，高诱解释了《吕览》《淮南子》，许慎撰写了《说文解字》，刘熹编著了《释名》，才开始通过譬况（用近似事物比照说明）、假借等方式来检验字的读音。但是，古时候的语言与如今的语言有很大区别，至今仍不能了解这其中语音的轻重或清浊；再加上他们利用内言外言、急言徐言、读若等方式来注音，更让人困惑不已。孙叔言创作了《尔雅音义》这本书，是汉朝末年唯一懂得利用反切法来注音的书。到了魏国时，这种注音的方式一度盛行。高贵乡公曹髦不知道反切注音法，人们认为这是奇事一桩。自那之后，音韵方面的著作大批涌现，都带有各自地方口语的特色，彼此嘲笑、刁难，难以对是非曲直做出判断。由此看来，只有人们都将帝王都城的语言作为标准，与各地方言进行参照比较，检验考核古今语音，才能为其制定一个合适的标准。经过这样反反复复的研究与斟酌，只有金陵、洛阳的语言适合当成正音。南方地区，水土温柔和顺，故而，南方人的口音清脆而悠扬，发音快速迅急，弱点在于发音浅而浮，言辞也让人觉得粗俗。北方地区，山川雄浑深邃，故而，北方人的口音低沉而粗重，滞缓而迟钝，彰显了它的苍劲质朴，言辞间保留了很多古代语词。然而，谈起官宦君子的言语，还是南方地区的为佳；谈起市井小民的言语，还是北方地区的更胜。让南方的官宦与平民交换服饰，通过简单几句话就能分辨出他们之间的身份；隔墙听人交谈，北方的平民和官绅，即便听上一整天也很难听出区别。然而，南方的语言因沾染了吴越地区方言的语调和音调，北方的语言因夹杂了外族的词汇，二者都有明显的弊端，在此不再一一赘述。这里面有些差别较小的例子，如南方人把钱读作涎，把石读作射，把贱读作羡，把是读作舐；北方人把庶读作戍，把如读作儒，把紫读作姊，把洽读作狎。诸如此类的例子，两者的错误都很多。自从我来到邺城，只知道崔子约、崔瞻叔侄，李岳、李蔚兄弟等人对语言略有研究，稍微进行了一些切磋补正的工作。李概著有《音韵决疑》一书，错误偏差常常可见；阳休之编著了《切韵》一书，粗略草率。我家的子女虽然还是孩童，但我已经注重在这方面对他们进行矫正；孩子在一个字上有错误偏差，我都将它当成自己的罪责。家里各种各样的物件，如果没经过书本的考证，就不敢随便称呼它们的名字，这是你们都知道的。

古代的语言和今天的语言，因为时俗的变化而变化；著书立说的人，因地处南、北而在语音上有区别。在《苍颉训诂》里，稗的反切音被注为逋卖，娃的反切音被注为於乖；在《战国策》里，刎被注音为免；在《穆天子传》里，谏被注音为间；在《说文》里，戛被注音为棘，皿被读成猛；《字林》里，看被注音成口甘反，伸被注音成辛；在《韵集》里，成、仍和宏、登分别合成两个韵部，而为、奇、益、石却又被分为四个韵部；李登在《声类》一书里，以系作为羿的音；刘昌宗在《周官音》里，把乘读成承。这类例子比比皆是，必须进行考校。前人标注的许多反语都是不贴切的，比如，徐邈在《毛诗音》里把骤的反切音标成在砌；《左传音》把椽的反切音标注成徒缘，这都不能作为凭证，但是这类情况很常见。如今的学者，语音上也有错误，难不成古人有什么独特之处，非要遵循他们的谬误之处?《通俗文》说过："入室求曰搜。"并且将搜的反切音标注成兄侯。如果是这样，那么兄应当发音为所荣反。如今，北方地区就通用这个音，然而这并不是从古代言语沿袭而来的。玙璠，就是鲁国人所说的宝玉，璠的反切发音应该为余烦，在江南地区，人们把这个字发音为藩屏的藩。岐山的岐的发音应该是奇，江南地区的人们却称它为神祇的祇。当江陵城陷落之时，这两个音就在关中地区开始流行，不知道是根据什么语音演变而来的。我才疏学浅，还从未听说过。

北方人的语音，大多将"举""莒"读称"矩"，只有李季节说过："齐桓公和管仲在台上商议攻伐莒国的事情，东郭牙看见齐桓公的嘴是张开的，而不是闭拢的，所以才知道齐桓公说的是莒国。可见，莒、矩肯定有开口和合口的差异。"你看，这才是精通音韵的人。

器物本身有精致或粗糙的区别，这种精致或粗糙就是好恶；人在感情上对某件事物有弃取，这种弃取的态度就来源于好恶。后一个"好、恶"的读音在葛洪、徐邈的撰著中可见。然而，在河北地区，那些读书人在读《尚书》时，却将它们读成"好（呼皓切）生恶（乌各切）杀"。这样一来，在读音上取的就是评论器物精致或粗糙时候的读音，而意思上却是感情上的弃取，就不太能说得通了。

简评

颜之推在《音辞》篇里重点探讨了语言和音韵方面的内容。他意识到，各地的方言和语音有着明显差异是一种再正常不过的现象，还指出之所以有这种差异，主要是受各地不同环境的影响。另外，他还重点指出，南北方的语言有着显著差异，这种差异在不同字词的读音和意思的选取上都有体现。颜之推写此文的目的在于告诫子女不要轻易受到各地方言的影响，要从小养成良好、准确的发音习惯，才能避免日后出现谬误，贻笑大方。另外，他还谆谆告诫儿女：求学的时候，要做到实事求是，证据确凿，如果不是自己亲身经历过的，又没有经过考证，就不要轻率地下结论。

18

杂艺篇：画绘之工，亦为妙矣

真草书迹，微须留意。江南谚云："尺牍书疏，千里面目也。"承晋、宋余俗，相与事之，故无顿狼狈者。吾幼承门业，加性爱重，所见法书亦多，而玩习功夫颇至，遂不能佳者，良由无分故也。然而此艺不须过精。夫巧者劳而智者忧，常为人所役使，更觉为累；韦仲将遗戒，深有以也。

王逸少风流才士，萧散名人，举世惟知其书，翻以能自蔽也。萧子云每叹曰："吾著《齐书》，勒成一典，文章弘义，自谓可观；唯以笔迹得名，亦异事也。"王褒地胄（zhòu）清华（门第清高显贵），才学优敏，后虽入关，亦被礼遇。犹以书工，崎岖碑碣之间，辛苦笔砚之役，尝悔恨曰："假使吾不知书，可不至今日邪？”以此观之，慎勿以书自命。虽然，厮猥之人，以能书拔擢者多矣。故道不同不相为谋也。

梁氏秘阁散逸以来，吾见二王（王羲之、王献之父子）真草多矣，家中尝得十卷；方知陶隐居、阮交州、萧祭酒诸书，莫不得羲之之体，故是书之渊源。萧晚节所变，乃右军年少时法也。

江南闾里间有《画书赋》，乃陶隐居弟子杜道士所为；其人未甚识字，轻为轨则，托名贵师，世俗传信，后生颇为所误也。

画绘之工，亦为妙矣；自古名士，多或能之。吾家尝有梁元帝手画蝉雀白团扇及马图，亦难及也。武烈太子偏能写真，坐上宾客，随宜点染，即成数人，以问童孺，皆知姓名矣。萧贲、刘孝先、刘灵，并文学已外，复佳此法。玩阅古今，特可宝爱。若官未通显，每被公私使令，亦为猥役。吴县顾士端出身湘东王国侍郎，后为镇南府刑狱参军，有子曰庭，西朝中书舍人，父子并有琴书之艺，尤妙丹青，常被元帝所使，每怀羞恨。彭城刘岳，橐之子也，仕为骠骑府管记、平氏县令，才学快士，而画绝伦。后随武陵王入蜀，下牢之败，遂为陆护军画支江寺壁，与诸工巧杂处。向使三贤都不晓画，直运素业，岂见此耻乎？

弧矢之利，以威天下，先王所以观德择贤，亦济身之急务也。江南谓世之常射，以为兵射，冠冕儒生，多不习此；别有博射，弱弓长箭，施于准的（剑靶），揖让升降，以行礼焉。防御寇难，了无所益。乱离之后，此术遂亡。河北文士，率晓兵射，非直葛洪一箭，已解追兵，三九宴集，常縻（mí，得到）荣赐。虽然，要轻禽，截狡兽，不愿汝辈为之。

今译

楷书、草书的书法，要多多用心。江南有一句谚语，说的是：“一尺长短的信函，展现给你的是千里以外的人的容貌。”今人继承了晋、宋年间流传下来的习俗，都在书法上用功学习，故而没有人会把字迹写得马虎潦草。我自幼继承家传学业，本身也很偏爱书法，看过很多书法范本，在临帖摹写方面也下足了功夫，但书法造诣依旧不高，确实是因为我没有什么天赋吧。但是，这门技艺其实不用学得太过精湛。巧者多劳，智者多忧，因一手好字而常常劳心劳力有时也是一种负担。魏代书法家韦仲将告诫儿孙不要学习书法，也是有道理的。

王羲之是位风流才子，潇洒不受约束，世上之人都知道他的书法，却掩盖住了他其他方面的才华。萧子云就经常感叹："我撰著了《齐书》一书，编纂成一部史籍典策，我自认为其中的文采大义也是很值得一看的，但却只是因抄写得精妙，靠书法而出了名，这实在是一桩怪事。"王褒出身名门，学识广博，才思敏捷，虽然后来被迫入关，仍旧被以礼相待。但是，因为他精通书法，因而只能每天在碑碣之间奔波，辛劳地挥毫写字。对此，他悔恨地说过："如果我不懂书法，也许不会劳累至此吧？"可见，万万不可因精通书法而自命不凡。虽然如此，但仍有很多地位低下的人因精通书法而被提拔。所以说，志向不同的人是聊不到一块儿去的。

自从梁朝秘阁的图书散逸以来，我看过很多二王楷书、草书的墨宝，仅仅家里就曾经收藏了十来卷。故而，我才知道陶弘景、阮研、萧子云三人的书法都受到了王羲之书法的影响，王羲之的书体可以说是书法的渊源。晚年的时候，萧子云的书体略有变化，实际上是王羲之少年时期所写的笔法。

江南地区，民间流传着《画书赋》，据说是陶隐居的弟子杜道士所作。此人识字不多，却草率地为绘画、书法等制定标准，还假托名师之名，世人故而轻信并四处传播，很多晚生后辈都被它贻误。

绘画的技艺很是巧妙，古往今来，很多风流名士都擅长此道。我们家中曾经收藏了梁元帝亲手画的《蝉雀白团扇》和马图，是常人难以媲美的。武烈太子尤其擅长人物写生，座上的宾客，他随手勾画几笔，就画出来几个人像，拿去问小孩，小孩都能看出这画像是哪几个人。萧贲、刘孝先、刘灵等人，除了文学以外，还擅长绘画。平日里，他们品评鉴赏古今名画，视为珍宝。然而，如果习画之人没有显赫官职，就会常常被公家或私人叫去作画，其实这是一桩苦差事。吴县的顾士端曾经出任湘东王国的侍郎一职，后来又担任镇南府刑狱参军，他有个儿子名为顾庭，在梁朝担任书舍人。他们父子二人擅长弹琴、书法，绘画技艺尤其高超，所以梁元帝经常叫他们去作画。对此，父子二人常常感到羞愤。彭城的刘岳是刘橐的儿子，出任骠骑府管记和平氏县令，是一位豪爽的饱学之士，绘画早已无人企及。后来，他跟随武陵王萧纪来到蜀地，当武陵王的军队在下牢关失败后，陆护军就遣送他去画支江寺的壁画，每天与那些工匠为伍。上述三位贤人如果不懂绘画，而是专心钻研儒学，难不成还会蒙受这等屈辱吗?

弓箭很锋利，能够威慑天下，前代的国君借此来观察人的德行，招贤纳士，同时这也是自我保全的要紧事。江南地区将社会上常见的骑射称为兵射，那些官宦人家的读书人大多不操习它；另外还有一种博射，用软弓把长箭射在剑靶子上，尤其讲究进退有度，来表达礼仪，却丝毫不能防御敌寇。随着发生战乱，这种射法就消失了。河北地区的读书人，大多精通兵射，既能像葛洪那样用兵射来防身，还能在三公九卿列席的宴会之上利用兵射来获得奖赏。即使是这样，如果要围猎敏捷的飞禽或狡诈的野兽时，我还是不希望你们参与。

简评

在《杂艺》篇里，颜之推论述了经、史、文章之外的内容，也就是琴、棋、书、画、骑射、医学、算术等技艺。他告诫儿孙，任何技艺都要适度掌握，切记过犹不及。

19

制篇：不可顾恋朽壤，以取湮没也

死者，人之常分，不可免也。吾年十九，值梁家丧乱，其间与白刃为伍者，亦常数辈；幸承馀福，得至于今。古人云："五十不为夭。"吾已六十馀，故心坦然，不以残年为念。先有风气之疾，常疑奄然（奄忽，此处指死亡），聊书素怀，以为汝诫。

今年老疾侵，傥然奄忽，岂求备礼乎？一日放臂，沐浴而已，不劳复魄，殓以常衣。先夫人弃背之时，属世荒馑，家涂空迫，兄弟幼弱，棺器率薄，藏内无砖。吾当松棺二寸，衣帽已外，一不得自随，床上唯施七星板；至如蜡弩牙、玉豚、锡人之属，并须停省，粮罂明器，故不得营，碑志旒旐（liú zhào，指铭旌），弥在言外。载以鳖甲车，衬土而下，平地无坟；若惧拜扫不知兆域，当筑一堵低墙于左右前后，随为私记耳。灵筵勿设枕几，朔望祥禫，唯下白粥清水干枣，不得有酒肉饼果之祭。亲友来醊酹（以酒浇地，表示祭奠）者，一皆拒之。汝曹若违吾心，有加先妣，则陷父不孝，在汝安乎？其内典功德，随力所至，勿刳竭生资，使冻馁也。四时祭祀，周、孔所教，欲人勿死其亲，不忘孝道也。求诸内典，则无益焉。杀生为之，翻增罪累。若报罔极之德，霜露之悲，有时斋供，及七月半盂兰盆，望于汝也。

孔子之葬亲也，云："古者，墓而不坟。丘东西南北之人也，不可以弗识也。"于是封之崇四尺。然则君子应世行道，亦有不守坟墓之时，况为事际（情势）所逼也！吾今羁旅，身若浮云，竟未知何乡是吾葬地；唯当气绝便埋之耳。汝曹宜以传业扬名为务，不可顾恋朽壤，以取堙没也。

今译

死亡这事，人世间常有，不能避免。我十九岁时，恰逢梁朝动荡不安之时，日子都是在刀光剑影中度过，幸亏祖上庇佑，我才活到今天。古人说：“活到五十岁，就算不上短命了。”如今，我已六十多岁，心中平静而坦然，没有任何后顾之忧。我以前患有风湿病，经常怀疑自己会突然死去，因此我在这里把一些想法记下来，也算是对你们的一些叮咛嘱咐或是劝诫吧。

如今，我年事已高，疾病缠身，如果突然死去，岂会要求你们对我做到礼节周全？如果我哪天突然死了，只需为我的遗体沐浴即可，不必劳烦你们行复魄之礼，只用穿上普通的服饰即可。你们祖母去世时，正逢饥荒，家庭贫困窘迫，我们兄弟几人都还年幼，因此你们祖母的棺木很粗陋单薄，墓穴里连一块砖都没有。我也只需准备一口两寸厚的松木棺材，除了衣服、帽子之外，其他物件都不用随身带走，棺材底部只需放一块七星板。诸如蜡弩牙、玉豚、锡人这些物件，都摒弃不用；粮罂明器，原本就用不着料理，更别提碑志铭旌之类的。用鳖甲车运送棺木，用土垫衬着墓穴底部，就可以下葬，墓穴上面是平地即可，不用垒坟冢。你们如果担心祭拜、扫墓的时候不清楚墓地的界线在哪里，那就在墓地的前后左右修建一道低低的墙，顺便在上面做一个标记。不要在灵床上设置枕几，每当到了朔日、望日祭奠的时候，只需要用白粥、清水、干枣等祭祀之物，不许用酒肉饼果等当祭品。如果亲友想祭奠，一概谢绝。如果你们违背了我的心意，为我治丧的规格超过了你们的祖母，那就是陷我于不孝的境地，你们又怎能安心呢？至于念佛、诵经等佛教功德方面的事情，量力而行即可，不要为此耗尽钱财，让你们忍饥受冻。一年四季都要对家中先辈行祭祀之礼，这是周公、孔子教导我们的，目的是为了让人们不要忘了逝去的亲人，不能忘了孝道。如果想在佛经中追根溯源，就没有好处了。通过杀生来举办祭祀活动，会增添我们的罪过。你们如果想报答父母的恩情，抒发思慕亲人的悲伤，除了偶尔供奉祭品之外，每年七月十五盂兰盆节的时候，我也希望你们能祭祀我。

孔子安葬父母时说过："古时候，只修筑墓地，而不垒坟冢。我孔丘在东西南北四处漂泊，墓上必须有标记。"于是，就垒起了四尺之高的坟。可见，君子应对世事，践行主张，尚且有不能固守坟墓的时候，更何况是情势所迫呢？如今，我客居异乡，就如同浮云一般，四处漂泊，不知道何方土地才是我的埋身之所，应该在咽气后就地下葬。你们应当将传承家业、弘扬声誉视为己任，不应当顾念我的埋身之所，甚至于使自己被埋没。

简评

颜之推所写的《终制》篇讲的是给父母、先祖送终的礼仪制度。在《终制》篇中，颜之推向儿孙提出身后之事的各种要求，与现在的遗嘱类似。颜之推一生几经坎坷，饱受风霜，受当时大环境的影响，颜家不断衰败，作者本人也年老身衰，骨肉分离的日子越来越近了。颜之推一生看惯了生死离别，故而嘱咐子女：自己死去之后，不要厚葬，也不要奢侈浪费，治丧的礼制典法不能超出自己母亲，否则就是不孝。另外，他还恳切地嘱咐子女，要以自己的前途为重，不要因太过悲伤而耽误了人生。

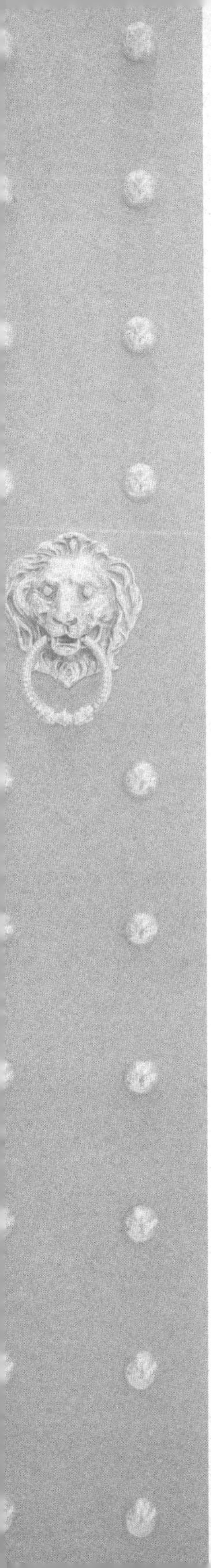

第二章 《孔子家语》

——持家涉世之道，修己接物之方

《孔子家语》又名《孔氏家语》，或简称《家语》，是一部记录孔子及其弟子言行、思想的儒家著作。此书最早著录于《汉书·艺文志》，原书共二十七卷，今本共十卷四十四篇。千百年来，此书流传甚广，诸多关于孔子及孔门弟子的逸闻轶事皆见诸于书中。

01

相鲁篇：家不藏甲，邑无百雉之城，古之制也

孔子初仕，为中都宰。制为养生送死之节，长幼异食，强弱异任，男女别涂，路无拾遗，器不雕伪。为四寸之棺，五寸之椁（棺木分为两层，里面一层称为棺，外面一层称为椁），因丘陵为坟，不封、不树。行之一年，而西方之诸侯则焉。

定公谓孔子曰："学子此法以治鲁国，何如？"孔子对曰："虽天下可乎，何但鲁国而已哉！"于是二年，定公以为司空，乃别五土之性，而物各得其所生之宜，咸得厥所。

先时，季氏葬昭公于墓道之南，孔子沟而合诸墓焉。谓季桓子曰："贬君以彰己罪，非礼也。今合之，所以掩夫子之不臣。"

由司空为鲁大司寇（主管刑罚、牢狱的官员，是六卿之一），设法而不用，无奸民。

孔子言于定公曰："家不藏甲，邑（卿大夫居住的城邑）无百雉（古时候用来计算城墙面积的单位，如一雉之墙长三丈，高一丈）之城，古之制也。今三家过制，请皆损之。"乃使季氏宰仲由隳（huī，毁坏城墙或山头）三都。叔孙辄不得意于季氏，因费宰公山弗扰率费人以袭鲁。孔子以公与季孙、叔孙、孟孙入于费氏之宫，登武子之台。费人攻之，及台侧，孔子命申句须、乐颀勒士众下伐之，费人北。遂隳三都之城。强公室，弱私家，尊君卑臣，政化大行。

今译

孔子刚刚做官的时候，出任中都邑的邑宰。他制定了相关制度来确保百姓生有所养，死得安葬，提倡根据年龄的长幼顺序来吃不同的食物，按照能力的大小承担不同的工作，走路时男女各走一边，遗失在道路上的东西不能拾取并占为己有，各种器具不追求浮华的雕刻修饰。死人入殓，棺木的厚度是四寸，椁木的厚度是五寸，依傍在丘陵旁修建坟墓，不要修建高大的坟墓，墓地附近不要栽种松柏。这种制度实施一年之后，西方各个诸侯国纷纷效仿。

鲁定公问孔子："效仿您施政的方式来管理鲁国，您认为如何？"孔子回答："就连天下都能治理好，更何况只是鲁国呢？"这种制度实施两年后，鲁定公任命孔子为司空。孔子根据土地的不同性质，将其划分为五种：山林、丘陵、沼泽、川泽、高地，各种作物种植在适宜的环境里，作物生长得都很茂盛。

早些时候，季平子将鲁昭公安葬在鲁国先王陵寝墓道的南侧，孔子出任司空后，让人挖通了一条沟渠，这样一来，昭王的陵墓就和先王的陵墓圈连成了一片。孔子对季平子的儿子季桓子说："令尊想通过这一点来羞辱国君，反而彰显了自己的过失，这种行为破坏了礼制。现在将陵墓合并在一起，可以使令尊不恪守人臣之道的罪过得以掩饰。"

后来，孔子又从司空擢升为鲁国的大司寇，虽然他设定了法律，却派不上用场，因为那里根本没有违法的奸民。

孔子对鲁定公说："卿大夫的家里不能私藏兵器、铠甲，诸侯的封地里建筑的规模不能超过一百雉的都城，这是古代规定的礼制。现在季孙氏、叔孙氏、孟孙氏三家大夫的都城都僭越礼制，您不妨削弱他们的权势。"于是，派出季氏家臣仲由把三家大夫的城池一一拆除，它们分别是季孙氏的都城费、叔孙氏的都城郈、孟孙氏的都城成。叔孙氏的庶子叔孙辄没有得到叔孙氏的器重，就和费城的长官公山弗联合起来，一同率领着费人前去攻打鲁国的都城曲阜。孔子为鲁定公护驾，与季孙氏、叔孙氏、孟孙氏三位大夫一起躲入季氏的宅子，登上武子台。费人又向武子台发起进攻，攻到了武子台的一侧，孔子下令让申句须、乐颀两位大夫率领士兵赶去抵抗费人，最终击败了费人。这样，终于削减了三座都邑的势力。这次的行动增强了鲁国国君的权势，削弱了大夫的权势，使国君更加显赫，也使臣子地位下降，从而能继续推行政治教化的举措。

简评

本书以《相鲁》一篇作为开篇，可见孔子很重视政事，也彰显了孔子为政的卓越才华。“相”有帮助、辅佐的意思。本篇依次讲述了孔子在鲁国担任中都宰、司空、大司寇的经历。孔子刚刚出仕，担任中都宰，在鲁国极力推行礼乐教化，卓有成效，四方诸侯纷纷前来求教，这段时期在历史上被称为“化行中都”。孔子思想很重要的一部分就是“正名”，从这一点出发，孔子利用三桓与家臣不和睦的态势，多次规劝鲁定公，最终说服他“隳三都”。虽然最终结果与孔子的设想还有一定的距离，但三桓的实力确实在一定程度上被削弱，尤其重要的一点是，孔子通过自己的实际行动体现了“正名”的政治主张，这对于维持鲁国的统治地位尤为关键。

02

始诛篇：天子是毗，俾民不迷

孔子为鲁大司寇，有父子讼者，夫子同狴执之，三月不别。其父请止，夫子赦之焉。

季孙闻之不悦，曰："司寇欺余，曩告余曰：'国家必先以孝'，余今戮一不孝以教民孝，不亦可乎？而又赦，何哉？"

冉有以告孔子，子喟然叹曰："呜呼！上失其道而杀其下，非理也。不教以孝而听其狱，是杀不辜。三军大败，不可斩也。狱犴（监狱。犴，àn）不治，不可刑也。何者？上教之不行，罪不在民故也。夫慢令谨诛，贼也。征敛无时，暴也。不试责成，虐也。政无此三者，然后刑可即也。《书》云：'义刑义杀，勿庸（通"用"）以即汝心，惟日未有慎事。'言必教而后刑也，既陈道德以先服之。而犹不可，尚贤以劝之；又不可，即废之；又不可，而后以威惮之。若是三年，而百姓正矣。其有邪民不从化者，然后待之以刑，则民咸知罪矣。《诗》云：'天子是毗（pí，辅助），俾（使）民不迷。'是以威厉而不试，刑错（放置）而不用。今世则不然，乱其教，繁其刑，使民迷惑而陷焉，又从而制之，故刑弥繁而盗不胜也。夫三尺之限（险阻），空车不能登者，何哉？峻故也。百仞之山，重载陟焉，何哉？陵迟故也。今世俗之陵迟久矣，虽有刑法，民能勿逾乎？"

今译

孔子在鲁国担任大司寇，有一对父子来打官司。孔子把他们关押在同一间牢房里，三个月过去了，也不做判决。父亲请求将诉讼撤回，孔子就放了父子俩。

季孙氏听说了这件事，表现得很不高兴，说："司寇骗了我，他以前跟我说：'治理国家一定要推崇孝道。'我现在想杀一个不孝之人，以此来教导老百姓要奉行孝道，这也不行吗？司寇却赦免了他们，为什么呢？"

冉有将季孙氏的这番话转告给孔子，孔子叹息一声说："唉！身居高位却不依道行事，反而滥杀无辜百姓，这有违常理。不以孝道来教化百姓，反而随意判决官司，这是滥杀无辜。三军战败，不可能通过杀害士兵来解决问题；各种刑事案件频频发生，不可能通过制定严酷的刑罚来阻止。这是为什么呢？如果统治者的教化没有发挥作用，不应该将罪责归咎于老百姓。法律松弛，刑罚却很严酷，这是残害百姓的行为；恣意横征暴敛，这是凶狠残忍的暴政；不教化百姓却苛求他们能遵循礼法，这是暴虐的行径。只有施政中不包含上述三种弊端，才能够施以刑罚。《尚书》说过：'刑杀要与正义的原则相符，而不是为了合乎自己的心意，断案必须慎之又慎。'言下之意就是，要先实施教化，再动用刑罚；先陈述清楚道理，让百姓心生敬意，明白事理。如果还是行不通，就应该让贤良之人作为表率，引导他们，鼓励他们；如果还是行不通，才能放弃各种教化或说教；如果还是行不通，才能通过威势震慑他们。这样坚持三年，百姓就会走上正途。至于剩下那些不听从教化的刁民，就可以动用刑罚来惩治他们。如此一来，百姓就明白犯罪是什么了。《诗经》说：'天子如果能起到辅助作用，让百姓不迷惑。'那么就不必动用严苛的刑法，也就可以将刑法束之高阁了。然而，当今的世道却不是这样的，教化乱象纷呈，刑法多如牛毛，让百姓心生迷惑，随时可能掉入陷阱。官吏通过纷繁复杂的刑律约束百姓，因此刑罚越繁杂，盗贼越层出不穷。三尺高的门槛，哪怕是一辆空车也无法越过去，这是为什么呢？因为门槛太高。一座高达百仞的山，负载很重的车子也能攀登上去，这是为什么呢？因为山是从低到高渐渐升高的，车也能慢慢攀登上去。当今世上，社会风气败坏了很长一段时间了，纵然有严苛的刑法，又如何能让百姓不犯法呢？

简评

这是《始诛》一篇中的第二段，通过讲述孔子处理一对父子之间的诉讼案件时发表的一番言论，来阐述孔子的刑罚思想。在处理这桩诉讼案时，孔子并没有遵循常规来审理案件，而是将他们羁押在同一间牢房里却没有施加刑罚，目的就是让他们自己反省并认识到犯下的过错。在孔子看来，治理国家最重要的方面是礼乐教化，而不是刑罚。如果不通过恰当的方式教化百姓，而是粗鲁残暴地直接通过刑罚来治理国家，孔子认为这种做法就是“上失其道而杀其下”，无法从根本上解决问题，只会让国家陷入混乱。孔子心中正确合理的治国方法是先用礼乐教化百姓，让民心向善，如果这个方式不可行，再施加刑罚。孔子教化思想的两极就是礼乐教化与刑罚思想，不过总体来说可以归纳为“德主刑辅”，也就是礼乐教化是主要手段，刑罚是辅助手段。

03

王言篇：道者明德，德者尊道

孔子闲居，曾参侍。孔子曰：“参乎，今之君子，唯士与大夫之言可闻也。至于君子之言者，希也。於乎！吾以王言之，其不出户牖（门窗）而化天下。”

曾子起，下席而对曰：“敢问何谓王之言？”孔子不应。曾子曰：“侍夫子之闲也难，是以敢问。”孔子又不应。曾子肃然而惧，抠（用手提起）衣而退，负席而立。

有顷，孔子叹息，顾谓曾子曰：“参，汝可语明王之道与？”曾子曰：“非敢以为足也，请因所闻而学焉。”

子曰：“居，吾语汝！夫道者，所以明德也。德者，所以尊道也。是以非德道不尊，非道德不明。虽有国之良马，不以其道服乘（使用，指的是驾车或骑乘）之，不可以道里。虽有博地众民，不以其道治之，不可以致霸王。是故，昔者明王内修七教，外行三至。七教修，然后可以守；三至行，然后可以征。明王之道，其守也，则必折冲（使敌人的战车后撤）千里之外；其征也，则必还师衽席（rèn xí，泛指卧席）之上。故曰内修七教而上不劳，外行三至而财不费。此之谓明王之道也。”

曾子曰：“不劳不费之谓明王，可得闻乎？”

孔子曰：“昔者帝舜左禹而右皋陶，不下席而天下治，夫如此，何上之劳乎？政之不平，君之患也；令之不行，臣之罪也。若乃十一而税，用民之力，岁不过三日。入山泽以其时而无征，关讥（在关口设立界卡检查行旅）市鄽（shì fēng，集市）皆不收赋，此则生财之路，而明王节之，何财之费乎？”

今译

孔子闲居在家里，弟子曾参陪伴在他身边，侍奉他。孔子说：“曾参啊，如今身居高位之人，只能听听士大夫的言论，却很少能听到道德高尚的君子的言论。唉，如果我将那些能成就王业的道理讲给身居高位的人听，他们足不出户就能治理、教化好天下。”

曾参毕恭毕敬地站起来，走下坐席，问道：“敢问先生，什么道理能成就王业呢？”孔子不答。曾参又问：“很难赶上先生您有空，因此斗胆向您请教。”孔子还是不答。曾参感到又紧张又害怕，提起衣襟，退了下去，站在坐席一旁。

不一会儿，孔子叹息一声，回过头对曾参说：“曾参啊，我来跟你聊聊古时候那些贤明之君的治国之道吧！”曾参回答：“我不敢认为自己已经具备足够的学识能听懂您谈论治国之道，但是想通过您的一番谈论来学习。”

孔子说：“你坐下，听我说。所谓道，是用来彰显德行的。所谓德，是用来推崇道义的。因此，没有德行，就不能推崇道义；没有道义，就无法彰显德行。即使拥有举国上下最好的马匹，但不能遵循正确的方式来使用它、骑乘它，它也不能在路上飞奔。一个国家即使拥有广袤的国土和众多的百姓，但国君治国无方，也不能成为一方霸主，亦不能成就一番王业。因此，古代那些明君就在国内推行‘七教’，在国外推行‘三至’。修成‘七教’，就能保疆卫国；实行‘三至’，就能对外征伐。明君的治国之道就是，保家卫国时，能一举击败千里以外的敌人；征伐外敌时，能旗开得胜。因此才说，在国内推行‘七教’，君主就不须再为政事劳烦；在国外推行‘三至’，就不会劳民伤财。这就是我说的明君的治国之道。”

曾参问：“不为政事而劳烦、不劳民伤财就能称之为明君，能讲讲其中的道理吗？”

孔子说：“古代的帝王舜身边有两名能干的臣子，分别是禹和皋陶，他甚至不用走下坐席，就能治理好天下。这样一来，还有什么事能让国君烦劳呢？国家政局动荡，是国君最大的忧患；国家政令无法实行，是臣子的责任。如果只征收十分之一的税赋，百姓每年服劳役的时间不超过三天，让百姓按照季节、时令进入山林、湖泊，在那里伐木、捕鱼，不胡乱收取苛捐杂税，交易场所也不胡乱收取赋税，这些方法才是真正的生财之道。在征收赋税、使用民力等方面，明君懂得有所节制，又怎么会劳民伤财呢？”

简评

本篇通过孔子与曾参之间的对话，记录了孔子有关王道政治的看法。在孔子心目中，最理想的政治形式就是王道政治。孔子认为，推行王道政治最关键的就是对内实行“七教”，对外实行“三至”，只要实现了“内修七教，外行三至”，就能实现真正的王道政治。

04

儒行篇：以忠信为甲胄，以礼义为干橹

孔子既至，舍哀公馆焉。公自阼阶（zuò jiē，东阶，古代以阼作为主人之位），孔子宾阶，升堂立侍。

公曰：“夫子之服，其儒服与？”

孔子对曰：“丘少居鲁，衣逢掖（宽袖的衣服，古代儒者的服装）之衣。长居宋，冠章甫之冠。丘闻之，君子之学也博，其服以乡，丘未知其为儒服也。”

公曰：“敢问儒行？”

孔子曰：“略言之，则不能终其物；悉数之，则留仆未可以对。

哀公命席，孔子侍坐，曰：“儒有席上之珍以待聘，夙夜强学以待问，怀忠信以待举，力行以待取。其自立有如此者。

“儒有衣冠中，动作慎，其大让如慢，小让如伪。大则如威，小则如媿。难进而易退，粥粥若无能也。其容貌有如此者。

“儒有居处齐难（庄重严肃），其起坐恭敬，言必诚信，行必忠正。道涂（通“途”）不争险易之利，冬夏不争阴阳之和。爱其死以有待也，养其身以有为也。其备预有如此者。

“儒有不宝金玉而忠信以为宝，不祈土地而仁义以为土地，不求多积而多文以为富。难得而易禄也，易禄而难畜（容留）也。非时不见，不亦难得乎？非义不合，不亦难畜乎？先劳而后禄，不亦易禄乎？其近人情有如此者。

“儒有委之以财货而不贪，淹之以乐好而不淫，劫之以众而不惧，阻之以兵而不慑。见利不亏其义，见死不更其守。鸷（zhì，凶猛的鸟）虫攫搏不程其勇，引重鼎不程其力。往者不悔，来者不豫。过言不再，流言不极。不断其威，不习其谋，其特立有如此者。

“儒有可亲而不可劫，可近而不可迫，可杀而不可辱。其居处不过，其饮食不溽，其过失可微辩而不可面数也。其刚毅有如此者。

“儒有忠信以为甲胄，礼义以为干橹（盾牌，小盾为干，大盾为橹），戴仁而行，抱义而处，虽有暴政，不更其所。其自立有如此者。”

今译

孔子返回鲁国，在鲁哀公用来招待客人的馆舍住下。鲁哀公从大堂东侧的台阶处迎面走来，前去迎接孔子。孔子从大堂西侧的台阶走来，前去觐见鲁哀公，双双步入大堂，孔子站在鲁哀公身侧，跟他说话。

鲁哀公问：“先生穿的衣服可是儒者的服装？”

孔子回答说：“我小时候在鲁国居住，穿宽袖的衣服；长大后在宋国住，戴缁布做成的礼冠。我听说，身为君子，学识应该渊博，穿衣打扮要入乡随俗。我不知道这是不是儒者的服饰。”

鲁哀公问：“请问儒者又有哪些行为呢？”

孔子说：“如果粗略地说，不能将儒者的行为讲得面面俱到；如果讲得太过详尽，等侍奉的仆从都疲倦了也讲不完。”

鲁哀公让人设下坐席，孔子陪坐在他身侧，说：“儒者就像席间的珍品，等待着他人前来采用；不分昼夜地学习，等待着他人前来请教；心怀着忠信，等待着他人前来举荐；孜孜以求，等待着他人的器重。这正是儒者的修身之道。

“儒者的衣冠端庄周正，举止谨慎小心，推让大事看似傲慢，推让小事看似虚伪。做大事的时候，神情慎之又慎，心怀畏惧；做小事的时候，态度谨小慎微，如同怯懦得不敢去做；很少激进向前却频频容忍退让，柔弱谦恭，看似无能。这就是儒者的容貌。

“儒者的起居生活谨慎端庄，坐、立、行、走毕恭毕敬，讲话信守承诺，行为恪守中正之道。在路上不与人争抢道路，冬夏时节不与人争冬暖夏凉的处所。从不轻易赴死，只是等待着值得为之付出生命的事情，保养身体，期待着能有所作为。这就是儒者周全的预备工作。

“儒者不稀罕金银财宝，看重忠信之道；不贪求土地，把仁义视为土地；不求聚集巨额财富，把渊博的学识视为财富。儒者难以得到，却易于供养；易于供养，却难以挽留。不等到恰当的时候不会现身，不是很难得吗？不是正义的事情就不合作，很难挽留住他们！先效力，之后才谋求俸禄，比较好供养！儒者待人接物就是这样的。

“儒者不会贪求他人委托的财物，身处玩乐之中也不会沉迷其中，受众人威逼也不会惧怕，受武力威胁也不会恐慌。见利却不会忘义，见死也不改操守。面对凶猛禽兽的攻击，不会衡量自己的力量而奋不顾身地与之搏斗；推举重鼎，不会衡量自己的力量而是尽力而为。从不为往事懊悔，也不会为未来忧虑。错话不会说第二次，流言蜚语不会去追究。总是保持威严，而不学习任何权谋诡计。这就是儒者的特立独行之处。

“儒者，你可以亲近他，却不能胁迫他；可以接近他，却不能威逼他，可以杀他的头，却不能侮辱他。他们的居所并不奢华，他们的饮食并不丰厚，他们的过错可以婉转地指出，却不能当面数落。儒者的坚强刚毅便是这样的。

“儒者将忠信之道当成铠甲，将礼仪当成盾牌，心中坚守着‘仁’而付诸行动，怀抱着‘义’而作为居所，哪怕遭遇暴政，也丝毫不改操守。这就是儒者的自立。”

简评

本篇主要阐述了孔子对儒者德行的理解，故而命名为“儒行”。全篇通过孔子与鲁哀公之间的一问一答，阐明了孔子心目中儒者最理想的形象。通过说明儒者所具备的自立、刚毅、忠信、近人、特立等特征，孔子将自己所欣赏的谦逊恭敬、特立独行、仁义温厚、卓尔不群的儒者形象描绘得活灵活现。孔子的一番评论，彻底将“儒生”原本柔弱的书生形象颠覆了，从而赋予了“儒”全新的内涵。实际上，有关“儒行”的一番论述正是孔子人格的真实写照，也被后世的儒者奉为为人处世的标准，影响不可谓不深远。

05

问礼篇：子之言礼，何其尊也

哀公问于孔子曰：“大礼何如？子之言礼，何其尊也？”孔子对曰：“丘也鄙人，不足以知大礼也。”公曰：“吾子言焉！”

孔子曰：“丘闻之，民之所以生者，礼为大。非礼则无以节事天地之神焉，非礼则无以辨君臣上下长幼之位焉，非礼则无以别男女父子兄弟婚姻亲族疏数之交焉。是故君子此之为尊敬，然后以其所能教顺百姓，不废其会节。既有成事，而后治其文章黼黻（fǔ fú，绣在礼服上的华丽的花纹等），以别尊卑上下之等。其顺之也，而后言其丧祭之纪，宗庙之序。品其牺牲（祭祀用的牲口），设其豕腊，修其岁时，以敬其祭祀，别其亲疏，序其昭穆（古代的宗法制度，即宗庙或墓地的辈次排列）。而后宗族会燕，即安其居，以缀恩义。卑其宫室，节其服御，车不雕玑，器不影镂，食不二味，心不淫志，以与万民同利。古之明王行礼也如此。”

公曰：“今之君子胡莫之行也？”

孔子对曰：“今之君子，好利无厌，淫行不倦，荒怠慢游，固民是尽。以遂其心，以怨其政，以忤其众，以伐有道。求得当欲不以其所，虐杀刑诛不以其治。夫昔之用民者由前，今之用民者由后。是即今之君子莫能为礼也。”

今译

鲁哀公请教孔子："隆重的礼仪是怎样的？为什么您把礼看得那么重要？"孔子回答说："我是鄙陋之人，对隆重的礼节没有足够的了解。"鲁哀公说："那还是请您讲讲吧！"

孔子说："我听说，礼仪在民众生活中最为重要。没有礼仪，就不能有节制地侍奉天地间的神灵；没有礼仪，就不能区分君臣、上下、长幼的地位；没有礼仪，就不能区分男女、父子、兄弟之间的亲情关系以及亲族交往中的亲疏远近。因此，国君总是很重视礼仪，意识到了这一点，并利用他了解到的礼仪来教化百姓，让他们明白礼仪的重要，了解礼仪的界限。等到礼仪的教化工作取得成效后，再利用饰品、器具、礼服等来区分尊卑。百姓顺应了礼仪的教化之后，才能谈得上丧葬、祭祀的规矩和礼节。布置好祭祀时用的牲口，安排好祭祀神灵、先祖用的肉干，每年按时举办庄严肃穆的祭祀典礼，表达人们对神灵、先祖的崇敬之情与缅怀之情，对血缘关系的亲疏远近进行区分，安排好宗庙、墓地的辈分排列顺序。祭祀结束后，亲人坐在一起饮酒、吃饭，按照顺序坐在属于自己的座位上，沟通、连接彼此之间的亲情。居住在低矮的陋室里，穿戴着朴素粗陋的衣裳，不为车辆雕饰，不为器具镂刻花纹，饮食不讲究味道，心里没有欲望，与百姓一同分享利益。过去的明君就是这样推行礼节的。"

鲁哀公问："为什么现在的君主不这么做了呢？"

孔子答复说："如今的君主贪慕钱财，内心的贪欲得不到满足，言行放纵而不觉得厌倦，懒惰放荡而态度傲慢，顽固地搜刮民脂民膏。为了使自己的欲望得到满足，不顾及是否会招致百姓怨恨，不惜违背众人的意愿，前去侵略那些政治清明的国家。为了满足一己私欲而不择手段，残忍暴虐地对民众施加刑杀，而从不想办法治理国家。以前的君主是用前面说的方式统治民众，而现在的君主是用后面说的方式统治民众。这说明如今的君主不能理解，更谈不上去推行礼仪教化。”

简评

本篇以“礼”为主题展开讨论，分为上下两部分：第一部分是“哀公问礼于孔子”；第二部分是孔子弟子问礼于孔子，故而得名“问礼”。此处选取的是第一部分。孔子素来很重视“礼”，礼是孔子思想的核心。孔子反复强调礼的重要性，回顾了古时候那些明君是如何实施礼仪教化的，阐述了礼仪萌生的渊源，这有助于我们进一步理解孔子倡导的礼学思想和我国的文化传统。

06

五仪篇：审此五者，治道毕矣

哀公问于孔子曰：“寡人欲论鲁国之士，与之为治，敢问如何取之？”

孔子对曰：“生今之世，志古之道；居今之俗，服古之服。舍此而为非者，不亦鲜乎？”

曰：“然则章甫、绚履、绅带、缙笏者，皆贤人也？”

孔子曰：“不必然也。丘之所言，非此之谓也。夫端衣（古时候祭祀穿的礼服）玄裳，冕而乘轩者，则志不在于食荤；斩衰（古时候穿的丧服，用粗麻布制成，不缝边）菅菲（草鞋），杖而歠粥者，则志不在于酒肉。生今之世，志古之道；居今之俗，服古之服，谓此类也。”

公曰：“善哉！尽此而已乎？”

孔子曰：“人有五仪（五个等级），有庸人，有士人，有君子，有贤人，有圣人。审此五者，则治道毕矣。”

公曰：“敢问何如，斯可谓之庸人？”

孔子曰：“所谓庸人者，心不存慎终之规，口不吐训格（规范、典范）之言，不择贤以托其身，不力行以自定。见小暗大，而不知所务；从物如流，不知其所执。此则庸人也。”

公曰：“何谓士人？”

孔子曰：“所谓士人者，心有所定，计有所守，虽不能尽道术（道德学术）之本，必有率也；虽不能备百善之美，必有处也。是故知不务多，必审其所知；言不务多，必审其所谓；行不务多，必审其所由。智既知之，言既道之，行既由之，则若性命之形骸（人的形体、躯壳）之不可易也。富贵不足以益，贫贱不足以损。此则士人也。”

公曰：“何谓君子？”

孔子曰：“所谓君子者，言必忠信而心不怨，仁义在身而色无伐，思虑通明而辞不专。笃行信道，自强不息。油然若将可越，而终不可及者。此则君子也。”

公曰：“何谓贤人？”

孔子曰：“所谓贤人者，德不逾闲，行中规绳（规范、法则）。言足以法于天下而不伤于身，道足以化于百姓而不伤于本。富则天下无宛财，施则天下不病贫。此则贤者也。”

公曰：“何谓圣人？”

孔子曰：“所谓圣人者，德合于天地，变通无方。穷万事之终始，协庶品之自然，敷其大道而遂成情性。明并日月，化行若神。下民不知其德，睹者不识其邻。此谓圣人也。”

公曰：“善哉！非子之贤，则寡人不得闻此言也。虽然，寡人生于深宫之内，长于妇人之手，未尝知哀，未尝知忧，未尝知劳，未尝知惧，未尝知危，恐不足以行五仪之教。若何？”

孔子对曰：“如君之言，已知之矣，则丘亦无所闻焉。”

公曰：“非吾子，寡人无以启其心。吾子言也。”

孔子曰："君入庙，如右（指的是从右边走），登自阼阶，仰视榱桷（cuī jué，屋椽），俯察机筵，其器皆存，而不睹其人。君以此思哀，则哀可知矣。昧爽夙兴，正其衣冠；平旦（清晨）视朝，虑其危难。一物失理，乱亡之端。君以此思忧，则忧可知矣。日出听政，至于中冥，诸侯子孙，往来为宾，行礼揖让，慎其威仪。君以此思劳，则劳亦可知矣。缅然长思，出于四门，周章远望，睹亡国之墟，必将有数焉。君以此思惧，则惧可知矣。夫君者，舟也；庶人者，水也。水所以载舟，亦所以覆舟。君以此思危，则危可知矣。君既明此五者，又少留意于五仪之事，则于政治何有失矣！"

今译

鲁哀公问孔子："我想评论一番鲁国的人才，与他们一同治国，请问应该如何选拔人才？"

孔子说："生活在如今这个时代，却思慕着古时候的道德礼仪；遵循如今的习俗，却穿着古时候的儒服。很少见到有这种行为的人会为非作歹。"

鲁哀公问："那么，头戴礼帽，脚上穿着鞋头有装饰的鞋子，腰间系着大带子，带子里还插着笏板的人，都是贤人吗？"

孔子说："那也不一定。我刚才的那番话并不是这个意思。那些身着礼服，头戴礼帽，坐着车子前去参加祭祀典礼的人，他们并不将食荤当成志向；那些身着粗麻布制成的丧服，脚穿草鞋，拄着丧杖，喝着清粥来行丧礼的人，他们并不将酒肉当成志向。生活在如今这个时代，却思慕着古代的道德礼仪；遵循当今的习俗，却身着古代的儒服，我所说的是这类人。"

鲁哀公说："说得好！但只有这些吗？"

孔子说："人可以分为五个等级，分别是庸人、士人、君子、贤人、圣人。分清楚这五种人，就掌握治世之道了。"

鲁哀公问："请问庸人是哪种人？"

孔子说：“所谓庸人，他们内心不遵循慎言慎行、善始善终的原则，口里也说不出富有道理的言语，不选择贤人善士作为依靠，不努力行事来追求安定的生活。他们总是在小事上精明，在大事上糊涂，不知道自己在忙碌些什么；诸事追逐大流，不知道自己在追求些什么。庸人就是这种人。”

鲁哀公问：“请问士人是哪种人？”

孔子说：“所谓士人，他们内心既有确切的原则，也有明确的计划，哪怕尽不到遵循道义、治理国家的本分，也遵循一定的法则；哪怕不能将百善聚集于一身，也遵循自己的操守。因此，他们不一定具有渊博的知识，但经常自省，确保自己知道的知识是正确的；不一定善于言辞，但经常自省，确保自己说的话都是得体的；不一定去过很多地方，但经常自省，确保自己走的路是正道。知道自己拥有的知识是正确的，说出的话语是得体的，走的道路是正道，那么，这些正确的原则就如同身家性命之于肉体形骸一般，是无法更改的。富贵不能补偿自己，贫贱也不能损伤自己。士人就是这种人。”

鲁哀公问：“君子是哪种人呢？”

孔子说：“所谓君子，说出的话语一定是内心所笃定的，内心没有丝毫怨恨，具备仁义的美德，却从没有自夸的神色，考虑问题明智通达，说出的话语曲折委婉。遵循仁义之道，竭尽所能践行自己的理想，自强不息。他那从容的样子看似容易超越，他人却始终无法企及他的那种境界。君子就是这种人。”

鲁哀公问：“哪种人能称之为贤人呢？”

孔子说：“所谓贤人，他们的品德从不逾越常规，他们的行为遵循礼法。他们的言论让天下之人纷纷效仿而不会无端招致灾祸，道德能够感化百姓却不会伤害到自己。他很富有，却不会让天下人怨恨；他一施恩，天下人都不再穷困。贤人就是这种人。”

鲁哀公又问：“圣人是哪种人呢？”

孔子说：“所谓圣人，他们的德行与天地之道相符，变通自如，能探究世间万物的始终，亦能让世间万物符合自然法则，遵循世间万物的自然规律并成就它们。光明灿烂，如日月一般；教化自如，如神灵一般。底层百姓不了解他的品德，有幸看到他本尊的人也并不知道他就在身边。圣人就是这种人。”

鲁哀公说：“说得好！如果不是先生贤明，我就听不到这番言论。虽然如此，但我自幼在深宫里长大，且由妇人抚养，从不曾知道什么是悲哀、什么是忧伤、什么是劳苦、什么是惧怕、什么是危险，恐怕也没有足够的能力践行五仪的教化，这该如何是好呢？”

孔子说：“从您的这番话里可以听出，您已经明白其中的道理，我已经没什么话可以对您说了。”

鲁哀公说：“如果不是您，我的心智就不能受到启发。您还是再多讲讲吧！”

孔子说：“您去寺庙里行祭祀之礼，从右侧的台阶走上去，抬起头，看到屋椽，低下头，看到筵席，亲人曾经用过的器具都在那里，却再也看不到他们的身影。您由此感到哀伤，也就知道什么是哀伤了。天还没亮，您就起床，穿戴好衣帽，去往朝堂听政，思虑国家是否面临危机。如果有某一件事处理得不得当，就可能成为导致国家陷入混乱、走向灭亡的开端。身为国君，您因此为国事担忧，就知道什么是忧虑了。太阳刚出来，您就处理各种国务，午后接待各国诸侯和他们的子孙，还有宾客迎来送往、行礼揖让等诸多礼节，小心翼翼地遵循礼法以彰显自己威严的仪态，您由此开始思考辛劳究竟是什么，那么就知道什么是辛劳了。您缅怀远古，走出国都，去各地周游，向远方眺望，看到那些已经灭亡的国都的废墟，可见亡国远远不止一个，您由此感到害怕，就知道惧怕是什么了。国君是舟，百姓就是水，水能载舟，也可以覆舟，您由此感受到危险，就知道危险是什么了。国君了解了这五个方面，对国家里的这五类人稍加留意，那么治理国家的时候又会有什么失误呢？”

简评

本篇题为“五仪”，讲述的是孔子关于五种人的理解和看法。在孔子看来，可以遵循一定的标准将人分为五个等级，分别是庸人、士人、君子、贤人和圣人，个人的道德修养是区分这五个等级的主要标准，故而选拔人才的时候遵循这五个等级，就能求得天下英才而用之，真正实现王道政治的理想。既然区分“五仪”遵循的是道德修养，那么对一个人，尤其是对君主而言，个人修养就显得尤为重要。本篇讲述的“君子不博”“夫君者，舟也；庶人者，水也”“水可以载舟，亦可以覆舟”等，都与个人修养息息相关。

07

致思篇：于斯致思，无所不至矣

孔子北游于农山，子路、子贡、颜渊侍侧。孔子四望，喟然（叹息的样子）而叹曰：“于斯（在这里）致思（集中精力思考问题），无所不至矣。二三子各言尔志，吾将择焉。”

子路进曰：“由愿得白羽若月，赤羽若日，钟鼓之音上震于天，旍旗缤纷下蟠（盘曲地伏着）于地。由当（掌管、统领）一队而敌之，必也攘（夺取）地千里，搴旗（拔取敌人的战旗）执聝（在战争中割掉敌人的左耳）。唯由能之，使二子者从我焉。”

夫子曰：“勇哉！”

子贡复进曰："赐愿使齐、楚合战于漭漾（广大、辽阔）之野，两垒相望，尘埃相接，挺刃交兵。赐着缟衣白冠，陈说其间，推论利害，释国之患。唯赐能之，使夫二子者从我焉。"

夫子曰："辩哉！"

颜回退而不对。孔子曰："回，来，汝奚独（为什么只有你）无愿乎？"颜回对曰："文武之事，则二子者既言之矣，回何云焉？"

孔子曰："虽然，各言尔志也，小子言之。"

对曰："回闻薰莸不同器而藏，尧桀不共国而治，以其类异也。回愿得明王圣主辅相之，敷其五教，导之以礼乐，使民城郭不修，沟池不越，铸剑戟以为农器，放牛马于原薮，室家无离旷（丈夫离家，妇人独处）之思，千岁无战斗之患。则由无所施其勇，而赐无所用其辩矣。"

夫子凛然曰："美哉！德也。"

子路抗手（举手）而对曰："夫子何选焉？"

孔子曰："不伤财，不害民，不繁词，则颜氏之子有矣。"

今译

孔子一路向北，去农山周游，子路、子贡、颜渊陪伴在他身边。孔子望向四周，深深地感叹道："在这里集中精力思考问题，会产生各种想法啊！你们也都谈谈各自的志向吧！我从中再做出选择。"

子路走向前去，说："我憧憬着，白色的指挥旗如同月亮，红色的战旗如同太阳，钟鼓之声响彻云霄，数也数不清的旌旗在地面上盘旋着、舞动着。我带领着一队人马去进攻敌军，势必会攻克敌军的千里之地，拔下敌军的战旗，割下敌军的耳朵。只有我才能做到这样的事，就让子贡、颜渊跟从我吧！"

孔子说："真勇敢啊！"

子贡也走向前，说："我希望出使前往齐楚两国正在交战的广袤原野，两军的军营遥遥相对，尘埃扬起，连成一片，士兵挥舞着刀剑。而我身着白色的衣帽，在两国之间斡旋，陈述两国交战的利弊，在无形之中化解国家的危难。只有我才能做到这样的事，就让子路、颜渊跟从我吧！”

孔子说："口才真好啊！"

颜回后退一些，不说话。孔子说："颜回，到这边来，为什么唯独你没有志向呢？"颜回说："文武两方面的事情，子路、子贡已经说了，我还有什么可说的呢？"

孔子说："虽然是这样，但各人有各人的志向，你就说说你的吧。"

颜回说："我听说，薰草和莸草不能放在同一个容器里，尧和桀不能一同治理国家，因为他们不是一类人。我希望能辅助明君圣主，向百姓宣传五教，利用礼乐之道来教化他们，让百姓不用修筑城墙，也不会逾越护城河，把剑戟这些武器改铸成农具，在平原、湿地上放牧牛羊，妇女不再因丈夫长年不在家而满腹忧愁，千年之内再也没有战患。这样一来，子路就没有机会展现他的勇敢，子贡也没有机会施展他的口才。"

孔子表情严肃地说："这种德行是多么美好啊！"

子路举起手，问："那么老师您到底选哪一种呢？"

孔子说："不浪费钱财，不危及百姓，不白费口舌，唯有颜回才有这等想法！"

简评

本篇开头一段“农山言志”中有“于斯致思，无所不至矣”一句，全篇围绕着此句展开，故而得名“致思”。孔子与众弟子在山野间畅所欲言，各抒己见，凸显了孔子“不伤财，不害民，不繁词”的德治之见。

08

三恕篇：君子有三恕

孔子曰："君子有三恕：有君不能事，有臣而求其使，非恕也；有亲不能孝，有子而求其报，非恕也；有兄不能敬，有弟而求其顺，非恕也。士能明于三恕之本，则可谓端身（正身，使行为端正）矣。"

孔子曰："君子有三思，不可不察也。少而不学，长无能也；老而不教（教育子孙），死莫之思也；有而不施，穷莫之救也。故君子少思其长则务学，老思其死则务教，有思其穷则务施。"

孔子观于鲁桓公之庙，有欹器（qī，容易倾倒的器物）焉。夫子问于守庙者，曰："此谓何器？"对曰："此盖为宥（yòu）坐之器（放在座位右侧用来警戒的器物，类似于后来的座右铭）。"

孔子曰："吾闻宥坐之器，虚则欹，中（水不多不少，刚刚好）则正，满则覆。明君以为至诫，故常置之于坐侧。"顾谓弟子曰："试注水焉！"乃注之。水中则正，满则覆。夫子喟然叹曰："呜呼！夫物恶（哪里）有满而不覆哉？"

子路进曰："敢问持满（不盈不满，也就是保守成业）有道乎？"

子曰："聪明睿智，守之以愚；功被天下，守之以让；勇力振世，守之以怯；富有四海，守之以谦。此所谓损之又损之道也。"

今译

孔子说："身为君子，有三个方面要心存宽厚：有国君不能忠心侍奉，有臣子却随意使唤，这不是宽厚之人；有父母不能孝敬，有儿子却要求他报恩，这也不宽厚；有哥哥不能敬重，有弟弟却要求他顺从，这同样不宽厚。身为读书人，只有明白忠于君、孝于亲、悌于兄是宽厚的根本，才能真正称之为行为端正。”

孔子说：“身为君子，有三种事情不能不去思考。年少的时候不学习，长大后就不具备技能；年老的时候不教导子孙，死后就没有人怀念；富有的时候不愿意施舍他人，穷困潦倒的时候就没有人接济。因此，身为君子，年少的时候考虑到长大之后的事情，就要勤勉学习；年老的时候想到将不久于世，就要好好教育子孙；富有的时候想到穷困潦倒的情况，就要多多施舍。”

孔子去鲁桓公的庙里参观，在那里看到一件很容易倾倒的器物。于是，他问看守庙宇的人：“这器物是何物？”看守庙宇的人说：“这是欹器，国君将它放在座位的右侧用来警示自己。”

孔子说：“我听说国君将欹器放在座位的右侧，内里空着的时候，就会倾斜，水不多不少刚刚好的时候，就端端正正的，注满水的时候就会翻倒。贤明的君主将它视为最高的警示，因此经常把它放在座位一侧。”说完，孔子回头对弟子说：“注入水看看。”弟子将水注入欹器，水不多不少的时候，欹器就端端正正的；水满的时候，欹器就倒下。孔子感叹：“唉，哪里会有东西已经盈满却不会倒下的呢！”

子路走上前去，问：“请问有什么方法能保守成业吗？”

孔子说：“那些睿智聪慧的人，通过愚钝质朴来保守成业；那些功盖天下的人，通过谦和退让来保守成业；那些勇猛盖世的人，通过怯懦忍让来保守成业；那些富甲天下的人，用谦逊卑微来保守成业。这就是退损之道！”

简评

本篇的题目来自开篇第一段的“君子有三恕”一句，主要讲述了孔子有关修身、治国的各种观点。孔子借助欹器盈亏之间的状态阐述了“夫物恶有满而不覆哉”的修身思想，主张遵循愚、让、怯、谦的教诲，这正是“满招损，谦受益”这句俗语的出处，对后世之影响不可谓不深远。

09

好生篇：好生而恶杀，授贤而替不肖

鲁哀公问于孔子曰：“昔者舜冠何冠乎？”孔子不对。公曰：“寡人有问于子，而子无言，何也？”对曰：“以君之问不先其大者，故方思所以为对。”公曰：“其大何乎？”

孔子曰：“舜之为君也，其政好生而恶杀，其任授贤而替不肖。德若天地而静虚（清净无欲），化若四时而变物（使万物变化）。是以四海承风（接受教化），畅于异类（指的是与人并非同类的动植物），凤翔麟至，鸟兽驯（顺从）德。无他，好生故也。君舍此道而冠冕是问，是以缓对。”

虞、芮二国争田而讼，连年不决，乃相谓曰：“西伯（周文王），仁人也，盍往质（评判）之。”

入其境，则耕者让畔（田地的边界），行者让路。入其邑，男女异路，斑白不提挈。入其朝，士让为大夫，大夫让为卿。虞、芮之君曰：“嘻！吾侪（我辈，我们这些人）小人也，不可以入君子之朝。”遂自相与而退，咸以所争之田为闲田矣。

孔子曰：“以此观之，文王之道，其不可加焉。不令而从，不教而听，至矣哉！”

今译

鲁哀公问孔子：“当年舜头上戴的冠冕是什么样的冠啊？”孔子不回答。鲁哀公说：“我问你问题，你不回答我，这是为什么？”孔子说：“因为您不先问重要的问题，所以我正在思考怎么回答您。”鲁哀公问：“那什么是重要的问题呢？”

孔子说：“作为君主，舜奉行的政治主张是珍爱生命而厌恶杀戮，遵循的用人原则是任用贤能的人来代替无才的人。他的仁德如同天地一般广阔，清净无欲；他的教化如同四季一样，促使万事万物发生变化。因此，四海之内、普天之下都欣然接受他的教化，以至于动植物也是如此：凤凰飞来，麒麟奔来，他的仁德连鸟兽都感化了。这不是因为其他原因，正是因为他爱惜生命。您不问这些治国的方法，却问他戴什么冠冕，因此我才迟迟不作答。”

为了争夺田地，虞国和芮国打起了官司，接连打了几年都没有结果。他们对彼此说：“西伯是一位仁者，为什么我们不到他那里请他帮忙评判一下呢？”

他们来到西伯的领地，看到耕田的人相互谦让着田地的边界，路上的行人相互让路。进入城里，只见男男女女分道而行，老年人都没有提重物。来到西伯的朝廷里，士互相谦让，让他人做大夫；大夫互相谦让，让他人做卿。于是，虞、芮两国的国君感叹道：“唉！我们真是小人啊，是不应该来到西伯这样的君子之国的。”于是，他们互相谦让，将之前争执不下的田地作为闲田。

孔子说：“从这件事看来，文王的治国之道难以超越。不用下达命令，人们就纷纷听从；不用进行教化，人们就纷纷听从。这是至高无上的境界！”

简评

本篇主要阐述的是孔子的政治主张，因为本篇开篇处舜的为政主张是“好生而恶杀”，故而得名“好生”。首章是孔子与鲁哀公之间的对话，鲁哀公虽然没问大事，而孔子却说了大事，借用舜的为政观点阐述了为政的根本。而后章“虞芮二国”则是赞美周文王推行的教化及其影响力。

10

观周篇：适周观礼，郁郁乎文

孔子观乎明堂，睹四门墉（墙壁），有尧舜之容，桀纣之象，而各有善恶之状，兴废之诫焉。又有周公相成王，抱之负斧扆（fǔ yǐ，古时候帝王用的如同屏风一般的器物，高八尺，上面绣着斧状图案）南面以朝诸侯之图焉。

孔子徘徊而望之，谓从者曰：“此周公所以盛也。夫明镜所以察形，往古者所以知今。人主不务袭迹（沿袭）于其所以安存，而忽怠（忽略轻视）所以危亡，是犹未有以异于却走而欲求及前人也，岂不惑哉！”

孔子观周，遂入太祖后稷之庙。庙堂右阶之前，有金人焉，三缄（封闭）其口，而铭其背曰：“古之慎言人也，戒之哉！无多言，多言多败；无多事，多事多患。安乐必戒，无所行悔。勿谓何伤，其祸将长；勿谓何害，其祸将大；勿谓不闻，神将伺人。焰焰不灭，炎炎若何？涓涓不壅（堵塞），终为江河。绵绵不绝，或成网罗。毫末不札（拔除），将寻斧柯（斧柄）。诚能慎之，福之根也。口是何伤？祸之门也。强梁者（强横的人）不得其死，好胜者必遇其敌。盗憎主人，民怨其上。君子知天下之不可上也，故下之；知众人之不可先也，故后之。温恭慎德，使人慕之；执雌（柔弱）持下，人莫逾之。人皆趋彼，我独守此。人皆或之（摇摆不定），我独不徙。内藏我智，不示人技。我虽尊高，人弗我害。谁能于此？江海虽左（处于下游），长于百川，以其卑也。天道无亲，而能下人。戒之哉！"

孔子既读斯文也，顾谓弟子曰："小人识之，此言实而中，情而信。《诗》曰：'战战兢兢，如临深渊，如履薄冰。'行身如此，岂以口过患哉？"

今译

孔子在明堂参观，只见四门的墙壁上悬挂着尧、舜、桀、纣的画像，每个人或善或恶的容貌画得栩栩如生，还题写着有关国家兴亡的告诫之语。还有画像画着周公辅佐成王，怀抱着成王，背对着屏风，面向南方接受众诸侯朝见的画面。

孔子走过来，走过去，反复观看、揣摩，对他的随从说："周朝为何如此兴盛，这就是原因啊。明亮的镜子能照出形貌，通过古代的事情就能了解现在的状况。身为君主，如果不努力让国家沿着安定的道路向前走，忽略导致国家覆灭的原因，这就如同倒退着跑却想着能追赶上前面的人一般，岂不是糊涂？"

孔子在周国游览，来到周太祖后稷的庙里。在庙堂右侧的台阶前面立着铜铸成的人像，嘴被封了三层，人像的背后还刻有一段铭文："这是古时候谨言慎行的人，让我们引以为戒啊！不要多言，多言多败；不可多事，多事多患。安乐的时候一定要时时警醒，不要做任何日后会后悔的事情；不要认为话太多不会招致伤害，祸患是长远的；不要认为话太多不会招致祸害，祸害是很大的；不要自以为其他人听不到，就连神明都在监视着你。刚刚燃起的火苗不赶紧扑灭，日后变为熊熊大火该如何是好？涓涓细流不早日堵塞，最终会汇聚起来，成为江河；延绵的长线不斩断，就有可能集结成网；细小的枝条不剪短，日后就要用斧头砍断。能做到谨小慎微，才是福报的源泉。口能招致怎样的后患？其实，这正是祸患的发端。强横的人没有好下场，好胜的人肯定会遭遇对手。盗贼厌恶物件的主人，百姓怨恨长官。君子知道天下之事不可能事事争上，因此宁愿屈居于下；知道不可能居于众人的先列，因此宁愿屈居于后。温和谦逊，慎重修德，会让他人心生仰慕；恪守柔弱，保持谦卑，就没有人能够超越。人人都奔向那里，而我却独自守在此处；人人都在变动，而我却独自分毫不动。把智慧藏在心间，不向他人炫耀自己的技能。纵然我尊贵显赫，人们也不会伤害我。到底有谁能做到呢？虽然江海处在下游，却足以容纳百川，正是因为它地势低下。上天不会与人们亲近，却让人们位于它的下方。要引以为戒啊！”

读完这篇铭文，孔子回头跟弟子说：“你们要记住，这些话的确中肯，合情合理，切实可信。就像《诗经》说的：‘战战兢兢，如临深渊，如履薄冰。’如此立身行事，又怎么会因言语而招致祸患呢？”

简评

这一篇主要记录了孔子“适周观礼”的史实，因此得名“观周”。本篇记载的相关史实较为详尽细致，有助于后世研究孔子的生平。孔子千里迢迢前去宗周观礼，可见孔子很向往周代的礼乐教化。

11

贤君篇：当今之君，孰为最贤

哀公问于孔子曰：“当今之君，孰为最贤？”

孔子对曰：“丘未之见也，抑有卫灵公乎？”

公曰：“吾闻其闺门之内无别，而子次之贤，何也？”

孔子曰：“臣语其朝廷行事，不论其私家之际也。”

公曰：“其事何如？”

孔子对曰：“灵公之弟曰公子渠牟，其智足以治千乘，其信足以守之，灵公爱而任之。又有士曰林国者，见贤必进之，而退与分其禄，是以灵公无游放之士（没有被任用的读书人），灵公贤而尊之。又有士曰庆足者，卫国有大事，则必起而治之；国无事，则退而容贤（自己退位，把官职让给更贤能的人），灵公悦而敬之。又有大夫史鰌，以道去卫。而灵公郊舍（住在郊外）三日，琴瑟不御（弹奏、吹奏），必待史鰌之入，而后敢入。臣以此取之，虽次之贤，不亦可乎。”

子贡问于孔子曰：“今之人臣，孰为贤？”

子曰：“吾未识也。往者齐有鲍叔，郑有子皮，则贤者矣。”

子贡曰：“齐无管仲，郑无子产？”

子曰：“赐，汝徒知其一，未知其二也。汝闻用力为贤乎？进贤为贤乎？”

子贡曰：“进贤贤哉。”

子曰：“然。吾闻鲍叔达（使他人显达）管仲，子皮达子产，未闻二子之达贤己之才者也。”

今译

鲁哀公问孔子："当今世上的君主，到底属谁最贤明？"

孔子回答："我还没有看到，也许是卫灵公吧！"

鲁哀公说："我听闻他的家里没有男女长幼的分别，你却说他是贤人，这是为什么？"

孔子说："我说的是他在朝廷上做的事，而不是说他的家事。"

鲁哀公说："朝廷上的事情又是怎样的呢？"

孔子回答："卫灵公的弟弟公子渠牟，智慧超群，能治理拥有数千辆兵车的大国；诚信忠义，能守卫这个大国。卫灵公赏识他并重用他。还有个士人名为林国，一旦发现贤良之士，必定举荐，如果那人被罢官了，林国甚至会将自己的俸禄与他分享，因此卫灵公的国家里没有放任游荡的士人。卫灵公认为林国很贤良，因此很敬重他。还有个名为庆足的士人，一旦卫国有大事发生，就会挺身而出，帮着治理国家；国家安定无事，他就辞去官职，让别的贤良之士谋得一官半职。卫灵公赏识他并重用他。还有个名为史鰌的大夫，因不能推行他信奉的治国之道而离开卫国。卫灵公在郊外住了整整三天，不弹奏琴瑟，一心等着史鰌回国，灵公自己才敢离去。我通过这些事迹奉他为贤人，难道不可以吗？"

子贡问孔子："当今世上的大臣，究竟谁是贤能之人？"

孔子说："我不知道。以前，齐国有鲍叔，郑国有子皮，他们都是贤人。"

子贡说："齐国不是有管仲，郑国不是有子产吗？"

孔子说："你这是只知其一，而不知其二。你说，是那些通过努力而成为贤人的人更贤能呢，还是那些举荐贤人的人更贤能呢？"

子贡说："举荐贤人的人更贤能。"

孔子说："没错。我听说鲍叔牙让管仲显达，子皮让子产显达，却从没听说过管仲和子产让哪些比他们更贤能的人变得显达。"

简评

《贤君》篇是由孔子与他人一问一答的几番对话组成的。在“哀公问贤君”章，孔子称赞卫灵公知人善任。在“子贡问贤臣”章，孔子认为，那些能够推荐比自己更贤良、更高明的人才能被称为真正的贤臣。

12

辩政篇：政之所欲，岂同乎哉

子贡问于孔子曰：“昔者齐君问政于夫子，夫子曰政在节财。鲁君问政于夫子，子曰政在谕（了解、知道）臣。叶公问政于夫子，夫子曰政在悦近而来远。三者之问一也，而夫子应之不同，然政在异端（不同的方面）乎？”

孔子曰：“各因其事也。齐君为国，奢乎台榭，淫于苑囿，五官伎乐，不解于时，一旦而赐人以千乘之家者三，故曰政在节财。鲁君有臣三人，内比周（勾结）以愚其君，外距（通“拒”，拒绝）诸侯之宾，以蔽其明，故曰政在谕臣。夫荆之地广而都狭，民有离心，莫安其居，故曰政在悦近而来远。此三者所以为政殊矣。《诗》云：‘丧乱蔑资，曾不惠我师。’此伤奢侈不节以为乱者也。又曰：‘匪其止共，惟王之邛。’此伤奸臣蔽主以为乱也。又曰：‘乱离瘼矣，奚其适归？’此伤离散以为乱者也。察此三者，政之所欲，岂同乎哉！”

孔子曰：“忠臣之谏君，有五义焉：一曰谲谏，二曰戆谏，三曰降谏，四曰直谏，五曰风谏。唯度主而行之，吾从其风谏乎。”

孔子谓宓子贱曰："子治单父，众悦。子何施而得之也？子语丘所以为之者。"

对曰："不齐之治也，父恤其子，其子恤诸孤，而哀丧纪。"

孔子曰："善！小节也，小民附矣，犹未足也。"

曰："不齐所父事者三人，所兄事者五人，所友事者十一人。"

孔子曰："父事三人，可以教孝矣；兄事五人，可以教悌矣；友事十一人，可以举善矣。中节也，中人附矣，犹未足也。"

曰："此地民有贤于不齐者五人，不齐事之而禀度（接受教化）焉，皆教不齐之道。"

孔子叹曰："其大者乃于此乎有矣。昔尧舜听天下，务求贤以自辅。夫贤者，百福之宗也，神明（明智如神）之主也，惜乎不齐之以所治者小也。"

今译

子贡问孔子："之前，齐国君主询问您应该怎么治理国家，您说，治理国家的关键是节省财力。鲁国君主询问您应该怎么治理国家，您说，治国的关键是了解大臣。叶公询问您应该怎么治理国家，您说，治理国家的关键是让近处的人高兴，让远方的人前来依附。三个人问了一样的问题，但您的答案却不一样，治国的方法真的不一样吗？"

孔子说"治国要根据各国不同的情况治理。齐国国君治理国家，修建了诸多水榭楼台，修建了诸多宫殿园林，痴迷于声色享乐，有时一天之内就赏赐给三大家族各一千辆战车，所以我说，治国的关键是节省财力。鲁国国君手下有三个大臣，他们在朝廷里相互勾结，愚弄君主，在朝廷外排斥来自诸侯国的宾客，躲避开他们审视的目光，所以我说，治国的关键是了解自己的臣子。楚国幅员辽阔而都城狭小，百姓都想离开那里，不能安心在那里定居，所以我说，治理的关键是让近处的人高兴，让远方的人前来依附。这三个国家的情况不一样，因此实施的治国策略也不一样。就像《诗经》说的：'国家混乱而国库空虚，从来不救济百姓。'这是在叹息奢侈享受、铺张浪费而造成国家动荡啊。《诗经》又说：‘臣子不能克忠职守，让国君心生忧虑。’这是哀叹奸臣蒙蔽国君而导致国家动乱啊。《诗经》还说过：“兵荒马乱心忧苦，何处才是我归宿。”这是在喟叹百姓四处离散而造成国家动荡不安啊。考察这三种实际情况，按照政治上的实际需求，难道治国的方法能一样吗？”

孔子说：“忠臣规劝君主的方法有五种：第一种是委婉而郑重地规劝；第二种是刚正不阿地规劝；第三种是低声下气地规劝；第四种是直截了当地规劝；第五种是委婉隐晦地规劝。需要先揣测君主的心意，再选择适宜的方法来使用，比如说我，就更愿意通过委婉隐晦的方式来规劝。”

孔子对宓子贱说：“你治理单父这个地方，百姓很高兴。你是通过什么方式做到的呢？”

宓子贱回答：“我治理的方法是，如同父亲体恤儿子一样体恤百姓，像顾念自己儿子一样顾惜孤儿，办丧事的时候心怀哀痛，情真意切。”

孔子说：“好啊！但这些都是小节，小民会因此依附于你，但你的办法恐怕不仅仅是这些吧！”

宓子贱说：“我像侍奉父亲一样侍奉着三个人，像敬重兄长一样敬重五个人，像与朋友交往一样与十一个人交往着。”

孔子说：“像侍奉父亲一样侍奉着三个人，可以教导民众什么是孝道；像敬重兄长那样敬重五个人，可以教导民众应该如何敬爱兄长；像与朋友交往一样与十一个人交往，可以倡导与人为善。这些也只是中等的礼节罢了，中等的人会依附于你，但你的办法恐怕不仅仅是这些吧！”

宓子贱说：“在单父这个地方，有五个人比我更贤能，我很敬重他们，与他们密切交往，经常请教他们，他们教导我治理之道。”

孔子感叹：“你能治理好单父的大道正是在这里。从前，尧舜治理天下，经常四处访求贤能之人来辅助自己。那些贤能之人，正是各种福报的源泉，是神明真正的主宰啊。可惜的是，你所治理的地方实在是太小了。”

简评

本篇通篇记载了孔子有关政事的各种观点，故而得名“辩政”。纵观孔子的一生，席不暇暖，周游列国，对当时的政治状况尤为关注。孔子的整个思想体系以“为政”为最高宗旨，大多数从学于孔子的弟子的最终目的也是为了走仕途。孔子的政治思想彰显了他“以天下为己任”的政治抱负和“以民为本”的人本思想，就这一点来说，孔子的学说当得起“为政治学”四个字。孔子在政治方面有着超群的智慧与洞见，比如本篇阐述的“忠臣之谏君，有五义焉”，就是以君臣之间的和谐关系为出发点，提出了“唯度主而行之，吾从其风谏乎”的观点，孔子的政治智慧可见一斑。

13

六本篇：行己有六本焉，然后为君子也

孔子曰：“行己有六本焉，然后为君子也。立身有义矣，而孝为本；丧纪有礼矣，而哀为本；战阵有列矣，而勇为本；治政有理矣，而农为本；居国有道矣，而嗣（子嗣，指的是选定继位之君）为本；生财有时矣，而力为本。置本不固，无务农桑；亲戚不悦，无务外交；事不终始，无务多业；记闻而言，无务多说；比近不安，无务求远。是故反本修迩（回归事物的根本，从最近处开始做），君子之道也。”

孔子曰：“良药苦于口而利于病，忠言逆于耳而利于行。汤武以谔谔（直言进谏的样子）而昌，桀纣以唯唯（恭敬顺从的应答声）而亡。君无争臣，父无争子，兄无争弟，士无争友，无其过者，未之有也。故曰：‘君失之，臣得之；父失之，子得之；兄失之，弟得之；己失之，友得之。’是以国无危亡之兆，家无悖乱之恶，父子兄弟无失，而交友无绝也。”

孔子在齐，舍于外馆，景公造焉。宾主之辞既接，而左右白曰：“周使适至，言先王庙灾。”景公覆问：“灾何王之庙也？”孔子曰：“此必釐王之庙。”公曰：“何以知之？”

孔子曰：“《诗》（此诗已佚，今本《诗经》无）云：‘皇皇上天，其命不忒（变更，出差错）。’天之以善，必报其德，祸亦如之。夫釐王变文武之制，而作玄黄华丽之饰，宫室崇峻，舆马奢侈，而弗可振也。故天殃所宜加其庙焉。以是占（推测、预测）之为然。”

公曰：“天何不殃其身，而加罚其庙也？”

孔子曰：“盖以文武故也。若殃其身，则文武之嗣，无乃殄乎？故当殃其庙以彰其过。”

俄顷，左右报曰：“所灾者，釐王庙也。”

景公惊起，再拜曰：“善哉！圣人之智，过人远矣。”

今译

孔子说：“立身行事的根本原则有六个，才能最终成为君子。立身有仁义，根本在孝道；举办丧事有礼节，根本在哀痛；作战布阵有章法，根本在勇猛；治理国家有条理，根本在农业；统治天下有原则，根本在选定继承人；创造财富有时机，根本在于舍得花力气。不能巩固根本，就不能好好地兴办农桑；不能让亲戚高兴，就不能处理好人际关系；办事做不到有始有终，就不要同时经营多种产业；那些道听途说的言语，多说无益；不能使近处安定下来，就不要想着去安定远方。因此，追根溯源，回归事物的根本，从最近的地方着手，是君子应该依照的办法。”

孔子说：“良药苦口利于病，忠言逆耳利于行。商汤和周武王能够听取进谏的直言，才让国家昌盛起来，夏桀和商纣只听那些随声附和的巧言令色，最终落得个国破身亡。作为君主，身边没有敢于直言相谏的臣子；作为父亲，身边没有敢于直言相谏的儿子；作为兄长，身边没有敢于直言相谏的弟弟；作为士人，身边没有敢于直言相劝的朋友，想要不犯错，这是不可能的。所以才说：‘君主有过失，臣子来补救；父亲有过失，儿子来补救；哥哥有过失，弟弟来补救；自己有过失，朋友来补救。’这样一来，国家才不会面临覆灭的危险，家庭才不会发生悖逆的祸患，父子、兄弟才不会有失和睦，朋友才不会断绝往来。”

孔子游历到齐国，在旅馆住下，齐景公来旅馆与他见面。宾主之间一番问候，这时齐景公的随从报告：“周国的使者刚到，说先王的宗庙发生了火灾。”齐景公问：“哪位君王的宗庙被烧了？”孔子说：“肯定是釐王的庙。”齐景公问：“你为什么会知道？”

孔子说：“《诗经》说过：‘伟大的上苍，它施加的不会有丝毫偏差。’上苍赐予好事，肯定是给那些拥有美德的人的回报；祸患亦是这样。釐王变更了文王、武王制定的制度，热衷于制作各种色彩斑斓的华美饰品，宫殿里楼阁高耸，车马奢靡，简直无药可救！因此，上苍将灾祸降临在他的宗庙。我也由此做出了揣测。”

齐景公问：“为什么上苍不把祸患降临在他身上，却偏偏要惩罚他的宗庙？”

孔子说：“这也许是因为文王、武王的原因。如果灾祸降临在他的身上，岂不是灭绝了文王、武王的后代？因此，才将灾祸降临在他的宗庙，由此来彰显他曾经犯下的过失。”

过了一小会儿，有人来报告说：“遭受火灾的是釐王的宗庙。”

齐景公大吃一惊，站了起来，又一次向孔子行礼，道：“说得好啊！圣人的智慧远超常人！”

简评

在《六本》一篇，孔子阐述了君子处理政事要遵循的六个根本。在开篇之处，孔子就指出“立身有义矣，而孝为本”，与《论语》中所说的“孝也者，其为人之本也”可谓有异曲同工之妙。然而，在之后的篇章中，孔子却对弟子曾参的愚孝提出了严厉的批评，可见在孔子看来，孝道并不是完全顺从于父母，孝道与自我修养之间存在着辩证关系，愚孝是不行的。本篇谈到的“良药苦于口而利于病，忠言逆语耳而利于行”能启发我们在日常生活中提高个人修养。

14

辩物篇：隼之来远，肃慎氏之矢

孔子在陈，陈惠公宾之于上馆。时有隼集陈侯之庭而死，楛(hù)矢(楛木做的箭杆)贯之石砮，其长尺有咫，惠公使人持隼如孔子馆而问焉。

孔子曰:“隼之来远矣，此肃慎氏之矢。昔武王克商，通道于九夷百蛮，使各以其方贿(地方进贡的财物或土特产)来贡，而无忘职业。于是肃慎氏贡楛矢石砮，其长尺有咫。先王欲昭其令德之致远物也，以示后人，使永鉴焉，故铭其栝曰‘肃慎氏贡楛矢’，以分大姬。配胡公，而封诸陈。古者分同姓以珍玉，所以展亲亲也；分异姓以远方之职贡，所以无忘服也。故分陈以肃慎氏贡焉。君若使有司求诸故府，其可得也。”

公使人求得之，金牍如之。

今译

孔子游历到陈国，陈惠公请他在上等的馆舍里居住。当时，陈惠公的厅堂上陈列着一只死去的隼鸟，将它射穿的那支箭的箭柄是用楛木制成的，箭头是用石头制成的，长度大约是一尺八寸。陈惠公命人拿着这只死鸟，去孔子的馆舍内询问此事。

孔子说：“这只隼鸟来自远方啊！这支箭是肃慎氏的。从前，周武王打败了商朝，将通往各地少数民族的道路打通，让他们带着各地特产前来进贡，还要求根据职位来进贡物品。于是，慎肃氏用来进贡的物品就是箭柄由楛木制成、箭头由石头制成的箭，长为一尺八寸。武王为了彰显他能够让远方的民众前来进贡的美德，以此昭示后世，作为借鉴，因此在箭柄的末端刻上了几个字——‘肃慎氏贡楛矢’，还把箭赐给了他的女儿大姬。后来，大姬嫁给胡公，居住在封地陈地。古时候，将稀有的玉器分给同姓，是为了表示亲属之间亲密的关系；将来自远方的贡品分给异姓，是为了让他们不忘记臣服。因此，才把来自肃慎氏的贡物分给了陈国。如果您派人去之前的府库里寻找一番，就能找到。”

陈惠公派人前往寻找，果然找到了写着金字的简牍，而且上面的记载与孔子所说的如出一辙。

简评

纵观古往今来的饱学之士，孔子是最勤于学习、善于学习的人之一。他不仅热爱读书学习，还经常去往实地考察、访问，因此见识广博。在遇到稀奇古怪的事情时，他甚至通过推测就能进行判断，得出正确的结论。《辩物》篇记录了孔子对诸多离奇、有趣的事物做出的评判。在所选章节中，孔子仅仅通过陈惠公陈列在厅堂上的死隼身上的箭就轻松判断出是“肃慎氏之矢”。

15

哀公问政篇：为政在于得人

哀公问政于孔子。

孔子对曰："文武之政，布在方策（记载在木板和竹简上）。其人存则其政举，其人亡则其政息。天道敏生，人道敏政，地道敏树。夫政者，犹蒲卢也，待化以成，故为政在于得人。取人以身，修道以仁。仁者，人也，亲亲为大；义者，宜也，尊贤为大。亲亲之杀，尊贤之等，礼所以生也。礼者，政之本也，是以君子不可以不修身。思修身，不可以不事亲；思事亲，不可以不知人；思知人，不可以不知天。天下之达道（从古至今全天下共同遵循的道理）五，其所以行之者三。曰君臣也，父子也，夫妇也，昆弟也，朋友也，五者，天下之达道。智仁勇三者，天下之达德也。所以行之者，一也。或生而知之，或学而知之，或困而知之，及其知之，一也。或安而行之，或利而行之，或勉强而行之，及其成功，一也。"

公曰："子之言美矣，至矣！寡人实固，不足以成之也。"

孔子曰："好学近乎智，力行近乎仁，知耻近乎勇。知斯三者，则知所以修身；知所以修身，则知所以治人；知所以治人，则能成天下国家者矣。"

公曰："政其尽此而已乎？"

孔子曰："凡为天下国家有九经，曰修身也，尊贤也，亲亲也，敬大臣也，体群臣也，子庶民（以平民百姓为子）也，来百工也，柔远人（厚待从远方而来的人）也，怀诸侯也。夫修身则道立，尊贤则不惑，亲亲则诸父（父辈的族人，指叔伯等）兄弟不怨，敬大臣则不眩，体群臣则士之报礼重，子庶民则百姓劝，来百工则财用足，柔远人则四方归之，怀诸侯则天下畏之。"

今译

鲁哀公询问孔子治国的办法。

孔子回答："周文王、周武王的治国之道记载在简册上。这样的贤良之人，他们在世时，其治国之道能够推行；他们去世后，其治国之道就无法推行了。天之道是勤勉地化生万物，人之道是勤勉地处理政务，地之道是迅速让树木生长枯荣。政治变幻莫测，速度快得如同土蜂让螟蛉的虫卵成为自己的儿子，一旦百姓受到教化，就能迅速取得成功，因而治理国家的关键是获得人才。选取人才的关键是修养自身，修养道德的根本是仁义。所谓仁，就是有一颗爱人之心，最大的仁就是爱自己的亲人；所谓义，就是每件事都做得合适，最大的义就是尊重贤人。爱亲人，但要分亲疏远近；尊重贤人，但要有等级之分，礼由此产生。政治的根本是礼，因此身为君子，必须修身。想要修身，就要侍奉父母；想要侍奉父母，就要了解人；想要了解人，就必须了解天道。普天之下，有五条共同的人伦大道，有三种德行来推行这五条人伦大道。君臣之道、父子之道、夫妇之道、兄弟之道、朋友之道，这五项是天下共同遵循的大道。智、仁、勇这三种品德，是天下共通的品德。实行这些人道、品德遵循的目标都是一致的。有些人生来就知晓，有些人却需要通过后天学习才知晓，有些人经历过苦难才知晓，但只要最终知道了，也就是一样的了。有些人遵循着本心去做，有些人为了追名逐利去做，有些人受到强迫去做，但只要最终成功了，也就是一样的。"

鲁哀公说："说得太好了！好到了极点！但是，我才疏学浅，太过鄙陋，难以成就这些。"

孔子说："喜欢学习，距离拥有智慧就不远了；努力践行，距离拥有仁心就不远了；有耻辱之心，距离勇气就不远了。知道了这三点，就等于知道了怎么修身；知道了怎么修身，就等于知道了怎么治人；知道了怎么治人，就等于完成了治理国家的大业。”

鲁哀公说：“治理国家的事情到这里就完成了吗？”

孔子说：“但凡治理天下或国家，都要遵循九条原则，那就是修养自身，敬重贤良，亲近亲人，尊敬臣子，体谅群臣，爱民如子，招揽工匠，善待远客，安抚诸侯。只有修养自身，才能确立正道；只有敬重贤良，才不会心生不惑；只有亲近亲族，叔伯、兄弟之间才不会滋生怨恨；只有敬重臣子，遇到困难才不会感到困惑；只有体谅群臣，才能收获丰厚的回报；只有爱民如子，百姓才会更辛劳地工作；只有招揽百工，才能财物丰沛；只有善待远客，才会让四海八方纷纷归顺；只有安抚诸侯，才会让天下人产生敬畏之心。”

简评

本篇主要通过孔子与鲁哀公之间的对话呈现，故而得名“哀公问政”。孔子以“文武之政，布在方策”开始，详尽地论述了有关治国、安民的主张。在孔子看来，“君臣也，父子也，夫妇也，昆弟也，朋友也”，为天下之大道；“仁、智、勇”，为天下之大德。此五大道、三大德就是儒家施政应该遵循的原则。

16

颜回篇：未有穷其下而能无危者

鲁定公问于颜回曰：“子亦闻东野毕之善御乎？”对曰：“善则善矣，虽然，其马将必佚（走失、走散）。”定公色不悦，谓左右曰：“君子固有诬人也。”

颜回退。后三日，牧来诉之曰："东野毕之马佚，两骖（cān，古代驾车时位于两侧的马）曳两服入于厩。"公闻之，越席而起，促驾召颜回。回至，公曰："前日寡人问吾子以东野毕之御，而子曰'善则善矣，其马将佚'，不识吾子奚以知之？"

颜回对曰："以政知之。昔者帝舜巧于使民，造父巧于使马。舜不穷其民力，造父不穷其马力，是以舜无佚民，造父无佚马。今东野毕之御也，升马执辔，御体正矣；步骤驰骋，朝礼毕矣；历险致远，马力尽矣，然而犹乃求马不已。臣以此知之。"

公曰："善！诚若吾子之言也。吾子之言，其义大矣，愿少进乎？"颜回曰："臣闻之，鸟穷则啄，兽穷则攫（jué，用爪子抓），人穷则诈，马穷则佚。自古及今，未有穷其下而能无危者也。"

公悦，遂以告孔子。孔子对曰："夫其所以为颜回者，此之类也，岂足多哉？"

今译

鲁定公问颜回："你也听说过东野毕擅长驾车这件事吗？"颜回回答："他的确擅长驾车，虽然是这样，但是他的马肯定会丢。"鲁定公听了很不悦，跟身边的人说："君子之中居然也有诬陷别人的。"

颜回退下了。又过了三天，养马的人说："东野毕的马乱走，位于车辆两旁的马拉着位于车辆居中处的马，进入了马棚。"鲁定公听了，越过坐席，站起身来，马上让人驱车去接颜回。颜回来了，鲁定公说："我前天问你东野毕驾车的事情，你却说：'他的确擅长驾车，但他的马肯定会走丢。'我想不明白，您是如何知道的？"

颜回说："我是根据政治情况得知的。从前，舜帝擅长驾驭百姓，造父擅长驾驭马匹。舜帝懂得不能把民力用尽，造父也懂得不能把马力用尽，因而舜帝统治的时期没有流民，而造父手下也没有走失的马匹。如今，东野毕驾车，让马驾着车，缰绳拉得紧绷绷的，还套上了马嚼子，姿态很端正；

有时跑得慢，有时跑得快，步调已经协调；经历过艰难险峻之地，又经历过长途奔波，马已经耗尽了力气，可还是让马不停地奔跑。因此，我正是从这里推想到的。”

鲁定公说：“说得好！确实就像你说的。你这些话很有深意！希望您能更深入地跟我讲一讲。”颜回说：“我听说过，鸟儿急了会啄人，野兽急了会抓人，人到了走投无路的时候，就会欺骗他人，马儿筋疲力尽的时候就会逃跑。古往今来，让手下的人陷入穷途末路而自己却没有危险，这种人是没有的。”

鲁哀公听了很高兴，把这件事说给孔子听。孔子说：“他之所以是颜回，正是因为经常有这类表现，难道还值得称赞吗？”

简评

《颜回》篇通过颜回与鲁定公之间问答的形式，记录了颜回的言行。在答“鲁定公问”章中，颜回巧妙地用马夫御马比喻君王治理国家，正所谓御马要“不穷其马力”。同样的道理，治理民众也要“不穷其民力”，要不然，国家会陷入危机之中，应该引以为戒。

17

子路初见：君子不可不学

子路初见孔子，子曰：“汝何好乐？”对曰：“好长剑。”孔子曰：“吾非此之问也，徒谓以子之所能，而加之以学问，岂可及哉？”子路曰：“学岂益哉也？”孔子曰：“夫人君而无谏臣则失正，士而无教友则失听。御狂马不释策，操弓不反檠（qíng，校正弓的器具）。木受绳则直，人受谏则圣。受学重问，孰不顺成？毁仁恶士，必近于刑。君子不可不学。”

子路曰：“南山有竹，不柔自直，斩而用之，达于犀革。以此言之，何学之有？”孔子曰：“栝（guā）而羽之（给箭栝装上箭羽），镞（zú）而砺之（装上已经磨锋利的箭头），其人之不亦深乎？”子路再拜曰：“敬而受教。”

子路将行，辞于孔子。子曰：“赠汝以车乎？赠汝以言乎？”子路曰：“请以言。”

孔子曰：“不强不达，不劳无功，不忠无亲，不信无复，不恭失礼。慎此五者而已。”

子路曰：“由请终身奉之。敢问亲交取亲若何？言寡可行若何？长为善士而无犯若何？”

孔子曰：“汝所问苞（通“包”）在五者中矣。亲交取亲，其忠也；言寡可行，其信乎；长为善士而无犯，其礼也。”

今译

子路初次去拜见孔子。孔子问：“你有哪些爱好？”子路说：“我喜欢长剑。”孔子说：“我问的不是这个，我是说凭你的天赋，加上后天努力学习，有谁能比得上你呢！”

子路说：“学习真的有用吗？”

孔子说：“如果君主没有敢于直言进谏的臣子，就会偏离正道；如果读书人没有敢于指出问题的朋友，就听不到善意的批评。驾驭正在一路奔驰的马匹，就不能把马鞭扔掉；弓已经拉开，就不用再利用檠来匡正。通过墨绳矫正木料，就能使其变得笔直；人能接受他人的劝谏，就能变成圣贤之人。接受学识，注重学问，试问还有谁不能顺利获得成功呢？诋毁仁义之道，厌恶读书之人，肯定会触犯刑法。故而，身为君子，不可不学习。”

子路说：“南山上的竹子，不用矫正就是直的，砍下了作为箭杆，连犀牛皮都能射穿。由此可见，哪里还需要学习？”孔子说：“做好箭栝之后，还要装上羽毛；做好箭头之后，还要经过打磨，使它变得锋利。这样射出去的箭岂不是能射得更深？”子路再次拜谢，说：“恭敬地接受您的教诲。”

子路要外出，来向孔子告别。孔子说：“我是送车给你呢，还是送一些忠告给你呢？”子路说：“请您送我一些忠告吧。”

孔子说：“不持续地努力，就不能达成目的；不辛勤劳动，就不会有收获；不忠诚，就没有亲人；不讲诚信，别人就不会再相信你；不恭敬，就会失礼。只要谨慎小心地处理好这五个方面，就足够了。”

子路说：“我会一生都把这些话铭记于心。请问应该怎么做才能获得刚结识的人的信任？应该怎样说话少而做事畅通？应该怎么做才能善待他人而又不被侵犯？”

孔子说：“你问的问题都包括在我之前讲的五个方面里。想要获得新结识的人的信任，就要诚实；想要说话少而做事又行得通，就要讲信用；素来与人为善又不受他人侵害，就要遵循礼节。”

简评

《子路初见》篇由多个章节构成。在“子路初见孔子”章中，批判了有的人认为学习没有益处的观点，着重强调了学习的重要性。在“子路将行”章里，孔子谆谆教诲即将远行的子路要恪守“强、劳、忠、信、恭”这五个方面，如此才能安身立命。

18

在厄篇：君子亦有忧乎

楚昭王聘孔子，孔子往拜礼焉，路出于陈、蔡。陈、蔡大夫相与谋曰："孔子圣贤，其所刺讥，皆中诸侯之病。若用于楚，则陈、蔡危矣。"遂使徒兵距（通"拒"，阻拦）孔子。

孔子不得行，绝粮七日，外无所通，藜羹不充，从者皆病。孔子愈慷慨讲诵，弦歌不衰。乃召子路而问焉，曰："《诗》云：'匪兕匪虎，率彼旷野。'吾道非乎，奚为至于此？"

子路愠，作色而对曰："君子无所困。意者夫子未仁与？人之弗吾信也；意者夫子未智与？人之弗吾行也。且由也，昔者闻诸夫子：'为善者天报之以福，为不善者天报之以祸。'今夫子积德怀义，行之久矣，奚居之穷也？"

子曰："由未之识也，吾语汝！汝以仁者为必信也，则伯夷、叔齐不饿死首阳；汝以智者为必用也，则王子比干不见剖心；汝以忠者为必报也，则关龙逄不见刑；汝以谏者为必听也，则伍子胥不见杀。夫遇不遇者，时也；贤不肖者，才也。君子博学深谋而不遇时者，众矣，何独丘哉？且芝兰生于深林，不以无人而不芳；君子修道立德，不谓穷困而改节。为之者，人也；生死者，命也。是以晋重耳之有霸心，生于曹卫；越王勾践之有霸心，生于会稽。故居下而无忧者，则思不远；处身而常逸者，则志不广，庸知其终始乎？"

子路出，召子贡，告如子路。子贡曰："夫子之道至大，故天下莫能容夫子，夫子盍少贬焉？"子曰："赐，良农能稼，不必能穑；良工能巧，不能为顺；君子能修其道，纲而纪之（抓住关键来治理），不必其能容。今不修其道而求其容，赐，尔志不广矣，思不远矣。"

子贡出，颜回入，问亦如之。颜回曰："夫子之道至大，天下莫能容。虽然，夫子推而行之。世不我用，有国者之丑也，夫子何病焉？不容，然后见君子。"

孔子欣然叹曰："有是哉，颜氏之子！使尔多财，吾为尔宰。"

孔子厄于陈蔡，从者七日不食。子贡以所赍（jī，携带）货，窃犯围而出，告籴（dí，买米）于野人，得米一石焉。颜回、仲由炊之于壤屋之下，有埃墨堕饭中，颜回取而食之。子贡自井望见之，不悦，以为窃食也。

人问孔子曰："仁人廉士，穷改节乎？"孔子曰："改节即何称于仁义哉？"子贡曰："若回也，其不改节乎？"子曰："然。"子贡以所饭告孔子。子曰："吾信回之为仁久矣，虽汝有云，弗以疑也，其或者必有故乎？汝止，吾将问之。"

召颜回曰："畴昔予梦见先人，岂或启佑我哉？子炊而进饭，吾将进焉。"对曰："向有埃墨堕饭中，欲置之，则不洁；欲弃之，则可惜。回即食之，不可祭也。"孔子曰："然乎，吾亦食之。"

颜回出，孔子顾谓二三子曰："吾之信回也，非待今日也。"二三子由此乃服之。

今译

楚昭王邀请孔子前往楚国，孔子前去拜谢的途中经过陈、蔡两国。陈、蔡两国的大夫一同谋划，说："孔子乃是圣贤之人，他的讽刺或批评都切中诸侯的问题，如果楚国聘用了他，就会危及我们陈、蔡两国。"于是，出兵前去阻拦孔子。

孔子无法前行，粮断了七天，又无法联系外界，就连粗劣的食物也吃不上，随从都病倒了。这时，孔子更加慷慨激昂地传道解惑，用琴瑟伴奏，不停歇地唱歌，还问子路："《诗经》说：'既不是野牛，也不是虎，却都来到了荒野之上。'莫非我的道有什么不对？为何沦落到这个地步？"

子路一脸怨气，不悦地说："君子不会受什么东西困扰。看来老师的仁德还不足够，人们还不愿相信我们；或者是老师的智慧还不足够，人们还不愿意实行我们的主张。以前我听老师说过：‘做善事的人，上天也会赐福给他；做恶事的人，上天也会降祸给他。’现如今，老师您积累功德，心怀仁义，致力于推行您的主张已经很久了，为什么还会陷入穷困之中呢？”

孔子说：“由啊，你还是不懂！我来告诉你。你认为心怀仁德的人就肯定会被他人信任吗？那么，伯夷、叔齐就不会饿死在首阳山上；你认为拥有智慧的人就肯定会得到重用吗？那么，王子比干就不会被掏心；你认为忠心耿耿的人就肯定会有好报吗？那么，关龙逢就不会被杀害；你认为直言劝谏就肯定会被采纳吗？那么，伍子胥就不会被迫自杀。能否遇上贤明之君，关乎时运；贤明或是不贤明，关乎才能。身为君子，有很多学识渊博、深谋远虑却时运不济，何止是我一人呢！更何况，芝兰在深山老林里生长，从不因没有人欣赏而不吐露芬芳；君子修身养性，培养德行，不会因困顿而改变操守。到底如何做，在于自己，是生还是死，在于命。故而，晋国重耳的称霸之心，产生于曹卫；越王勾践的称霸之心，产生于会稽。所以说，处在下位的人无忧无虑，是因为思虑不够长远；安身处世总谋求安逸的人，是因为志向不够远大，又如何能明白此事的始终呢？”

子路退去，孔子又叫子贡来，问了他同样的问题。子贡说：“老师，您奉行的道博大精深，故而天下都容不下您，为什么您不降低一下您的道呢？”孔子说：“赐啊，好的农夫会种植庄家，却不一定会丰收；好的匠人会制作精美的物件，却不一定能顺遂每个人的心意；君子能培养自己的学问德行，抓住关键，提出政治主张，却不一定能被采纳。现在，不培养自己的学问德行，却希望别人能采纳，赐啊，可见你的志向还不够远大，思想还不够深远。”

子贡退下，颜回进来，孔子又问了他同样的问题。颜回说：“老师，您的道太广大渊博，天下也容不下您。哪怕是这样，您还是竭尽所能地推行。世人不采纳您的道，那是当权者的耻辱，您又何苦因此而忧愁呢？正是因为不被采纳，才能看出您是君子。”

孔子听了很高兴，感叹道：“你说得对，真是颜家的子孙！如果你有很多钱财，我就替你当管家。”

孔子在陈、蔡之地受困，跟随他的人连着七天没吃上饭。子贡拿着随身携带的货物，偷偷逃出去，请求当地村民给他一些米，最终得到了一石米。颜回、仲由在一间土屋里煮饭，有一块漆黑的土灰掉进了饭里，颜回取出那块脏了的饭吃了。子贡在井边看见了，很不高兴，以为颜回在偷吃。

他进屋，问孔子："仁人廉士在贫穷困顿的时候节操也会改变吗？"孔子说："节操都改变了，还能称之为仁人廉士吗？"子贡说："像颜回这样的人，他的节操不会改变吧？"孔子说："正是。"子贡告诉了孔子颜回吃饭的事情。孔子说："我历来相信颜回是有仁德的人，虽然你这么说，我还是没有怀疑他，他那么做肯定有原因。你在这等着，我去问问他。"

孔子叫颜回进屋，说："前几天，我梦见先祖，难不成这是先祖在启发我们，要保佑我们？饭做好了，你就赶紧端上来，我要献给先祖。"颜回说："有一块灰土落入饭里，如果留在饭里，就会把饭弄脏；如果扔掉，又太可惜。我就把它吃了，不能用这饭祭祀先祖了。"孔子说："这种情况，我也会把饭吃了。"

颜回出去了，孔子看着众弟子，说："我不是到了今天才相信颜回的！"由此，弟子们都深深叹服颜回。

简评

《在厄》篇讲述了孔子受困在陈、蔡之地的故事，这个故事在民间也广为流传。身处困境之中，子路、子贡等人都对孔子所推行的道心生怀疑，颇有微词。然而，颜回却指出"夫子之道至大""世不我用，有国者之丑""不容然后见君子"，对于身陷困顿之中的孔子来说，这无疑是莫大的安慰。

同时，孔子也很欣赏并信任颜回。子贡误以为颜回偷吃米饭，因而向孔子揭发，但孔子坚信颜回不会做这种事，并通过巧妙的方式化解了他人对颜回的误解。在《在厄》篇中，孔子智者、勇者的形象也跃然纸上。

19

入官篇：安身取誉为难

子张问入官于孔子。孔子曰："安身取誉为难。"子张曰："为之如何？"

孔子曰："己有善勿专，教不能勿怠，已过勿发，失言勿掎，不善勿遂（行，继续做下去），行事勿留。君子入官，有此六者，则身安誉至而政从矣。

"且夫忿数者，官狱所由生也；拒谏者，虑之所以塞也；慢易者，礼之所以失也；怠惰者，时之所以后也；奢侈者，财之所以不足也；专独者，事之所以不成也。君子入官，除此六者，则身安誉至而政从矣。

"故君子南面临官，大域之中而公治之，精智而略行之，合是忠信，考是大伦，存是美恶，进是利而除是害，无求其报焉，而民之情可得也。夫临之无抗民之恶，胜之无犯民之言，量之无佼民之辞，养之无扰于其时，爱之无宽于刑法。若此，则身安誉至而民得也。

"君子以临官，所见则迩（近处），故明不可蔽也。所求于迩，故不劳而得也。所以治者约，故不用众而誉立。凡法象在内，故法不远而源泉不竭，是以天下积而本不寡。短长得其量，人志治而不乱政。德贯乎心，藏乎志，形乎色，发乎声，若此而身安誉至民咸自治矣。

"是故临官不治则乱，乱生则争之者至。争之至，又于乱。明君必宽裕以容其民，慈爱优柔之，而民自得矣。行者，政之始也；说者，情之导也。善政行易而民不怨，言调说和则民不变。法在身则民象之，明在己则民显之。若乃供己而不节，则财利之生者微矣；贪以不得，则善政必简矣。苟以乱之，则善言必不听也；详以纳之，则规谏日至。言之善者，在所日闻；行之善者，在所能为。故君上者，民之仪也；有司执政者，民之表也；迩臣便僻者，群仆之伦也。故仪不正则民失，表不端则百姓乱，迩臣便僻，则群臣污矣。是以人主不可不敬乎三伦。

今译

子张询问孔子为官的事情。孔子说："想要做到官位稳定又能拥有好名声，是很难的。"子张说："应该怎么做呢？"

孔子说："自己的长处不要独享，教导别人不要懈怠，已经犯过的错误不要再犯，说错了话不要辩驳，不好的事情就别继续做下去，正在做的事情不要拖延。君子做官能做到上述六点，就能稳固地位，还能收获好名声，政事也会顺利。"

"更何况，怨恨多了，就会遭遇牢狱之灾；拒绝劝谏，就会阻塞思虑；行为上不谨慎庄重，就会失礼；做事情懒散松懈，就会失去时机；办事情奢侈浪费，就会钱财不足；专断独权，就不能办成事情。君子做官，能除去这六种毛病，就能稳固地位，还能收获好名声，政事也会顺利。"

"因此，一旦君子做了官，治理广大的区域，就要秉公治理，专心思考，简要实行，兼顾上述六点的忠信品德，考虑道德伦理的最高标准，综合考察好事和坏事，推行有利的，清除有害的，不贪图他人的回报，这样就能获得民心。治理百姓，不要犯下逆天虐民的罪行，自己有理也不要说冒犯百姓的话语，处理政务没有欺瞒民众的奸诈言辞；为了百姓安居乐业，劳役不可违背农时；呵护民众，但不能比刑律更宽松。如果能做到上述这些，就能稳固地位，还能收获好名声，政事也会顺利。"

"身为君子，做官要看清身边的事，要眼明心亮，不受蒙蔽。先从近处寻找自己需要的东西，这样不用大费周章就能获得。治理国家要抓住关键问题，不用兴师动众，就能拥有好名声。但凡心中存有准则或榜样，那么准则或榜样离自己就不远了，就好像源泉不会干涸一般，故而天下人才汇集一堂，不会缺乏人才。根据才能的高低不同而加以任用，人才各司其职、各得其用，政治上就不会发生混乱。良好的品德贯彻在内心，隐藏在志向里，表现在表情上，彰显在言谈中，这样就能官位稳定，好的名声也随之而来，自然也能治理好民众。"

"可见，身居官位却不擅长治理，就会发生混乱，发生了混乱，竞争对手就会出现。发生了竞争的局面，政治就会更加混乱。贤明的君王必须宽容地对待百姓，用仁慈之心抚慰他们，自然就会获得百姓的拥戴。身体力行，是执政的大前提；让民众高兴，就能疏导他们的情绪。良好的政治措施易于推行，百姓也不会有怨言；言论说辞顺应民心，百姓就不会有二心。以身作则，恪守法律，百姓就会视你为榜样；自己光明正大，百姓就会称颂你。如果贪图享受，不知节俭，那么劳动者就不会辛勤劳动；贪图钱财，奢侈浪费，那么好的政治措施也会简略不修。如果政治上发生混乱，那么必然无法听取好的意见；如果仔细审慎地采纳他人的意见，那么每天都会有人来进谏。之所以能说出美好动听的言语，是因为每天都能听取他人的意见；之所以有美好的行为，是因为能身体力行地去践行。所以说，君主统治百姓，就要成为百姓的榜样；官员统治各级政府，就要成为百姓的表率；侍御大臣在君侧相伴，就要成为臣仆的典范。所以说，榜样不正，民众就会迷失方向；表率不正，民众就会陷入混乱；典范不正，群臣就会误入歧途。故而，君主治国，不能不慎重地遵循各种道德伦理。"

简评

在《入官》篇中，主要是孔子针对子张"如何做官"的问题来作答，他详尽地阐述了做官需要注意的几个方面——要以身作则，做好表率；要任人唯贤、任人唯能；要爱民亲民，方能取信于民等。这些主张对今世仍有较大的借鉴意义。

20

困誓：事君之难也，焉可息哉

子贡问于孔子曰："赐倦于学，困于道矣，愿息而事君，可乎？"孔子曰："《诗》云：'温恭朝夕，执事有恪。'事君之难也，焉可息哉！"

曰："然则赐愿息而事亲。"孔子曰："《诗》云：'孝子不匮，永锡尔类（孝顺的法则永远传递）。'事亲之难也，焉可以息哉！"

曰："然则赐请息于妻子。"孔子曰："《诗》云：'刑（典范）于寡妻（嫡妻），至于兄弟，以御于家邦。'妻子之难也，焉可以息哉！"

曰："然则赐愿息于朋友。"孔子曰："《诗》云：'朋友攸摄，摄以威仪。'朋友之难也，焉可以息哉！"

曰："然则赐愿息于耕矣。"孔子曰："《诗》云：'昼尔于茅，宵尔索绹，亟其乘屋，其始播百谷。'耕之难也，焉可以息哉！"

曰："然则赐将无所息者也？"孔子曰："有焉。自望其广，则睪（gāo）如（高高的样子）也；视其高，则填如也；察其从，则隔如也。此其所以息也矣。"

子贡曰："大哉乎死也！君子息焉，小人休焉。大哉乎死也！"

今译

子贡问孔子："我对学习感到厌倦，对道感到困惑，想去侍奉君王，休息休息，可以吗？"

孔子说："《诗经》说：'侍奉君王，从早到晚必须温顺恭敬，做事小心谨慎。'侍奉君王是一桩难事，哪里能休息呢？"

子贡："那么，我想去侍奉父母，休息休息。"孔子说："《诗经》说：'孝子的孝心源源不竭，孝顺的法则要代代相传。'侍奉父母是一桩难事，哪里能休息呢？"

子贡说："我想和妻儿在一起，休息休息。"孔子说："《诗经》说：'要做妻子的示范，进而推及兄弟，再而治理宗族、国家。'与妻儿相处也是一桩难事，哪里能休息呢？"

子贡说："我想和朋友在一起，休息休息。"孔子说："《诗经》说：'朋友之间相互帮助，让彼此的言行举止合乎威仪。'与朋友相处也是一桩难事，哪里能休息呢？"

子贡说："我想去耕种庄家，休息休息。"孔子说："《诗经》说：'白天收割茅草，晚上搓编绳索，修缮屋子，又要忙着去播种谷子了。'种庄稼也是一桩难事，哪里能休息呢？"

子贡说："那我就没有能休息的去处了？"孔子说："有，你从这里看那个坟墓，样子高高的；看它高高的样子，又填得实实的；从侧面看过去，又一个个被隔开。这就是休息的好去处。"

子贡说："死是一件大事啊！君子在这里休息，小人也在这里休息。死是一件大事啊！"

简评

本篇主要记载了孔子身陷困境之中的言行举止以及面对困境时如何对待的问题，故而得名"困誓篇"。在"子贡问于孔子"章里，孔子引用《诗经》，阐述了事君、事亲、处家、交友、耕田都是很困难的事情，只有死后，人才能获得休息。本篇看似感慨无奈，其实更多地体现了孔子豁达乐观的处世态度。

21

五帝德篇：禹汤文武周公，不可胜以观也

宰我问于孔子曰：“昔者吾闻诸荣伊曰‘黄帝三百年川’。请问黄帝者，人也？抑非人也？何以能至三百年乎？”

孔子曰：“禹汤文武周公，不可胜以观也。而上世黄帝之问，将谓先生难言之故乎！”

宰我曰：“上世之传，隐微之说，卒采之辩，暗忽之意，非君子之道者，则予之问也固矣。”

孔子曰：“可也，吾略闻其说。黄帝者，少昊之子，曰轩辕。生而神灵，弱而能言。幼齐叡庄，敦敏诚信。长聪明，治五气，设五量，抚万民，度四方。服牛乘马，扰驯猛兽。以与炎帝战于阪泉之野，三战而后克之。始垂衣裳（形容天下太平，无为而治），作为黼黻。治民以顺天地之纪，知幽明之故，达生死存亡之说。播时百谷，尝味草木，仁厚及于鸟兽昆虫。考日月星辰，劳耳目，勤心力，用水火财物以生民。民赖其利，百年而死；民畏其神，百年而亡；民用其教，百年而移。故曰黄帝三百年。”

宰我曰：“请问帝尧？”

孔子曰：“高辛氏之子，曰陶唐。其仁如天，其智如神。就之如日，望之如云。富而不骄，贵而能降。伯夷典礼，夔、龙典乐。舜时而仕，趋视四时，务先民始之。流四凶而天下服。其言不忒，其德不回。四海之内，舟舆所及，莫不夷说。”

宰我曰：“请问帝舜？”

孔子曰：“乔牛之孙，瞽瞍之子也，曰有虞。舜孝友闻于四方，陶渔事亲。宽裕而温良，敦敏而知时，畏天而爱民，恤远而亲近。承受大命，依于二

女。叡明智通，为天下帝。命二十二臣，率尧旧职，躬己（身体力行）而已。天平地成，巡狩四海，五载一始。三十年在位，嗣帝五十载。陟（登）方岳，死于苍梧之野而葬焉。”

宰我曰：“请问禹？”

孔子曰：“高阳之孙，鲧之子也，曰夏后。敏给克齐，其德不爽（没有差错），其仁可亲，其言可信。声为律，身为度。亹亹（wěiwěi，勤勉不倦）穆穆（仪态美好，容貌举止庄敬），为纪为纲。其功为百神之主，其惠为民父母。左准绳，右规矩，履四时，据四海。任皋繇、伯益以赞其治，兴六师以征不序，四极之民，莫敢不服。”

孔子曰：“予，大者如天，小者如言，民悦至矣。予也非其人也。”宰我曰：“予也不足以戒敬承矣。”

今译

宰我问孔子：“我曾听荣伊说‘黄帝的统治持续了三百年’，请问黄帝究竟是不是人？其统治的时间为什么能长达三百年？”

孔子说“大禹、汤、周文王、周武王、周公等人，尚且说不完，道不清，而你有关上古时期黄帝的问题，恐怕就连老前辈也说不清吧。”

宰我说：“前人的传言，隐晦的说法，逝去的事情还有争议，含义隐晦飘忽，这些都是君子所不齿或不为的，所以我非要问明白不可。”

孔子说：“好吧，我大略听过这种说法。黄帝是少昊之子，名为轩辕，刚出生就很神奇、聪明，很小的时候就会说话。童年时期，他聪明伶俐、诚实忠厚；长大成人后，更加聪慧，能治理五行之气，发明了五种量度器具，还在全国各地游历，抚慰民心。他骑着牛坐着马，驯服了猛兽，与炎帝在阪泉之野作战，经过三场大战，战胜了炎帝。从那以后，天下百姓都身着绣着花纹的礼服，天下太平，推行无为而治。他根据天地纲纪来统治百姓，既通晓昼夜之间的阴阳之道，又明白生死存亡之理。根据四季更迭来播种谷物，栽种树木花草，他的仁德甚至惠及鸟兽鱼虫。他观察日月星辰，费尽心机，运用水、火、财物来滋养民众。他活着的时候，人们受到他的恩惠，长达一百年；他死后，人们敬畏他的神灵，长达一百年；此后，人们运用他的教化，长达一百年。所以说，黄帝的统治有三百年之久。”

宰我问：“帝尧又是怎样的人？”

孔子说：“他是高辛氏之子，名为陶唐。他的仁慈如同上天，他的智慧如同神明。靠近他，如同太阳一样温暖；仰望他，如同云彩一般柔和。他富而不骄，贵而能谦。他让伯夷掌管礼仪，让夔、龙管理舞乐。他推举舜做官，到全国各地巡视农作物一年四季的生长情况，把百姓的事情视为头等大事。他流放了共工、驩兜、三苗，杀死了鲧，让天下百姓都信服。他的话从来不会错，他的德性从不会有悖常理。四海之内，车船所能到的地方，没有人不喜爱他。”

宰我说：“帝舜又是怎样的人？”

孔子说：“他是乔牛之孙，瞽瞍之子，名叫有虞。舜孝敬父母，善待兄弟，八方闻名，通过制作陶器和捕鱼来供奉父母。他温和宽厚，聪慧知时，敬重上天，爱护子民，体恤远方的人，还亲近身边的人。他身兼大任，依靠着两位妻子的协助。他贤明而睿智，成为天下的帝王。他任命了二十二位朝中大臣，都遵循了尧帝之前的官职，他只是身体力行而已。天下繁荣太平，田地收成丰厚，四海巡狩，每五年一次。他三十岁成为帝王，统治持续了五十年。他登临四丘，死在了苍梧之野，安葬在了那里。”

宰我说：“禹又是怎样的人？”

孔子说：“他是高阳之孙，鲧之子，名叫夏后。他聪慧机敏，能成就一番事业，行为上没有差错，仁德可亲，言辞可靠。说话符合音韵，行为符合礼数。孜孜不倦，容貌端庄，成为民众的榜样。他的功德使他成为百神之首，他的恩德使他成为黎民父母。他日常的言行都有准则，从不违背四时，他让四海得到安定。他任命皋繇、伯益协助他治理民众，率领军队前去征伐那些不服从的敌人，四海之内，没有民众不顺从他。”

孔子说：“宰予啊，禹的功德，大的方面如同天空一般浩瀚；小的方面，哪怕是一句话语，也让百姓喜欢。我无法把他的功德完全说清楚啊。”宰我说：“我的学识也不足以来恭敬地聆听您的教诲啊。”

简评

在《五帝德》篇中，宰我向孔子请教上古五帝的传说。于是，孔子逐一为他讲述了有关黄帝、尧、舜、禹等德高望重的帝王的故事和德行。一直以来，古代贤王的政治都备受孔子推崇。孔子认为，身为治国者，高洁的道德修养应该摆在第一位。我们从《五帝德》篇也能感受到孔子对于古代贤王那种美好政治的追求与憧憬。

22

五帝篇：取法五行，五行更王

季康子问于孔子曰：“旧闻五帝之名，而不知其实，请问何谓五帝？”

孔子曰：“昔丘也闻诸老聃曰：‘天有五行，水火金木土，分时化育，以成万物，其神谓之五帝。’古之王者，易代而改号，取法五行。五行更王，终始相生，亦象其义。故其为明王者，而死配五行。是以太皞配木，炎帝配火，黄帝配土，少皞配金，颛顼配水。”

康子曰：“太皞氏其始之木何如？”孔子曰：“五行用事，先起于木。木，东方万物之初皆出焉，是故王者则之，而首以木德王天下。其次则以所生之行转相承也。”

今译

季康子问孔子："我曾听说过'五帝'的名称，但不明白它的确切含义，请问什么是五帝？"

孔子说："我以前听老聃说：'天有五行：水、火、金、木、土。这五行根据不同的季节化生和孕育，从而产生万物，万物之神就被称为五帝。'古代的帝王，因朝代的更迭而改变国号、帝号，就是以五行为根据。按照五行来更改帝号，循环往复，终始相生，遵循着五行的次序。因此，那些贤明的君主，死后也与五行相配。故而，太皞与木相配，炎帝与火相配，黄帝与土相配，少皞与金相配，颛顼与水相配。"

季康子问："太皞氏是以木为发端的，这是为什么呢？"孔子回答："五行的运行，就是从木开始的。木属于东方，万物的发端都是源于这里，故而帝王以此作为准则，首先凭借着木德在天下称王，然后根据自己所生的'行'，依次进行转换承接。"

简评

《五帝》篇论述的是五帝与五行之间的关系。虽然五帝与五行杂糅在一起看似有些牵强，却也彰显了孔子朴素的唯物主义哲学思想。"五德终始"出现于汉代，可能就是发端于孔子的学说。

23

执辔篇：德法者御民之本

闵子骞为费宰，问政于孔子。

子曰："以德以法。夫德法者，御民之具，犹御马之有衔勒也。君者，人也；吏者，辔也；刑者，策也。夫人君之政，执其辔策而已。"

子骞曰："敢问古之为政？"

孔子曰："古者天子以内史为左右手，以德法为衔勒，以百官为辔，以刑罚为策，以万民为马，故御天下数百年而不失。善御马者，正衔勒，齐辔策，均马力，和马心。故口无声而马应辔，策不举而极千里。善御民者，壹（统一，使一致）其德法，正其百官，以均齐民力，和安民心。故令不再而民顺从，刑不用而天下治。是以天地德之，而兆民怀之。夫天地之所德，兆民之所怀，其政美，其民而众称之。今人言五帝三王者，其盛无偶，威察若存，其故何也？其法盛，其德厚，故思其德，必称其人，朝夕祝之。升闻于天，上帝俱歆，用永厥世，而丰其年。

"不能御民者，弃其德法，专用刑辟，譬犹御马，弃其衔勒，而专用棰策，其不制也，可必矣。夫无衔勒而用棰策，马必伤，车必败。无德法而用刑，民必流，国必亡。治国而无德法，则民无修；民无修，则迷惑失道。如此，上帝必以其为乱天道也。苟乱天道，则刑罚暴，上下相谀，莫知念忠，俱无道故也。今人言恶者，必比之于桀纣，其故何也？其法不听，其德不厚。故民恶其残虐，莫不吁嗟，朝夕祝之。升闻于天，上帝不蠲，降之以祸罚，灾害并生，用殄厥世。故曰德法者御民之本。

今译

闵子骞在费地出任长官，向孔子询问治理百姓的方法。

孔子说："运用德政和法制。德政和法制是治理百姓的有力工具，就如同用勒口和缰绳驾驭马匹一样。君王就像驾马的人，官吏就像勒口和缰绳，刑罚就像马鞭。国君执掌政治，只要控制好缰绳和马鞭，就足够了。"

闵子骞问："古人是怎么执政的？"

孔子说："古代的天子把内史作为执政的左右手，把德政和法制作为马的勒口，把百官作为缰绳，把刑罚作为马鞭，把万千百姓作为马，故而统治天下数百年之久却没有失误。善于驾驶马，就要安正马勒，备齐缰绳、马鞭，均衡使用马力，让马齐心合力。这样一来，用不着吆喝马就随着缰绳的松紧而前进，用不着挥舞马鞭，马就能奔驰数千里。擅长统治百姓，就要将道德与法制统一起来，整肃百官，均衡地利用民力，让民心能和谐稳定。因此，法律不用三令五申反复告诫，百姓也会服从；刑罚用不着反复施行，天下也会得到治理。因此，天地都认为他拥有美德，百姓都愿意顺从。天地之所以认为他拥有美德，百姓之所以愿意顺从，是因为他推行美好的政令，百姓交口称赞。如今，人们提起五帝、三王，他们创造的辉煌仍无人能及，他们的威严与明察似乎至今还存在着，这是为什么呢？他们制定了完备的法制，推行深厚的德政，所以每每想到他们的德政，就一定会称颂他们本人，朝夕为他们祷告。上天听见了这些声音，天帝得知了也很高兴，故而让他们国运长久，年年丰收。

"那些不擅长治理百姓的人，他们抛弃了德政、法制，只用刑罚，这就好像驾驭马的时候，抛弃了勒口、缰绳，只用棍棒、马鞭，肯定是做不好事情的。驾驭马，却没有勒口、缰绳，只用棍棒、马鞭，马肯定会受伤，车肯定会损毁。没有德政、法制，只用刑罚，百姓肯定会流离失所，国家肯定会覆灭。治理国家，却不用德政、法制，百姓就没有修养；百姓没有了修养，就会心生困惑，走上歪路。这样一来，天帝会认为天道被扰乱。如果天道被扰乱，就会施加残暴的刑罚，上下级官员之间阿谀奉承，再也没人考虑忠诚信义，这正是没有遵循道的缘故。如今，人们提起恶人，就会将其比喻成夏桀、商纣，为什么呢？因为他们颁布的法制是无法治理国家的，推行的德政也不仁厚。百姓因而厌恶他们的残暴，没有人不感到唏嘘，朝朝暮暮都诅咒他们。上天听到了这些声音，天帝不会赦免他们的罪责，降下祸端来惩戒他们，祸患灾难同时发生，他们的王朝也因此灭亡。可见，德政和法制才是治理百姓的根本。”

简评

《执辔》篇是闵子骞问政、孔子作答的一篇对话，孔子用驾驭马来形容国君执政，指出“夫人君之政，执其辔策而已”。孔子认为，治理民众与驾驭马匹类似，德政与法制就像勒口和缰绳等驾驭马的工具一样。德政、法制是驭民之术，衔勒是御马之具。

孔子的为政思想一直存在着“德”“刑”两端，而不是简单地以德治国。然而，“德”与“刑”二者不是平行的，而是“德主刑辅”，以德治为主，刑罚为辅。身为君主，如果能做到“以德法为衔勒”，就能真正实现“御天下数百年而不失”的目的。本篇论述简明而生动，能帮助我们更深入地理解孔子的为政思想。

24

本命篇：分于道谓之命，形于一谓之性

鲁哀公问于孔子曰："人之命与性何谓也？"

孔子对曰："分于道谓之命，形于一谓之性。化于阴阳，象形而发谓之生，化穷数尽谓之死。故命者，性之始也；死者，生之终也。有始则必有终矣。

"人始生而有不具者五焉：目无见，不能食，不能行，不能言，不能化。及生三月而微煦（眼珠子微微能够转动），然后有见。八月生齿，然后能食。三年囟合，然后能言。十有六而精通，然后能化。阴穷反阳，故阴以阳变；阳穷反阴，故阳以阴化。是以男子八月生齿，八岁而龀（chèn，指儿童更换乳牙）。女子七月生齿，七岁而龀，十有四而化。一阳一阴，奇偶相配，然后道合化成。性命之端，形于此也。"

今译

鲁哀公问孔子："人的命与性究竟是怎么一回事？"

孔子说："由天地自然之道化生而成，就是命；人禀受阴阳之气而形成的个性，就是性。源于阴阳变化，从一定的形体发出，就是生；阴阳变化穷尽后，就是死。所以说，命是性的开始，死是生的终结，有始就有终。"

"刚出生时，人有五种能力是不具备的：目不能视，嘴不能食，腿不能走，口不能言，不能生育。出生三个月后，眼珠子略微能转动，之后才能看见；八个月长出牙齿，之后才能吃东西；三岁时囟门闭合，之后才能说话；十六岁时精气畅通，之后才能生育。阴达到了极点，然后返回到阳。故而，阴是由阳变化而来的；阳达到了极点，然后返回到阴。故而，阳得到了阴才能发生变化。因此，男子八个月大时长牙，八岁时换牙；女子七个月大时长牙，七岁时换牙，十四岁才能生育。一阴一阳，奇偶匹配，阴阳调和，然后才能生育。性命的发源，就是始于这里。”

简评

《本命》篇中，在“鲁哀公问”章里，孔子阐述了性与命、生与死之间的关系。正所谓“分于道谓之命，形于一谓之性。化于阴阳，象形而发谓之生，化穷数尽谓之死。故命者，性之始也；死者，生之终也。有始则必有终矣”。接着，孔子又从男女之间的不同开始论述，引出了礼的用途，其中不乏封建社会男尊女卑的思想。

25

论礼篇：礼，周流无不遍也

孔子闲居，子张、子贡、言游侍，论及于礼。孔子曰：“居，汝三人者，吾语汝以礼，周流无不遍也。”

子贡越席而对曰：“敢问如何？”子曰：“敬而不中礼谓之野，恭而不中礼谓之给（言语不得体），勇而不中礼谓之逆。”子曰：“给夺慈仁。”子贡曰：“敢问将何以为此中礼者？”子曰：“礼乎，夫礼所以制中也。”子贡退，言游进曰：“敢问礼也，领恶而全好者与？”子曰：“然。”子贡问：“何也？”子曰：“郊社之礼，所以仁鬼神也；禘（宗庙四时祭祀礼仪的一种）尝之礼，所以仁昭穆也；馈奠之礼，所以仁死丧也；射飨之礼，所以仁乡党也；食飨之礼，所以仁宾客也。明乎郊社之义，禘尝之礼，治国其如指诸掌而已。是故居家有礼，故长幼辨；以之闺门有礼，故三族和；以之朝廷有礼，故官爵序；以之田猎有礼，故戎事闲；以之军旅有礼，故武功成。是以宫室得其度，鼎俎得其象，物得其时，乐得其节，车得其轼，鬼神得其享，丧纪得其哀，辩说得其党，百官得其体，政事得其施。加于身而措于前，凡众之动，得其宜也。"

言游退，子张进曰："敢问礼何谓也？"子曰："礼者，即事之治也。君子有其事，必有其治。治国而无礼，譬犹瞽（gǔ，盲人）之无相，伥伥乎何所之？譬犹终夜有求于幽室之中，非烛何以见？故无礼则手足无所措，耳目无所加，进退揖让无所制。是故以其居处，长幼失其别，闺门三族失其和，朝廷官爵失其序，田猎戎事失其策，军旅武功失其势，宫室失其度，鼎俎失其象，物失其时，乐失其节，车失其轼，鬼神失其享，丧纪失其哀，辩说失其党，百官失其体，政事失其施。加于身而措于前，凡众之动失其宜。如此，则无以祖洽（提倡和谐）四海。"

三子者，既得闻此论于夫子也，焕若发蒙焉。

今译

孔子在家中休息，弟子子张、子贡、子游陪着他，闲谈之间提起了礼。孔子说："你们三个坐下，我来给你们讲讲礼。其实，礼详尽地运用在生活中的方方面面。"

子贡站起身，离席问："请问礼应当如何？"孔子说："虔敬却不符合礼，就是土气；谦恭却不符合礼，就是谄媚；勇敢却不符合礼，就是乖逆。"孔子又说："巴结是混淆了慈悲与仁爱。"子贡问："请问如何才能做到符合礼呢？"孔子说："所谓礼，是用来节制行为使其适中的。"子贡退下，子游上前说："请问，所谓礼，是否就是为了除去恶劣的习性而保全美好的品性呢？"孔子说："是的。"子贡说："要如何做到呢？"孔字说："祭天祭地之礼，是用仁爱对待鬼神；夏禘秋尝之礼，是用仁爱对待先祖；馈食祭奠之礼，是用仁爱对待死者；举行乡射之礼，是用仁爱对待乡里乡亲；宴会饮酒之礼，是用仁爱对待宾客。懂得了祭天祭地的礼仪、秋尝夏禘的礼仪，治理国家就如同指着自己的手掌给别人看那样容易。故而，利用这些礼仪，居家处世有礼仪，就能分辨长幼；家族内部有礼仪，一家三代就和和睦睦的；朝廷之上有礼仪，官职、爵位就秩序井然；田猎时有礼仪，军事演习就了然于胸；军队里讲究礼仪，就能建功立业。正因为有了礼，宫室有了制度，祭器有了定式，各种器具合乎时令，音乐合乎节奏，车辆有了样式，鬼神获得了应当享有的祭享，丧葬有了恰如其分的悲伤，辩说有了支持的人，百官得以恪守其职分，政事得以顺利施行。付诸于每个人身上的举措，人们的各种言行举止都恰到好处。”

子游退下，子张上前问：“请问礼是什么？”孔子说：“所谓礼，就是治理事物。君子要应付什么事物，必然有与之相应的治理手段。如果没有礼，治理国家，就像盲人身边没有扶助的人，茫然无措，不知该走向哪里；又像一整夜在暗室里寻找东西，没有烛光，哪里能看见？所以，没有礼，人就会不知所措，耳朵不知该听什么，眼睛不知该看什么，进退、作揖、谦让都失去了尺度。如此一来，居家处世就会长幼无别，家族的祖孙三代就会失去和睦，朝廷上的官职爵位就会失去秩序，田猎练武就会失去谋略，军队攻守就会失去控制，宫室修建就会失去制度，祭器就会失去定制标准，各类事物就会失去恰当的时节，音乐就会失去节奏，车辆就会失去样式，鬼神就会失去祭享，丧葬就会失去合适的悲伤，辩说就会失去支持的人，百官就会失职，政事就会难以推行。凡是加诸于每个人身上的要求，发生在每个人面前的事情，人们的各种言行举止都会不得章法。如此一来，就不能和谐统一地调度百姓一致行动了。”

听了孔子的一席话，三个弟子豁然开朗，如同眼前的迷雾被拨开。

简评

春秋时期，社会陷入混乱，礼崩乐坏。孔子认为，礼、乐是统治百姓、治理国家的有力工具，希望借助礼、乐使社会秩序恢复正常。本文选取了其中的“孔子闲居”篇，通过孔子与众弟子之间的对话，阐述了孔子有关礼的一些重要观点，比如礼是什么、如何做才能合乎礼，还全面阐述了礼在社会中的功效。概括来说，就是“郊社之礼，所以仁鬼神也；禘尝之礼，所以仁昭穆也；馈奠之礼，所以仁死丧也；射飨之礼，所以仁乡党也；食飨之礼，所以仁宾客也”。

26

观乡射篇：修身而发，而不失正鹄

孔子观于乡射，喟然叹曰：“射之以礼乐也，何以射？何以听？修身而发，而不失正鹄者，其唯贤者乎？若夫不肖之人，则将安能以求饮？《诗》云：‘发彼有的，以祈尔爵。’祈，求也。求所中以辞爵。酒者，所以养老、所以养病也。求中以辞爵，辞其养也。是故士使之射而弗能，则辞以病，悬弧之义。”

于是退而与门人习射于矍相之圃，盖观者如堵墙焉。射至于司马，使子路执弓矢，出列延，谓射之者曰：“奔军之将，亡国之大夫，与为人后（过继给别人做后嗣）者，不得入，其余皆入。”盖去者半。又使公罔之裘、序点扬觯而语曰：“幼壮孝悌，耆老好礼，不从流俗，修身以俟死者，在此位。”盖去者半。序点又扬觯而语曰：“好学不倦，好礼不变，耄（mào，八九十曰耄）期称道而不乱者，在此位。”也盖仅有存焉。

射既阕，子路进曰：“由与二三子者之为司马，何如？”孔子曰：“能用命矣。”

今译

孔子观看乡射礼，长叹一声，道："射箭的时候配上礼仪和音乐，射箭的人怎能一边射箭，一边听？努力修身养性，射出的箭还能射中目标，只有贤德之人能做得到。如果是宵小之辈，他哪怕射中了又怎能惩罚别人喝酒呢？《诗经》说：'发射出你的箭，射中目标，祈求你免受罚酒。'所谓祈，就是求。祈求射中而免于罚酒。酒，既养老，也养病。祈求射中，辞谢罚酒，其实就是推辞了别人对你的奉养。所以说，如果让士人射箭，他若是不会，就应该用有病这个理由来辞谢，因为射箭应当是男子生来就会的。"

于是，孔子回来后，就和弟子们在矍相的园圃里学习射箭，围观的人众多，就好像一堵墙。当轮到子路行射礼时，孔子让子路手持弓箭，站出来说："败军之将、丧国的大夫、求做他人后嗣的人，都不允许入场，其余的人进来。"听了这番话，有一半的人走了。孔子又让公罔之裘、序点举起酒杯，说："年少和壮年的时候，能够孝敬父母，友爱兄弟；到了老年，还能爱好礼仪，不随波逐流，修身以待终年的人，请留下来。"结果，又有一半的人走了。序点又举杯，说："好学而不知倦怠，好礼而从不改变，到老还言行如一的人，请留下来。"结果，只留下几个人没走。

射完箭，子路上前问孔子："我和序点他们几个做司马，怎么样？"孔子说："能够胜任。"

简评

《观乡射》反映出孔子对乡射礼这一民间礼仪很重视，甚至亲自带着众弟子去现场观摩、练习。练习的时候，孔子抓住时机，向围观的百姓进行礼乐教育，鼓励遵循礼法的人，又将在礼仪方面有所欠缺的人淘汰掉，以达到教育他们的目的。

27

五刑篇：制五刑而不用，所以为至治也

冉有问于孔子曰："古者三皇五帝不用五刑，信乎？"

孔子曰："圣人之设防，贵其不犯也。制五刑而不用，所以为至治也。凡夫之为奸邪窃盗靡法妄行者，生于不足。不足生于无度，无度则小者偷盗，大者侈靡，各不知节。是以上有制度，则民知所止；民知所止，则不犯。故虽有奸邪贼盗靡法妄行之狱，而无陷刑之民。不孝者生于不仁，不仁者生于丧祭之无礼。明丧祭之礼，所以教仁爱也。能教仁爱，则服丧思慕，祭祀不解（不懈怠）人子馈养之道。丧祭之礼明，则民孝矣。故虽有不孝之狱，而无陷刑之民。弑上者生于不义，义所以别贵贱、明尊卑也。贵贱有别，尊卑有序，则民莫不尊上而敬长。朝聘之礼者，所以明义也。义必明则民不犯，故虽有弑上之狱，而无陷刑之民。斗变者生于相陵，相陵者生于长幼无序而遗敬让。乡饮酒之礼者，所以明长幼之序而崇敬让也。长幼必序，民怀敬让，故虽有斗变之狱，而无陷刑之民。淫乱者生于男女无别，男女无别则夫妇失义。婚礼聘享者，所以别男女、明夫妇之义也。男女既别，夫妇既明，故虽有淫乱之狱，而无陷刑之民。此五者，刑罚之所以生，各有源焉。不豫塞其源，而辄绳之以刑，是谓为民设阱而陷之。"

今译

冉有问孔子："古时候，三皇五帝不动用五刑，这是真的吗？"

孔子说："圣人设立防御措施，贵在不让他人触犯。制定五刑却不用，是为了治理好国家。凡是那些有狡诈、邪恶、抢劫、偷盗、违法妄行等不法行为的人，都是因为内心不满足。不满足又源自于没有限制，没有限制，轻则偷窃，重则奢靡，都是不知节制造成的。故而，君主制定了制度，百姓就知道什么不能做；百姓知道了什么不能做，就不会触犯法律。故而，虽然制定了有关狡诈、邪恶、抢劫、偷盗、违法妄行等不法行为的罪状，却没有民众遭受刑罚。有不孝的行为是因为不仁，不仁是因为丧祭之礼欠缺。故而，明确规定丧祭之礼，是为了教人懂得仁爱。教人懂得仁爱，为父母服丧，就会爱慕他们，举办祭祀之礼，就说明为人子女仍毫不懈怠地奉养父母。明确了丧祭之礼，百姓就会遵守孝道。故而，虽然制定了不孝的罪状，却没有百姓遭受刑罚。以下杀上的行为是因为不义，义是用来区分尊卑、表明贵贱的。贵贱有别，尊卑有序，就没有百姓会不尊敬上级和长辈。诸侯行朝聘之礼，定期朝拜天子，是用来彰显义的。彰显了义，百姓就不会以下犯上。故而，虽然制定了弑上的罪状，却没有百姓遭受刑罚。争斗变乱的行为是因为彼此欺压，欺压又是因为长幼无序，忘了恭敬与礼让。乡饮酒之礼，就是为了明确长幼秩序、推崇恭敬礼让的。长幼有序，百姓心怀敬让，故而虽然设立了争斗变乱的罪状，也没有百姓遭受刑罚。淫乱的行为是因为男女无别，男女无别，夫妻之间就失去了情义。婚礼、聘礼、享礼等，就是用来区别男女角色、彰显夫妻情义的。男女既然有了角色的差别，夫妻之情既然得到彰显，故而虽然制定了关于淫乱的罪状，也没有百姓遭受刑罚。上述五种情况，就是产生刑法的原因，有其各自的根源。如果不预先堵住根源，却动不动使用刑罚，就等于设下陷阱陷害百姓。

简评

孔子在《五刑》篇里探讨了礼与法之间的关系。普通人有各种各样的道德缺陷，比如不知满足、不仁不义、互相欺凌、男女无别、淫乱不节等。因此，古代圣王制定了一系列礼仪与刑罚，但人们懂得了礼教，就不会触犯刑律。正如孔子说的，遵循礼教，就像“豫塞其源”，可见在礼与法之间，孔子认为礼发挥着更大的作用。

28

刑政篇：圣人之治化，必刑政相参

仲弓问于孔子曰："雍闻至刑无所用政，至政无所用刑。至刑无所用政，桀纣之世是也；至政无所用刑，成康之世是也。信乎？"

孔子曰："圣人之治化也，必刑政相参焉。太上（最好、最上等）以德教民，而以礼齐之，其次以政焉。导民以刑，禁之刑，不刑也。化之弗变，导之弗从，伤义以败俗，于是乎用刑矣。颛五刑必即天伦，行刑罚则轻无赦。侀（xíng，通"形"，成形之物），侧也；侧，成也。壹成而不可更，故君子尽心焉。"

仲弓曰："古之听讼，尤罚丽于事，不以其心，可得闻乎？"

孔子曰："凡听五刑之讼，必原父子之情，立君臣之义以权之。意论轻重之序，慎测浅深之量以别之。悉其聪明，正其忠爱以尽之。大司寇正刑明辟以察狱，狱必三讯焉。有指无简，则不听也。附从轻，赦从重。疑狱则泛与众共之，疑则赦之。皆以小大之比成也。是故爵人必于朝，与众共之也；刑人必于市，与众弃之也。古者公家不畜刑人，大夫弗养也。士遇之涂，以弗与之言。屏诸四方，唯其所之，不及与政，弗欲生之也。"

仲弓曰："听狱，狱之成，成何官？"

孔子曰："成狱成于吏，吏以狱成告于正。正既听之，乃告大司寇。大司寇听之，乃奉于王。王命三公卿士参听棘木之下，然后乃以狱之成疑于王。王三宥之以听命，而制刑焉。所以重之也。"

仲弓曰："其禁何禁？"

孔子曰："巧言破律，遁名（假冒名义）改作，执左道与乱政者，杀。作淫声，造异服，设伎奇器以荡上心者，杀。行伪而坚，言诈而辩，学非而博，顺非而泽，以惑众者，杀。假于鬼神，时日卜筮，以疑众者，杀。此四诛者不以听。”

今译

仲弓问孔子：“我听说，刑罚严酷，就不需要政令了；政令完善，就不需要刑罚了。刑罚严酷而不需政令，夏桀、商汤的朝代就是这样的；政令完善而不需刑罚，周朝成王、康王的朝代就是这样的。真的是这样吗？”

孔子说：“圣人治理、教化百姓，必须刑罚与政令相互配合使用。最好的方式是用道德来教化百姓，用礼来使人们思想统一，其次才是使用政令。用刑罚教化百姓，用刑罚禁止百姓的行为，最终目的是为了不再使用刑罚。对于那些经过教化却不改变，经过教诲却不听从，有损义理、伤风败俗之人，只能用刑罚来处置。专用五刑来惩治百姓，也必须合乎天道；执行刑罚，对罪行轻的人也不能赦免。所谓侀，就是侧；所谓侧，就是已成事实，不能改变。一旦制定了刑罚，就不能改变，所以官员要尽心尽力地审理案件。”

仲弓说：“古代审理案件的时候，处罚过错，依据的是事实，而不是内心的动机，可以给我讲讲这一点吗？”

孔子说：“但凡审理五种罪行的案件，一定要推究其父子之情，根据君臣之义来衡量，目的是衡量犯罪情节的轻重，慎重地论证罪过的深浅，予以分别对待。竭尽所能地运用自己的聪慧与能力，尽力发挥仁义忠爱之心来探明案情。大司寇负责正定刑法、辨明法令，以便审理案件，审理案件时必须听取臣吏和民众的意见。虽然有指证，但犯罪事实无法核实的，就不能治罪。量刑可重可轻的，就从轻发落；赦免时，要先赦免原本判重了的。遇到疑案，要广泛听取群臣、民众的意见，一同解决，如果还有疑问，难以裁定，就予以赦免。所有案件都要依据罪行的大小轻重，比照法律条款来判定。必须在朝廷上赐予爵位，让众人一同见证；必须在闹市行刑，让众人一同唾弃。古时候，诸侯从不收容罪犯，大人也不供养罪犯。读书人在途中遇见罪犯，也不与他交谈。罪犯被放逐到四境，不论他身处何方，也不会让他参与政事，就好像他不再存活在世上。”

仲弓问：“审案、定案，由什么官员来完成呢？”

孔子说：“首先由狱官审理案件，狱官再把审理的情况报告狱官之长。狱官之长审理完后，报告给大司寇。大司寇审理完后，再报告给君主。君主又下令三公、卿士在种有酸枣树的审理处进行会审，再把审理结果和疑问回呈给君主。根据三种可以宽宥的情况，君主决定是否减免刑罚，最后根据审判结果定刑。审定程序慎之又慎。”

仲弓又问：“法律禁令包括哪些条款？”

孔子说：“凡是巧言令色曲解法度，借变乱之名更改法律，用邪门歪道扰乱国政之人，杀。凡是制作淫声浪调，设计奇装异服，设计怪异器具扰乱君心之人，杀。凡是行径诡异顽固，言辞诡辩虚伪，学非正道又渊博多智，顺从坏事又粉饰太平，蛊惑蒙蔽百姓之人，杀。凡是借用鬼神、时日、卜筮，蛊惑扰乱百姓之人，杀。凡是犯了这四种该杀罪行的，不需要详尽审理。”

简评

《刑政》篇里，孔子阐述了刑罚与政令相辅相成的作用，还强调了道德、礼教在治理时的教化作用，也就是“太上以德教民，而以礼齐之，其次以政焉”。孔子认为，审理案件时，必须以犯罪事实为根据，量刑时要根据情节之轻重、罪行之大小来定夺。另外，审理案件的官员还要尽力运用自身的聪明才智和忠爱之心。审理案件时，要多听取各方的意见，先后经过狱吏、狱官、大司寇三次审讯，向上呈递给君主，君主再请三公、卿士一起来审理案件，最后如有疑问，还要由君主来权衡、定夺。

29

礼运篇：大道之行，天下为公

孔子为鲁司寇，与于蜡（zhà，参与蜡祭）。既宾事毕，乃出游于观之上，喟然而叹。言偃侍，曰：“夫子何叹也？”孔子曰：“昔大道之行，与三代之英，吾未之逮也，而有记焉。”

“大道之行，天下为公，选贤与能，讲信修睦。故人不独亲其亲，不独子其子。老有所终，壮有所用，幼有所长，矜寡孤疾皆有所养。男有分，女有归。货恶其弃于地，不必藏于己；力恶其不出于身，不必为人。是以奸谋闭而不兴，盗窃乱贼不作。故外户而不闭，谓之大同。”

“今大道既隐，天下为家，各亲其亲，各子其子。货则为己，力则为人。大人世及以为常，城郭沟池以为固。礼义以为纪，以正君臣，以笃父子，以睦兄弟，以各夫妇，以设制度，以立田里，以贤勇知，以功为己，故谋用是作，而兵由此起。禹汤文武，成王周公，由此而选，未有不谨于礼。礼之所兴，与天地并。如有不由礼而在位者，则以为殃。”

言偃复问曰：“如此乎，礼之急也。”

孔子曰：“夫礼，先王所以承天之道，以治人之情。列其鬼神，达于丧、祭、乡射、冠、婚、朝聘。故圣人以礼示之，则天下国家可得以礼正矣。”

言偃曰：“今之在位，莫知由礼，何也？”

孔子曰：“呜呼哀哉！我观周道，幽厉伤也。吾舍鲁何适？夫鲁之郊及禘（天子诸侯的宗庙五年祭祀一次称禘）皆非礼，周公其已衰矣。杞之郊也禹，宋之郊也契，是天子之事守也。天子以杞、宋二王之后。周公摄政致太平，而与天子同是礼也。诸侯祭社稷宗庙，上下皆奉其典，而祝嘏（gǔ，祭祀时致祝祷之辞、传达神言的执事人）莫敢易其常法，是谓大嘉。”

今译

孔子在鲁国担任司寇时，曾参与蜡祭。宾客走后，他来到楼台上观览，叹了口气。言偃跟在孔子身边，问："老师为何叹气？"孔子说："曾经大道通行的时代，以及夏、商、周三代精英统治的时代，我全都没赶上，却还可以看到有些文字记载。"

"以前大道通行的时代，天下是人们所公有的，举荐贤能之人，讲究诚信，致力友爱。故而，人们不仅仅敬爱自己的双亲，不仅仅疼爱自己的儿女。社会上，老人能安享晚年，壮年能发挥才能，幼童能顺利地成长，鳏夫、寡妇、孤儿和残疾人都能得到供养。男子要有职业，女子要及时婚配。人们厌恶浪费财物，却也不必都收藏在自己家中；人们唯恐自己的才智不能充分发挥，却不是为了一己私利。所以，奸诈的阴谋不会出现，窃取钱财、扰乱社会的事情不会发生。因此，家里不必大门紧锁，这就是所谓的大同世界。"

"现如今，大道衰微，天下成了一个家族的私有，人们只是敬爱自己的双亲，疼爱自己的子女。财物想着据为己有，效力也是为了私利。天子、诸侯将财物、权力代代相传，已经成为平常事，修建城郭、沟池作为防御工事。制定礼仪为纲纪，以明确君臣关系，使父子亲密，兄弟和睦，夫妻和谐，让各种制度明确，划分出田地和住宅。对有勇敢智慧的人予以尊重，为自己建功立业，因此产生了阴谋诡计，战争也由此产生。夏禹、商汤、文王、武王、成王、周公作为这三代中的杰出人物，他们之中没有谁不遵从礼制。礼制兴起，与天地并存。如果有哪个当权者不遵从礼制，民众就视他为祸患。"

言偃又问："这样说来，推行礼制已经很紧迫了？"

孔子说："礼是前代圣王顺应自然之道用来治理人情的，参验于鬼神，贯彻于祭、丧、乡射、冠、婚、朝聘等诸多礼仪之中。所以，圣人通过礼来昭示天道、人情，这样才能治理好国家。"

言偃又问："如今当权者却没有人知道要遵循礼制，这是为什么呢？"

孔子说："唉，真可悲！我考察周代的制度，从幽王、厉王开始就败坏了。我离开鲁国又能去哪里考察？而鲁国的郊、禘之祭已经不符合周礼，周公制定的礼制已经衰微了。杞人郊祭是为了祭祀禹，宋人郊祭是了祭祀契，因为这是天子的本分，也因为他们是夏、商的后裔。周公代理执政而天下太平，所以用的礼仪也和天子一样。至于诸侯祭祀社稷、祖先，上上下下都奉行同样的制度典章，祝嘏不敢变更原来的礼制，这就是所谓的大嘉。"

简评

《礼运》原本是《礼记》里的一篇，主要阐述了礼义的本质是什么以及礼制是如何演变的。本篇中，孔子大力称赞三皇五帝统治下的"大同"世界，他认为，人类历史上最尽善尽美的时期莫过于此。那个时代，大道行于世，天下之人皆有公心，选举贤能之才治理国家，信守诚信，相处和睦。老有所依，壮有所用，奸谋不兴，盗窃乱贼不作，就是孔子心目中理想的大同社会。到了夏、商、周三个朝代，社会从之前的"大同"逐渐步入"小康"，原本天下为公的公共财富变成私人财物，国家政权也把持在一个家族手里，财富和权力世代相传、父死子继，故而不断发生阴谋与战乱。当时，夏禹、商汤、周文王、周武王、周成王、周公等人运用礼制来治理乱世，才让天下恢复安宁，他们称得上是"小康"时期的翘楚。直到周幽王、周厉王统治时期，礼制也逐渐走向衰微。以此为依据，孔子阐述了礼的重要性，礼的缘起以及祭祀、死丧等各种礼仪。孔子在此篇阐述的"大同小康"的社会模型对后世也有深远的影响。

30

冠颂篇：犹士也，其礼无变

郕隐公既即位，将冠，使大夫因孟懿子问礼于孔子。

子曰："其礼如世子之冠，冠于阼者，以著代也。醮于客位，加其有成。三加弥尊，导喻其志。冠而字之，敬其名也。虽天子之元子（长子），犹士也，其礼无变。天下无生而贵者，故也行冠事必于祖庙，以祼享之礼（国君继位，要在宗庙里先王神主前祼祭）以将之，以金石之乐节之，所以自卑而尊先祖，示不敢擅。"

今译

郕隐公已经即位，将要举行冠礼，派大夫经由孟懿子询问孔子举办冠礼的相关礼仪。

孔子说："这个礼仪与太子的冠礼一样。世子加冠，要站在厅堂前面东侧的台阶之上，表示他要代替父亲，成为一家之长，再站在客位上，给位卑者敬酒。每戴冠一次，就要敬酒一次，表示为有所作为的人加礼。加冠三次，一次比一次尊贵，是为了教导他志向要远大。加冠之后，人们开始用字称呼他，这是为了表示对他的名的尊重。哪怕是天子的长子，与普通庶民也没有什么区别，他们的冠礼仪式都是一样的。天底下没有人生来就是高贵的，所以一定要在宗庙里举办冠礼，用祼享的礼节来进行，用钟磬之乐来节制，这样会让加冠者感受到自己的卑微而更加敬重先祖，不敢擅自僭越先祖的礼制。"

简评

成人之礼是古人重要的礼制，而成人之礼始于冠礼，所以冠礼一直很受古人重视。在《冠礼》篇中，主要是孔子回答郏隐公有关冠礼的问题，讲述了冠礼的重要性和主要仪节。经过冠礼，就意味着此人之后可以以成人的身份参与各项社会活动了。

31

问玉篇：夫昔者君子比德于玉

子贡问于孔子曰："敢问君子贵玉而贱珉（mín，像玉的石头）？何也？为玉之寡而珉多欤？"

孔子曰："非为玉之寡故贵之，珉之多故贱之。夫昔者君子比德于玉。温润而泽，仁也；缜密以栗，智也；廉而不刿（割），义也；垂之如坠，礼也；叩之，其声清越而长，其终则诎（qū）然（乐声清澈激扬），乐矣；瑕不掩瑜，瑜不掩瑕，忠也；孚尹旁达，信也；气如白虹，天也；精神见于山川，地也；珪璋（guī zhāng，皆为朝会时所执的玉器）特达，德也；天下莫不贵者，道也。《诗》云：'言念君子，温其如玉。'故君子贵之也。"

孔子曰："入其国，其教可知也。其为人也，温柔敦厚，《诗》教也；疏通知远，《书》教也；广博易良，《乐》教也；洁静精微，《易》教也；恭俭庄敬，《礼》教也；属辞比事，《春秋》教也。故《诗》之失愚，《书》之失诬，《乐》之失奢，《易》之失贼，《礼》之失烦，《春秋》之失乱。其为人也，温柔敦厚而不愚，则深于《诗》者矣；疏通知远而不诬，则深于《书》者矣；广博易良而不奢，则深于《乐》者矣；洁静精微而不贼，则深于《易》者矣；恭俭庄敬而不烦，则深于《礼》者矣；属辞比事而不乱，则深于《春秋》者矣。"

今译

子贡问孔子："君子以玉为贵，以珉为贱，为什么呢？是因为玉少而珉多吗？"

孔子说："不是因为玉少就认为它珍贵，也不是因为珉多就认为它轻贱。以前，君子把玉的品性与人的德行相提并论。玉温润而富有光泽，与仁爱类似；细密又坚硬，与智慧类似；有棱角却不伤人，与义气类似；垂悬着就往下坠，与礼节类似；敲击它发出的声音清脆绵长，最后戛然而止，与乐声类似；玉的瑕疵不能掩盖它的美好，同样，玉的美好也不能掩盖它的瑕疵，与忠诚类似；玉的色泽晶莹剔透，流光溢彩，与信义类似；玉的光泽如白天里的长虹，与苍天类似；玉的精气在山川之间显现，与大地类似；上朝时的玉器珪璋直接上呈君王，与德性类似；普天之下没有谁不珍爱玉，与对道的尊重类似。《诗经》说：'每当念及君子，他温润如玉。'故而君子以玉为贵。"

孔子说："来到一个国家，就能知道它的教化达到了什么程度。那里的民众为人，如果言辞温润，性情敦厚，那就是《诗》教化的结果；如果精通政事，博古通今，那就是《书》教化的结果；如果心胸豁达，善良平和，那就是《乐》教化的结果；如果沉静祥和，推测精准，那就是《易》教化的结果；如果谦逊节省，恭敬庄严，那就是《礼》教化的结果；如果长于文辞，精通史事，那就是《春秋》教化的结果。可见，《诗》的教化，不足之处在于蒙昧不明；《书》的教化，不足之处在于夸夸其谈；《乐》的教化，不足之处在于奢侈浪费；《易》的教化，不足之处在于太过精微细致；《礼》的教化，不足之处在于苛刻繁琐；《春秋》的教化，不足之处在于胡乱褒贬。

如果做人能做到温润敦厚又不蒙昧不明，那就是深知《诗》的教化；如果能做到通晓古今又不夸夸其谈，那就是深知《书》的教化；如果能做到豁达平和又不奢侈浪费，那就是深知《乐》的教化；如果能做到沉静细致又不太过精细，那就是深知《易》的教化；如果能做到谦逊庄重又不苛刻繁琐，那就是深知《礼》的教化；如果能做到善于用属辞比事又不胡乱褒贬，那就是深知《春秋》的人。"

简评

古人很重视玉，经常用玉来制作各种祭祀典礼用的器具和用品。孔子认为，玉的品性能与君子的品德相提并论，也就是《诗经》所说的"言念君子，温其如玉"。在"孔子曰入其国"章中，孔子提到，来到一个国家，只看民众的言谈举止、学识修为，就能知道这个国家的民众受教育的整体情况。提到《诗》《书》《礼》《乐》《易》《春秋》等经典时，孔子告诫，要正确学习与理解书中的内容，避开其中的偏颇之处。

32

屈节篇：可以屈则屈，可以伸则伸

子路问于孔子曰："由闻丈夫居世，富贵不能有益于物；处贫贱之地，而不能屈节以求伸，则不足以论乎人之域（境界）矣。"

孔子曰："君子之行己，期于必达于己。可以屈则屈，可以伸则伸。故屈节者，所以有待；求伸者，所以及时。是以虽受屈而不毁其节，志达而不犯于义。"

今译

子路问孔子："我听说，大丈夫在世间生活，富贵时不能有利于世间万物；处于贫贱的境地，不能暂时忍受委屈，谋求未来施展抱负，那就没达到人们所说的大丈夫应该有的境界。"

孔子说："君子做事，期盼着必须达到自己设定的目标。需要忍受委屈的时候就忍受委屈，需要施展抱负的时候就施展抱负。忍受委屈，是因为心怀期待；谋求施展就必须把握时机。所以虽然受了委屈，但不能丧失气节；虽然实现了志向，但不能有损于义。"

简评

孔子在《屈节》篇中提出，作为君子，为了达到自己设定的目标，必须做到"可以屈则屈，可以伸则伸"，只要不失于节、不损于义即可。由此可见，孔子处理事情时既讲究原则，又灵活变通。

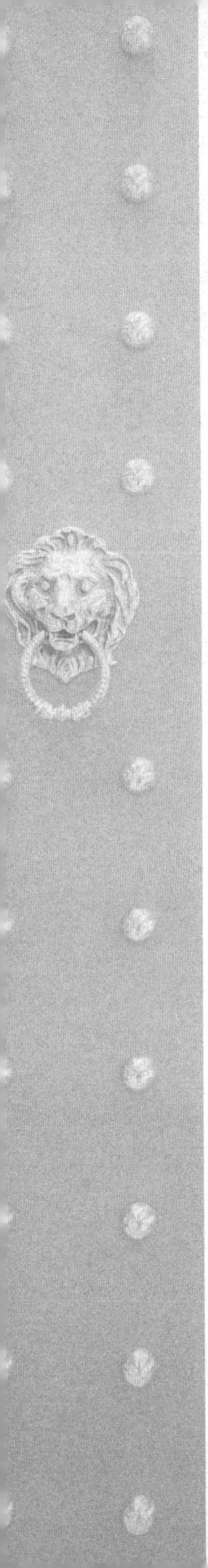

第三章 《温公家范》

——和谐家道，以孝贯通

《温公家范》由北宋著名史学家司马光撰写而成，堪称封建社会家庭道德教育之范本。司马光，字君实，于仁宗宝元初年高中进士，哲宗年间位及宰相，学识渊博，正直谦恭，著作等身。《家范》一书结合儒家经典论证齐家乃治国之本的道理，并广泛结合历朝历代人物史实作为后世效仿之典范，佐以司马光的精彩论述。全书全面而系统地探讨了家庭伦理关系、身心修养法则、为人处世之方、治国齐家之道。

01

治家篇：家齐而后国治，国治而后天下平

卫石碏曰：“君义、臣行、父慈、子孝、兄爱、弟敬，所谓六顺也。”

齐晏婴曰：“君令臣共、父慈子孝、兄爱弟敬、夫和妻柔、姑慈妇听，礼也。”君令而不违，臣共（忠诚）而不二，父慈而教，子孝而箴，兄爱而友，弟敬而顺，夫和而义，妻柔而正，姑慈而从，妇听而婉，礼之善物也。夫治家莫如礼。

今译

卫石碏说：“君王有仁有义，则臣子也有品行；父亲慈祥，则儿子孝顺；兄长关爱，则弟弟恭敬；这就是人们所说的六顺。”

齐国人晏婴说：“君主和善，则臣子恭敬；父亲慈祥，则儿子孝顺；兄长友爱，则弟弟谦恭；丈夫温柔，则妻子顺从；婆母慈善，则媳妇听话；这就是所谓的礼。”君主和善，从不违背礼法，臣子也效忠于君主，没有二心；父亲对子女慈祥，能够循循教导，子女对父母孝顺，能规劝其过错；兄长对待弟弟友善、关爱，弟弟对兄长恭敬而顺从；丈夫对妻子和和气气，妻子对丈夫温柔顺从；婆母对媳妇慈爱祥和，媳妇温婉听话，这一切都是最合乎礼法的规范现象。

治家最好的方式就是讲究礼法。

简评

本文选取的是《温公家范》之《治家篇》开篇一段。刚一开篇就以十分精炼的语言概括了君臣、父子、兄弟、夫妻、婆媳之间的人伦礼法、相处之道，可谓提纲挈领。只有事事合乎礼法，才能达到“齐家、治国、平天下”的目的。

02

谦恭篇：谦恭治家，尊贵集门

汉万石君石奋，无文学，恭谨，举无与比。奋长子建、次申、次乙、次庆，皆以驯行孝谨，官至二千石。于是景帝曰：“石君及四子皆二千石，人臣尊宠，乃举集其门。”故号奋为万石君。孝景季年，万石君以上大夫禄归老于家。子孙为小吏，来归谒（看望、拜见），万石君必朝服见之，不名。子孙有过失，不诮让（责备），为便坐，对案不食。然后诸子相责，因长老肉袒固谢罪，改之，乃许。子孙胜冠者在侧，虽燕必冠，申申（庄严、恭敬的样子）如也。僮仆（毕恭毕敬的样子）如也，唯谨。其执丧哀戚甚，子孙遵教亦如之。万石君家，以孝谨闻乎郡国，虽齐、鲁诸儒质行，皆自以为不及也。建元二年，郎中令王臧，以文学获罪皇太后。太后以为儒者文多质少，今万石君家，不言而躬行，乃以长子建为郎中令，少子庆为内史。建老白首，万石君尚无恙。每五日洗沐，归谒亲，入子舍，窃问侍者，取亲中裙（贴身内衣）厕牏（便盆），自身浣洒。复与侍者，不敢令万石君知之，以为常。万石君徙居陵里，内史庆醉归，入外门不下车。万石君闻之，不食。庆恐，肉袒谢罪。不许。举宗及兄建肉袒。万石君让曰：“内史贵人，入闾里，里中长老皆走匿，而内史坐车自如，固当！”乃谢罢庆。庆及诸子入里门，趋至家。万石君元朔五年卒。建哭泣哀思，杖乃能行。岁馀，建亦死。诸子孙咸孝，然建最甚。

今译

汉朝年间的万石君石奋虽然没有文化，但是他为人谦恭谨慎，很少有人比得上他。石奋的长子石建、二子石甲、三子石乙、四子石庆都性情温顺、孝顺谨慎，最终官运亨通，直至两千石。汉景帝由此感叹：“石奋和他的四个儿子都官至两千石，身为人臣，尊贵与荣宠都集于他一个人的家门之上。”因此，石奋得名“万石君”。

到了孝景帝末年，万石君以“上大夫”的俸禄告老还乡。他的子孙们当时都是小官，回家拜见万石君时，万石君身着朝服，会见他们，而且从不直呼其名。如果子孙犯了错，万石君也从不责备他们，只是一动不动地坐在一侧的座位上，吃饭时也对着桌子，不吃饭。这样一来，子孙就相互责备犯下的过错，然后央求家中年岁大的长辈前去求情。子孙们跟在长者身后，袒胸露背，前去请罪，发誓要改正错误，万石君这才原谅他们。那些已成年的子孙们常常在万石君身侧侍奉，哪怕是休闲的时候，也都戴着帽子，表现出一种恭敬的神情。家中的童子、仆从也都毕恭毕敬，随时待命。为家中逝者操办丧事时，万石君表现得悲痛异常，他的子孙也遵从其教诲，表现得和他一样。万石君的家教以恭敬、孝顺闻名于郡国，就连齐鲁等地的儒者也自愧不如。汉武帝建元二年，郎中令王臧因写了一篇文章而得罪了皇太后，皇太后认为读书人虽然满腹才华，但是品质败坏，而万石君家却因为总是默默地遵循礼法，而常常为皇太后所称道。于是，长子石建被擢升为郎中令，四子石庆被擢升为内史。

石建已经满头白发，而父亲万石君还身体硬朗，没有丝毫病痛。石建很孝顺，每隔五天就回家看望老父。来到父亲房间，轻声询问仆从父亲的身体状况，还亲自为父亲清洗内衣、便盆，洗干净后悄悄交给仆从，唯恐万石君知道。石建已经养成了这样的习惯。后来，万石君迁往陵里定居。有一次，四子内史石庆喝醉酒，回到家中，已经步入外门，却还没下车。万石君得知此事后，又不肯吃饭。石庆很惶恐，袒胸露背，向父亲请罪，万石君还是不原谅他。全宗族的人以及石庆的大哥石建都袒胸露背，前去求情，万石君责备说："内史身份显赫，进入里弄，里弄中那些上了年纪的人都要回避。然而，内史却不懂礼法，坐在车上，没有丝毫反应，这当然要受到惩罚。"说完，他让石庆退下。从那之后，石庆和几个哥哥一进入里门，就快步走入家中。元朔五年，万石君去世。他的长子悲痛欲绝，必须拄着拐杖才能走路。一年后，石建也去世了。万石君的子孙们都很孝顺，但是其中要数石建做得最好。

简评

司马光是封建礼法的推崇者与捍卫者，他借用汉朝年间万石君的家教故事强调了"谦恭治家，尊贵集门"的道理。司马光认为良好的家风家教是家庭教育最重要的环节之一，万石君虽然不是才华横溢的饱学之士，但难能可贵的是谦恭谨慎、谨遵孝悌之道，石家一门也在这种家风下耳濡目染，终将尊贵、荣宠集于一门。司马光引经据典，徐徐道来，使他笔下的家范更生动，更有说服力。

03

财富篇：勤俭致富，仗义疏财

樊重，字君云。世善农稼，好货殖。重性温厚，有法度，三世共财。子孙朝夕礼敬，常若公家。其营经产业，物无所弃，课役、童隶，各得其宜。故能上下戮力，财利岁倍，乃至开广田土三百馀（余）顷。其所起庐舍，皆重堂高阁，陂渠灌注，又池鱼牧畜，有求必给。尝欲作器物，先种梓漆，时人嗤之。然积以岁月，皆得其用。向之笑者，咸求假焉。赀至巨万，而赈赡宗族，恩加乡闾。外孙何氏兄弟争财，重耻之，以田二顷解其忿讼（诉讼）。县中称美，推为三老。年八十馀终，其素所假贷人间数百万，遗令焚削文契。债家闻者皆惭，争往偿之。诸子从敕，竟不肯受。

今译

樊重，字君云。他家祖祖辈辈都很擅长耕种庄稼，还擅长做生意。樊重性情温和厚道，做事遵循礼法。他家三代都没有分家，共同享有财物，但子孙之间相互敬让，家里就像官府一般讲究礼节。樊重经营家中产业很有章法，没有丝毫损失浪费；他对仆人、佣工能人尽其用，各得其所。因此，家里上上下下能够一条心，财产和利润每年都成倍增加，以至于后来坐拥田地三百余顷。樊重家的房舍都是层楼高阁，四周陂渠环绕，注入活水，还养着鱼和牲畜，那些穷困潦倒的乡亲向他家求助，樊重有求必应。樊重想制作器物，就先种植梓材和漆树。人们当时对他的做法嗤之以鼻，然而几年后，梓树和漆树都派上了大用场，那些曾经嘲笑他的人后来找他借这些东西。樊重的钱财积累得越来越多，成千上万，他还经常用钱财接济本家同族，施惠乡里乡亲。

樊重的外孙何氏，兄弟之间争夺家产，樊重为他们的所作所为感到羞耻，便送给他们两顷田地，以化解兄弟之间的怨愤，使他们免于诉讼。樊重的行为和品德屡屡为本县乡亲所称道，推崇他为三老。樊重活到八十多岁才去世，他生平借出去的钱财多达数百万，却在遗嘱中交代子女将那些关于借贷的文书、契约都烧掉。那些向他借贷的人听说了都羞愧难当，争相前去还钱。樊重的子女都遵循父亲的遗志，一概不接受。

简评

本篇中，司马光借用商人樊重的故事，讲述了勤俭致富才能聚集家财，仗义疏财才能延续家业的道理。作为宋朝名臣，司马光位高权重，但他推崇的家庭教育并未着眼于教导子孙后代如何追名逐利，而是耗费心力、著书立说，用这些看似简单浅显的故事来阐明为人之道。

04

祖篇：为人祖者，莫不思利其后世

为人祖者，莫不思利其后世。然果能利之者，鲜矣。何以言之？今之为后世谋者，不过广营生计以遗之：田畴连阡陌，邸肆（商铺）跨坊曲，粟麦盈囷仓，金帛充箧笥，慊慊然求之犹未足，施施然自以为子子孙孙累世用之莫能尽也。然不知以义方训其子，以礼法齐其家。自于数十年中，勤身苦体以聚之，而子孙于时岁之间奢靡游荡以散之，反笑其祖考之愚，不知自娱；又怨其吝啬，无恩于我，而厉虐之也。始则欺绐攘窃以充其欲；

不足，则立券举债于人，俟（等待）其死而偿之。观其意，惟患其考之寿也。甚者，至于有疾不疗，阴行鸩毒，亦有之矣。然则向之所以利后世者，适足以长子孙之恶，而为身祸也。顷尝有士大夫，其先亦国朝名臣也。家甚富而尤吝啬，斗升之粟，尺寸之帛，必自身出纳（管理），锁而封之。昼则佩钥于身，夜则置钥于枕下。病甚，困绝不知人。子孙窃其钥，开藏室，发箧笥，取其财。其人后苏，即扪（摸索、寻找）枕下，求钥不得，愤怒遂卒。其子孙不哭，相与争匿其财，遂致斗讼。其处女亦蒙首执牒（状纸），自讦于府庭，以争嫁资，为乡党笑。盖由子孙自幼及长，惟知有利，不知有义故也。夫生生之资，固人所不能无，然勿求多馀。多馀，希不为累矣。使其子孙果贤耶，岂粗粝布褐不能自营，至死于道路乎？若其不贤耶，虽积金满堂，奚益哉！多藏以遗子孙，吾见其愚之甚也。然则贤圣皆不顾子孙之匮乏邪？曰："何为其然也？昔者圣人遗子孙以德以礼；贤人遗子孙以廉以俭。"舜自侧微积德，至于为帝，子孙保之，享国百世而不绝。周自后稷、公刘、太王、王季、文王积德累功，至于武王而有天下。其《诗》曰："诒厥孙谋，以燕翼子。"言丰德厚泽，明礼法，以遗后世，而安固之也。故能子孙承统八百馀年，其支庶犹为天下之显侯，棋布于海内。其为利，岂不大哉！

今译

作为祖辈，没人不希望为子孙后代造福的，但真正能造福于子孙后代的却很少。为什么这么说呢？因为如今为后代谋福的那些人，只知道积聚钱财留给子孙后代。田地连阡陌，商铺遍街巷，粮食堆满仓，财物塞满箱，还是觉得不够，还在孜孜以求。这样他们心里才会感到自在，自认为这些财物能让子孙后代世代享用下去。但是，身为祖辈却不懂得最重要的是将为人处世的道理教给子孙，也不懂得运用礼法来管理家庭。他们数十年辛勤劳作积累起来的财富，却被那些毫无教养的子孙在短时间内挥霍殆尽，子孙们还反过来嘲笑自己的祖辈愚昧无知，不懂得享受，埋怨祖辈小气吝啬，没有善待自己。那些家中有万贯家财却没有受到良好教育的后世子孙，大都是一开始欺骗偷盗来满足自己的私欲，得不到满足的时候，就立下字据向他人借债，打算等到祖辈死后再偿还。仔细推敲下这些子孙的心思，就会发现他们无不期盼着祖辈早点死。更有甚者，祖辈有病不但不为他医治，反而在暗中投毒，只为了早日分到家中财产。那些祖辈一心为后代谋求利益，却助长了后代的恶行，甚至为自己招致了杀身之祸。过去有一位士大夫，他的祖辈也是一位当朝名臣，他家境宽裕，却很吝啬，连斗升之粟、尺寸之布都要亲自管理。他严严实实地将金银财宝锁起来，白天随身携带钥匙，晚上睡觉时把钥匙藏在枕头下面。后来他身患重病，不省人事，子孙们趁机偷走了钥匙，打开密室，找到那只存放着财物的箱子，将金银财宝悉数偷走。他从昏迷中苏醒过来后，在枕头下摸索钥匙，却发现钥匙不见了。于是，他在愤怒中死去了。他的子孙们非但没有为他的去世悲伤哭泣，反而为了争抢、藏匿财产而大打出手、对簿公堂。就连家中待嫁的黄花闺女都蒙着头，拿着状纸，在公堂上大声呼冤叫屈，为自己争夺嫁妆。其行为之卑鄙，遭到乡亲嘲笑。他们之所以会这样，究其根源，就是因为这些子孙从小到大只知道追名逐利，却不讲究道义。生活中使用的各种财产、物质本来是人所必需的，但是不能过于贪求。如果拥有过多钱财，那钱财就会变成拖累。如果子孙贤能有才，难道他们不能自己谋求粗食布衣，会冻死、饿死在街头吗？如果子孙无能，即使满屋堆着金银财宝，又有何意义呢？祖辈积累大笔财富留给子孙，就已经表现出他们的愚蠢。

难道古代先贤就不应该关心他们的子孙是穷是富吗？有人问：为什么他们不给子孙后代留下很多财富呢？因为古时候的圣人知道留给子孙后代崇高的德行与严格的礼法熏陶，贤者知道传给子孙后代清廉的品性和俭朴的作风。舜出身卑微，却努力修养德性，最终成为一代帝王。他的子孙继承了他高尚的品德，统治国家历经百代而不灭。周朝从后稷、公刘、太王、王季、文王开始逐渐积功修德，到了周武王时一举推翻殷商，坐拥天下。就像《诗经》所说“周文王谋及子孙，扶助子孙”，指的就是周文王修功养德，推崇礼法，而且将这笔无形的遗产传给后代，使得国家安定、江山永固。因而，他们的子孙后代统治国家长达八百年之久。就连他们旁系的亲戚也成了天下有名的望族，被分封的诸侯遍布五湖四海。难道周家的祖辈留给子孙后代的利益还不大吗?

简评

司马光认为，身为人的祖辈，理应为后代留下一笔丰厚的遗产。然而，那些位高权重之人总是将万贯家产留给子孙，这非但不能帮助子孙走好人生之路，反而会让他们滋生恶行，导致家道中落。而最珍贵的遗产应该是祖辈的言传身教、家风家学，比如舜，出身贫寒，却修身养性，子孙后代耳濡目染舜严谨的行为与高洁的品德，才能江山永固、国泰民安。司马光在家庭教育方面的真知灼见无疑比同一时代的人更先进、更长远，他深知千金散尽之时，就是有形的遗产消弭之时，而美好高洁的德行却是最弥足珍贵的无形遗产，能让子孙后代一步步走向康庄大道！正所谓“为人祖者，莫不思利其后世”，司马光这份苦心感人至深。

05

传承篇：沃土被人夺，薄田世代传

孙叔敖为楚相，将死，戒其子曰:“王数封我矣，吾不受也。我死，王则封汝，必无受利地。楚越之间，有寝邱者，此其地不利而名甚恶，可长有者，唯此也。”孙叔敖死，王以美地封其子，其子辞，请寝邱，累世（世世代代）不失。

汉相国萧何买田宅，必居穷僻处，为家不治垣屋（宅院房屋）。曰:“令后世贤，师（继承、学习）吾俭；不贤，无为势家所夺。”

今译

孙叔敖是楚国的国相，临死之前告诫他的儿子说：“楚王多次说要给我分封土地，我不接受。我死之后，楚王会赏赐封地给你们，你们万万不可接受肥沃的土地。在楚越相邻之地有个地方名为寝邱，那里的土地贫瘠，地名也不好，但是只有这片土地能长期拥有。”

孙叔敖死后，楚王果真要将一块沃土赏赐给他的儿子，他的儿子再三推却，反而恳求楚王将寝邱这片薄田赏赐给他。结果，好几代人果真将这块封地代代相传，从未被人夺走。

汉朝年间，相国萧何购买田产房屋时特意挑选一处荒凉偏僻之处，家里也很少修建房屋。对此，萧何解释道：“如果我的子孙后代是贤能之人，他们自会继承我勤俭朴素的作风；就算他们是无能之辈，也不会有实力强大的家族将田产夺走。”

简评

司马光通过楚国国相孙叔敖和汉朝相国萧何的两个小故事，给后代讲述了一个为人处世的朴素道理：如果后代能力不足，坐拥万亩良田会让人眼馋；如果后代是贤良之人，哪怕只有几亩薄田，也能把俭朴的小日子过得有滋有味。在看待客观的、有形的家产时，司马光的眼光看似保守，实则长远，他最根本的出发点是如何长期保有田地这份家产，代代相传。田地是如此，其他家产亦是如此，关键是在滚滚红尘中保持安贫乐道的中庸之道。

06

奢俭篇：由奢入俭难，由俭入奢易

近故张文节公为宰相，所居堂室，不蔽风雨。服用饮膳，与始为河阳书记时无异。其所亲或规之曰："公月入俸禄几何，而自奉俭薄如此？外人不以公清俭为美（美德），反以为有公孙布被之诈。"文节叹曰："以吾今日之禄，虽侯服王食，何忧不足？然人情由俭入奢则易，由奢入俭则难。此禄安能常恃？一旦失之，家人既习于奢，不能顿俭，必至失所。曷若无失其常，吾虽违世（逝世），家人犹如今日乎？"闻者服其远虑。此皆以德业遗子孙者也，所得顾不多乎？

今译

最近去世的张文节公担任宰相时，居住在破旧不堪的房屋里，无法遮风挡雨；穿衣饮食与他在河阳担任书记时没什么两样。他的亲戚有时劝他说："你一个月有那么多俸禄，日常生活为何却俭朴到这般地步？外人不仅不把你的清廉、朴素视为一种美德，可能还会认为你像公孙弘一般在沽名钓誉！"文节由此感叹道："就凭我现在的俸禄，想要像王侯那样锦衣玉食，又何愁没有钱呢？可是我深知人的本性，那就是很容易从俭朴转为奢侈，却很难从奢侈转为俭朴。我怎么能永远保有现在这个水平的俸禄呢？若是家人习惯了奢侈的生活，而我失去了这份俸禄，他们肯定无法适应，不能过俭朴的生活，这样必然会出问题。既然如此，不如继续保持原本的生活习惯。这样哪怕我日后离开人世，我的家人也能像现在这样愉快地生活下去。"听了他的一番话，对方很钦佩他的深谋远虑。这些都是长辈将德性或事业流传给子孙后代的例子，这样子孙后代得到的还不够多吗？

简评

司马光借用张文节公的故事，说明即使坐拥高官厚禄，也应让自己家人过着艰苦朴素的生活，与从前别无二致，这并不是因为做家长的小气吝啬，而是其深谋远虑后做出的选择。

07

父子篇：父子之间，遵循礼节

陈亢问于伯鱼曰："子亦有异闻乎？"对曰："未也。尝独立，鲤趋（小快步）而过庭。曰：'学《诗》乎？'对曰：'未也。''不学《诗》，无以言。'鲤退而学《诗》。他日又独立，鲤趋而过庭，曰：'学《礼》乎？'对曰：'未也。''不学《礼》，无以立。'鲤退而学《礼》。闻斯二者。"陈亢退而喜曰："问一得三：闻《诗》，闻《礼》，又闻君子之远其子也。"

曾子曰："君子之于子，爱之而勿面（表露在脸上），使之而勿貌，遵之以道而勿强言。心虽爱之，不形于外，常以严庄莅之，不以辞色悦之也。不遵之以道是弃之也。然强之，或伤恩（感情，和气），故以日月渐磨之也。"

北齐黄门侍郎颜之推《家训》曰："父子之严，不可以狎；骨肉之爱，不可以简。简则慈孝不接，狎则怠慢生焉。由命士（在朝为官）以上，父子异宫（各居一处），此不狎之道也。抑搔痒痛，悬衾箧枕，此不简之教也。"

今译

陈亢问伯鱼：“孔夫子有没有什么奇闻异事呢？”伯鱼回答：“他没有什么奇闻异事，只是有一次，我独自一人侍立在旁，他的儿子鲤迈着小碎步，快速从厅堂经过，夫子问他：‘你学习了《诗经》没？’孔鲤回答：‘没有。’于是，夫子教育他说：‘不学习《诗经》，就没有权利说话。’孔鲤听了，就退下去学习《诗经》了。几天后，我又独自一人侍奉在先生身旁，鲤迈着小碎步，快速从厅堂经过，夫子又问：‘你学习了《礼》没有？’鲤回答：‘没有。’夫子教育他说：‘不学习《礼》就不能立身。’孔鲤就退下去学习《礼》。”陈亢听完这两件事，出去后高兴地说：“我虽然只问了一件事，却明白了三个道理：明白了学习《诗经》的道理，明白了学习《礼》的道理，还明白了君子与他的子女相处应该有礼有节，不能随随便便。”

曾子说：“君子从来不把对子女的喜爱表露在脸上，支使他们从来不露声色，让他们按照道理去做事情，却又从来不勉强他们。虽然心里很喜爱他们，但是从不表露出来，对待他们的态度要庄重严肃，不能和颜悦色地取悦他们。不教育自己的子女遵循正确的道理来做事，反而会将其引上一条邪路。然而，如果只是强迫他们，又容易伤害父子感情。因此，只能依靠平时的言传身教来慢慢引导子女。”

北齐黄门侍郎颜之推在他所写的《家训》里说道：“父子之间应该关系严肃，不能恣意妄为；骨肉亲情，也不能随意怠慢。如果恣意妄为、怠慢对待，就会因这种怠慢的态度而无法形成父慈子孝的关系。古人立下规矩，为官的人家，父亲和儿子要分开住，这是防止父子之间过于亲昵的好方法；儿子要给父母按摩，帮助他们缓解病痛，整理床褥、枕头等，这是避免父子之间不怠慢礼节的好方法。”

简评

司马光强调，在教育子女的过程中，父亲不能娇惯溺爱子女，不能随便逾越礼节，而应该有礼有节，遵循礼法。正所谓“爱之而不露声色，使之而不行于色，遵之以道而不强人所难”，这才是父亲与子女之间最和谐的相处模式。一方面，父慈子孝，才能享受天伦之乐；另一方面，长幼有序，才能合乎传统礼法。司马光旁征博引，通过历史名人教育子女的实践或观点，三言两语就阐述清楚了家庭之中父亲与子女的角色定位。

08

父教篇：人爱其子，当教子成人

石碏谏卫庄公曰：“臣闻爱子，教之以义方，弗纳于邪（误入歧途）。骄奢淫泆，所自邪也。四者之来。宠禄过也。”自古知爱子不知教，使至于危辱乱亡者，可胜数哉！夫爱之，当教之使成人，爱之而使陷于危辱乱亡，乌在其能爱子也？人之爱其子者，多曰：“儿幼未有知耳，俟其长而教之。”是犹养恶木之萌芽，曰：“俟其合抱而伐之。”其用力顾不多哉！又如开笼放鸟而捕之，解缰放马而逐之，曷若勿纵勿解之为易也。

《曲礼》：幼子常视毋（不要）诳欺。立必方正，不倾听。长者与之提携，则两手奉长者之手，负剑辟咡诏之，则掩口而对。

《内则》：子能食食，教以右手。能言，男唯（男性专用应答词）女俞（女性专用应答词）。男鞶革，女鞶丝。六年，教之数与方名。七年，男女不同席，不共食。八年，出入门户及即席饮食，必后长者，始教之让。九年，教之数日。十年，出就外傅，居宿于外，学书计。十有三年，学乐，诵诗，舞勺。十有五年，成童舞象，学射御。

曾子之妻出外，儿随而啼。妻曰："勿啼，吾归为尔杀豕。"妻归以语曾子，曾子即烹豕以食儿曰："毋教儿欺也。"

今译

石碏劝谏卫庄公："我听说，父亲如果疼爱他的子女，就应该教导他们做人的正道，不让他们走上邪道。骄横奢侈也好，淫乱放纵也好，最终都会误入歧途。如果有骄奢淫逸这四种习惯，一定是太过溺爱导致的。"古往今来，很多父亲都知道疼爱自己的子女，却不知道如何教育子女，最终让他们危及他人，自取灭亡，这样的例子还少吗？疼爱子女，就应该教育他们，培养他们长大成人。疼爱子女，却让他们误入歧途，又如何能称之为真正的疼爱呢？那些疼爱子女的人经常说："孩子还小，不懂事，等他们长大了再教育也不迟。"这就好像栽种了一棵歪脖子树苗，想等到树木长大之后再来修建，那样岂不是要花费更大的力气？又好比把鸟笼子打开，让鸟儿飞走，再去捉它回来；又好比松开缰绳，放走马儿，再去追它回来，早知如此，还不如事先就不放开他们呢？

就像《礼记·曲礼》说的："对小孩子来说，要常常关注他，教育他，不要在他面前撒谎、欺骗。"

又说："要让孩子从小就养成好习惯，站立的时候一定要中正，倾听的时候不要歪着身子。"

又说："如果长辈跟你握手，你要用双手捧着长辈的手。如果长辈俯下身子与你交谈，你要用手遮住自己的嘴，然后再毕恭毕敬地说话。"

就像《礼记·内则》说的："当孩子到了自己吃饭的年龄，父母就要教会他们如何用右手拿筷子；到了学说话的年龄，就要教会他们如何礼貌应答，男孩答'唯'，女孩答'俞'。他们携带的佩囊，男孩用皮革的，女孩用丝绸的，各自象征着武术和针线。六岁的时候，要教会他们数数，还要让他们记住东南西北这些方位名称；七岁的时候，要教会他们男女不同席而坐，不能在一起吃东西；八岁的时候，要教会他们遵循谦让之礼，出入门户和上炕用餐都要跟在长者身后；九岁的时候，教会他们有关朔望和天干地支的知识；十岁的时候，男孩要外出拜师学习，在外住宿，学习六书九数；十三岁的时候，要让他们开始学习音乐、诗书、文舞等；十五岁的时候，就要开始学习武术、射箭以及驾驭车马等。”

曾子的妻子去外面办事，儿子一路跟着她，一边走，一边哭。妻子说：“别哭了！等我回来就杀猪给你吃猪肉。”妻子回家后，将此事告诉了曾子。曾子当即杀猪煮肉给儿子吃。他说：“我真的杀了猪给他吃，就是为了教育他不要说谎骗人。”

简评

司马光深知，孩童时期具有很强的模仿能力，但辨别是非善恶的能力却比较弱。因此，他提出父母应该尽可能在儿童期的子女面前展现自己的正面形象，这就是“尝示以正物，以正教之”的观点。他还列举了古时候曾参的例子，就这一点来说，曾参堪称父母教育子女的典范。司马光正是借用曾子的这个故事来提醒为人父母者，要在儿童面前慎言谨行，不要给儿童造成不良的影响。

09

天性篇：教妇初来，教儿婴孩

贾谊言："古之王者，太子始生，固举以礼。使士负之，过阙则下，过庙则趋，孝子之道也。故自为赤子而教固已行矣。提孩有识，三公三少，固明孝仁礼义，以道习之，逐去邪人，不使见恶行。于是皆选天下之端士，孝弟博闻有道术者，以卫翼之，使与太子居处出入。故太子乃生而见正事，闻正言，行正道。左右前后，皆正人也。夫习与正人居之，不能毋正，犹生长于齐，不能不齐言也。习与不正人居之，不能毋不正，犹生长于楚，不能不楚言也。"

《颜氏家训》曰：古者圣王子生孩提，师保固明（说明、教育）仁孝礼义，导习之矣。凡庶（庶民，黎民百姓）纵不能尔，当及婴稚，识人颜色，知人喜怒，便加教诲，使为则为，使止则止。比及数岁，可省笞罚。父母威严而有慈，则子女畏慎而生孝矣。吾见世间，无教而有爱，每不能然。饮食运为，恣其所欲，宜诫翻（反）奖，应呵反笑，至有识知，谓法当尔。骄慢已习，方乃制之，捶挞至死而无威，忿怒日隆而增怨。逮于长成，终为败德。孔子云："少成若天性，习惯如自然"是也。谚云："教妇初来，教儿婴孩。"诚哉斯语！

凡人不能教子女者，亦非欲陷其罪恶。但重于诃怒，伤其颜色，不忍楚挞惨其肌肤尔。当以疾病为喻，安得不用汤药针艾救之哉？又宜思勤督训者，岂愿苛虐于骨肉乎？诚不得已也。

王大司马母卫夫人，性甚严正。王在湓城，为三千人将，年逾四十，少不如意，犹捶打之，故能成其勋业。

今译

汉朝年间的贾谊曾说："古时候的君王在太子刚生下来，就给他示范合乎礼法的行动。让人抱着他，经过宫阙的时候，要下来表示礼数；经过庙堂的时候，要小步快速走过。这才是培养孝子的方式！故而，君王对待自己的后代，当他们还是婴儿的时候，就开始教育他们。太子刚刚懂事，就请来太师、太傅、太保三公以及少保、少傅、少师三少来教导他，让他懂得孝、仁、礼、义等道理。用道来教育太子，赶走那些心术不正之人，不让太子看见那些道德败坏的行径。于是，精心挑选天底下品性端正之人、讲究孝道之人、知识渊博之人以及有德行之人来教育他、辅佐他。这些人与太子一同居住和出入。于是，从出生的时候起，太子看见的都是有德行的事情，听到的都是合乎道义的言语，所走的也是正途，因为他周围全都是正人君子。其实道理再简单不过，每天与正人君子相处，自己也会成为正人君子。就好像一个人自幼在齐地长大，怎么可能不会说当地的方言；就好像每天与邪恶的人为伍，当然也会成为邪恶之人；就好像你自幼在楚地长大，怎么可能不会说当地的方言。"

《颜氏家训》说过：古时候那些帝王圣贤，当他们还是婴孩的时候，就让少师或少保来教授他们仁、义、礼、孝。虽然寻常百姓不能像帝王之家一样，但也应该当孩子还很小的时候，也就是在他懂得识人颜色、分辨人的喜怒哀乐的时候就教导他，让他做什么他就去做什么，不让他做什么他就不去做什么。如此教育几年后，即使不使用任何体罚手段，父母也会既有威严，又有慈爱，子女也会因这份敬畏之心而萌生孝心。然而，我看人世间的许多人，只知道爱子女，却不知道如何教育子女，根本做不到上述这些。孩子的饮食起居或言行举止都随心所欲。孩子犯了错误应该惩罚他的时候却夸奖，应该苛责他的时候却嬉笑，等孩子长大懂事之后，就会误认为礼法本应如此。到那时候，孩子早就养成了骄傲怠慢的习惯，这时大人再来管教、约束他，就算打死他也无济于事，不但无法助长长辈的威信，反而会让孩子内心的怨愤一天天滋长，开始怨恨父母。等孩子长大成人之后，他也不会拥有美好的德行。就像孔夫子说的："小时候养成的习惯就如同人的天性一样，教育孩子要从他还很小的时候就开始。"就像谚语说的："新妇初来就应该告诉她家中的规则，婴儿刚刚出生就应该开始教育。"所言甚是！

有的人不能教育好自己的子女，也不是存心想让子女误入歧途，只是不想让子女因自己的责备而心生愧疚，也不忍心责打子女让他们遭受皮肉之苦。不妨用人生病来打个比方，人生病了，难道不应该用汤药、针砭、艾熏等手段来治疗吗？反过来想象，那些勤于教导、督促孩子的人，难不成他们真的愿意看到孩子受苛责打骂吗？实在是情非得已才这么做的。

大司马王僧辩的母亲魏太夫人，品行庄重严苛，当年王僧辩在湓城（今九江）担当军职，位高权重，也已经四十多岁了。然而，每当他为人处世稍有差池，魏太夫人还是会责打他，王僧辩也因此才能成就一番伟业。

简评

司马光认为，不要念及孩子年幼无知就不对他进行教育，父母在子女婴幼儿时期对其进行的教育与培养会变成他天性的一部分，伴随其一生，这也与孔子"少成若天性，习惯如自然"的观点一脉相承。为人父母者，当爱而不溺，用正确的方式督促、引导孩子走上一条正道。司马光引经据典，言辞恳切，循循善诱，为人父母的切身体会也呼之欲出。

10

为母篇：母慈，母败子

为人母者，不患不慈，患于知爱而不知教也。古人有言曰："慈母败子。"爱而不教，使沦于不肖，陷于大恶，入于刑辟，归于乱亡。非他人败之也，母败之也。自古及今，若是者多矣，不可悉数。

周大任之娠文王也，目不视恶（不好的）色，耳不听淫声，口不出傲言。文王生而明圣，卒为周宗。君子谓大任能胎教。古者妇人任子，寝不侧，坐不边，立不跸（用单腿），食不邪味，割不正不食，席不正不坐，目不视邪色，耳不听淫声，夜则令瞽（盲人）诵诗道正事。如此，则生子形容端正，才艺博通矣。彼子尚未生也，固已教之，况已生乎？

孟轲之母，其舍近墓。孟子之少也，嬉戏为墓间之事，踊跃筑埋。孟母曰："此非所以居之也。"乃去。舍市傍，其嬉戏为炫卖之事。孟母又曰："此非所以居之也。"乃徙舍学宫之傍，其嬉戏乃设俎豆，揖让进退。孟母曰："此真可以居子矣。"遂居之。孟子幼时，问东家杀猪何为。母曰："欲啖（给……吃）汝。"既而悔曰："吾闻古有胎教，今适有知而欺之，是教之不信。"乃买猪肉食。既长就学，遂成大儒。彼其子尚幼也，固已慎其所习，况已长乎？

太子少保李景让母郑氏，性严明，早寡，家贫，亲教诸子。久雨，宅后古墙颓陷，得钱满缸。奴婢喜，走（跑）告郑。郑焚香祝曰："天盖以先君馀庆（功德），悯妾母子孤贫，赐以此钱。然妾所愿者，诸子学业有成，他日受俸，此钱非所欲也。"亟命掩之。此唯患其子名不立也。

今译

作为他人的母亲，不慈祥不要紧，就怕只知道疼爱孩子却不知道如何教育孩子。古人常说:“慈母败子。”如果母亲只是一味地溺爱孩子却不知道教育孩子，就会让孩子成为坏人，做出种种恶劣的行迹，最终遭受惩罚，自取灭亡。并不是其他人毁了他，恰恰是他的母亲害了他。古往今来，这样的事例实在是太多了，不胜枚举。

周文王的母亲怀着周文王的时候，眼睛从来不看丑陋的事物，耳朵从来不听靡靡之声，嘴里从来不说戏虐调侃的言语。因此，文王一生圣明贤达，最终成为一代圣主，开创了周朝的丰功伟业。很多有才德的人认为，妇女怀孕的时候应该进行胎教。古代妇女怀孕的时候不能侧卧着睡觉，不能坐在靠边的地方，不能单只腿站立，不能吃乱七八糟的食物。不吃切得不端正的食物，不坐铺得不端正的炕席，眼睛不看丑陋的事物，耳朵不听靡靡之音。晚间让盲人朗诵诗歌，正襟危坐，谈论正事。这样一来，生下来的婴儿体貌端正，才华卓越。人家的孩子尚未出世就开始教育了，更何况出生以后呢?

孟轲母亲的家在一处临近墓地的地方，小时候，孟轲常常玩一些挖坟墓、埋死人的游戏，还玩得很投入。孟母就说:“这个地方不适合居住。”于是就搬家了，迁居到集市附近，于是孟轲又模仿着商贩开始四处吆喝、叫卖。孟母说:“这个地方也不适合居住。”又把家搬到了学校附近。于是，孟子开始玩一些有关祭祀、揖让、进退等礼仪方面的小游戏。孟母见了很开心，说:“这个地方才适合居住。”于是，就在那里安心定居下来。小时候，孟子问母亲，为什么邻居要杀猪，母亲回答:“给你吃肉。”话音未落，孟母就后悔了，心想:“听说古人都很注重胎教，孩子现在刚懂事，我就说谎骗他，这是在教他不诚实。”孟母为了向孟子证明自己说话算话，就买了猪肉给他吃。孟子长大后勤于读书，最终成了知识渊博的学问大家。在孟子年幼的时候，孟母就认真培养他的好习惯，更何况是他长大懂事后呢？

太子少保李景的母亲郑氏性情严肃，年纪轻轻就成了寡妇，家境很清贫，但她亲力亲为教育子女。有一次，下了很长一段时间的雨，房屋后面的那面古墙倒塌了，露出了满满一缸钱币。奴婢发现后很高兴，赶紧跑去告诉郑氏。郑氏连忙烧香祷告说："也许是因为孩子父亲生前积德，老天爷可怜我们孤儿寡母生活贫困，才赏赐这些钱给我们。然而我希望孩子们能学有所成，以后靠做官获得俸禄，我并不想要这些钱。"说罢，她让奴婢将这些钱掩埋起来。郑氏之所以这么做，就是担心儿子以后不能成就一番功名。

简评

司马光注意到，父母在家庭教育中扮演着重要角色，但是母亲亲自教育子女，却很容易出现溺爱、娇惯的现象。古人有云："慈母败子"，说的就是母亲亲自教育子女，不必害怕做母亲的不疼爱子女，而要担心做母亲的只知一味地疼爱子女，却不知道该如何教育子女。因此，为人母者，不可溺爱娇惯，而要做到爱而有教，这才是真正的慈母、严母。

11

严母篇：不孝之子，非吾子也

晋太尉陶侃，早孤贫，为县吏番阳，孝廉范逵尝过侃，时仓卒无以待宾。其母乃截发，得双髮以易酒肴。逵荐侃于庐江太守，召为督邮，由此得仕进。

后魏钜鹿魏缉母房氏，缉生未十旬，父溥卒，母鞠育（抚养、养育），不嫁，训导有母仪法度。缉所交游，有名胜者，则身具酒馔；有不及己者，辄屏卧不餐，须其悔谢，乃食。

唐侍御史赵武孟，少好田猎，尝获肥鲜以遗母。母泣曰："汝不读书，而田猎如是，吾无望也！"竟不食其膳。武孟感激勤学，遂博通经史，举进士，至美官。

天平节度使柳仲郢母韩氏，常粉苦参黄连，和以熊胆，以授诸子，每夜读书，使噙之以止睡。

齐相田稷子受下吏金百镒，以遗其母。母曰："夫为人臣不忠，是为人子不孝也。不义之财，非吾有也。不孝之子，非吾子也。子起矣。"稷子遂惭而出，反其金而自归于宣王，请就诛。宣王悦其母之义，遂赦稷子罪，复其位，而以公金赐母。

汉京兆尹隽不疑，每行县录囚徒还，其母辄问不疑："有所平反，活几何人也？"不疑多有所平反，母喜笑，为饮食，言语异于它时。或亡（无）所出，母怒，为不食。故不疑为吏严而不残。

今译

晋朝太尉陶侃从小就死了父亲，家境贫寒，他在番阳担任县吏的时候，孝廉范逵去他家中做客，一时间家里没有招待客人的东西。他的母亲就剪掉头发换回酒水、菜肴，招待宾客。后来，范逵把陶侃推荐给了庐江太守，太守任命陶侃担任督邮，从此，陶侃仕途高进。

后魏年间，钜鹿魏缉的母亲房氏，魏缉生下来还不到一百天，他的父亲魏溥就死了。魏母为了抚养魏缉，没有改嫁。魏母教育孩子注重礼数、法度。如果魏缉在外面结交的朋友名声很好，来到家中做客，魏母就亲自为其准备酒菜，招待他们；如果是品性不佳的人，她就在屏风后面睡觉，也不出来吃饭，必须等到儿子事后表示悔恨，向她谢罪，她才同意吃饭。

唐朝的侍御史赵武孟年轻的时候很喜欢打猎。有一次，他捕到了一些鲜嫩肥美的猎物，将其献给母亲。然而，母亲非但不高兴，还哭着说："你不读书，还整天打猎，我没有指望了！”于是，她拒绝吃饭。母亲的教诲让武孟很感动，他开始用功读书，最终精通经史，高中进士，还做了大官。

天平节度使柳仲郢母韩氏，经常把苦参、黄连、熊胆浸泡在一起，交到几个儿子手里。到了晚上读书的时候，她就让儿子把这些东西含在嘴里，通过这个方式避免他们犯困、打瞌睡。

齐国的丞相田稷子接受了下属送来的一百镒金子，交给了母亲。母亲说：“为人臣子，却不忠诚，这等同于为人子却不孝顺。我不要你的这些不义之财。你这个不孝子不再是我的儿子，你走吧！”田稷子羞愧难当，离开了家，还给属下那一百镒金子，又去齐宣王那里，恳请君王杀他的头治罪。他母亲的深明大义，齐宣王很是欣赏，于是赦免了他的罪责，仍然让他担任原来的职位，还从国库里取出一些金子赐给他的母亲。

汉京兆尹隽不疑每次前去检查登记囚犯，回到家中，他的母亲总会问他：“这一次有没有囚犯平反，你救了几个被冤枉的人？”如果隽不疑为很多人平反了，他的母亲就很高兴，吃起饭来有说有笑，说话的声音也跟平日里不一样了。有时候，隽不疑说没有人得到平反，他的母亲就不太高兴，甚至不愿吃饭。也正因如此，隽不疑作为官吏，虽然很严格，但是不残忍。

简评

在家庭教育中，母亲从孩子的孕育、降生到养育，一直陪伴在孩子身边，在子女的教育过程中扮演着重要的角色。本篇中，司马光列举了多个母亲教子的小故事，她们无一不是从严教子的成功典范。

12

子妇篇：不孝不慈，其罪均也

《内则》曰："子妇未孝未敬，勿庸疾怨，姑教之。若不可教，而后怒之。不可怒，子放妇出而不表礼焉。"

君子之所以治其子妇，尽于是而已矣。今世俗之人，其柔懦者，子女之过尚小，则不能教而嘿藏之。及其稍着，又不能怒而心恨之。至于恶积罪大，不可禁遏，则暗呜郁悒，至有成疾而终者。如此，有子不若无子之为愈也。其不仁者，则纵其情性，残忍暴戾，或听后妻之谗，或用嬖宠之计，捶扑过分，弃逐冻馁，必欲置之死地而后已。《康诰》称："子弗祗（zhī）服（恭敬、谨慎地奉行）厥父事，大伤厥考心。于父不能字（抚养教育）厥子，乃疾（仇恨）厥子。"谓之元恶大憝（duì，坏、恶）。盖言不孝不慈，其罪均也。

今译

《内则》说："儿子与儿媳不孝顺、不恭敬，用不着怨恨，而应当耐心地教导他们。如果他们不听从教导，再斥责他们。如果斥责了依旧如故，就把儿子、儿媳赶出家门，但也不用明确地告知是他们违背了礼数。"

君子治理儿子、儿媳，用的就是这个办法。如今的世俗之人中，那些怯懦无能的父辈，在儿子、儿媳犯小错的时候，不能及时教育他们，却竭力掩盖错误。等他们犯的错误越来越大时，父母又不能发怒并斥责他们。等到子女罪大恶极，到了不能遏制之时，父母开始抑郁愁苦，甚至有人因此而积郁成疾，最终死去。要是这样，有儿女还不如没有儿女。同时，有的父亲不仁不义，放纵自己的性情，对待儿女残忍暴虐，有的听信后妻的谗言，有的选用亲信的计谋，过分地责打儿女，或者把儿女赶出家门，让他们忍饥挨饿，想要置他们于死地才肯罢休。《康诰》说："儿女不孝顺父亲，就会让父亲伤心；父亲不能抚养他的儿女，就是仇恨自己的儿女。"这句话的大概意思就是说不孝与不慈，都是一样的罪恶。

简评

本文中，司马光没有因长幼尊卑之序而将父亲摆在高高在上的位置，而是理性地指出：只有父慈子孝才能家庭和谐、人丁兴旺；反之，"父不慈"与"子不孝"都是罪恶。子不孝，就会大大地伤了父亲的心；父不慈，不能养育儿女，就会导致孩子们的仇恨。司马光的这种观点在一定程度上摆脱了传统思想中的三纲五常，闪现出理性思维的光辉。

13

操守篇：性贤明，有节操

吴司空孟仁尝为监鱼池官，自结网捕鱼作鲊（zhǎ，一种用盐和红曲腌制而成的鱼）寄母。母还之曰："汝为鱼官，以鲊寄母，非避嫌也！"

晋陶侃为县吏，尝监鱼池，以一坩鲊遗母。母封鲊责曰："尔以官物遗我，不能益我，乃增吾忧耳。"

隋大理寺卿郑善果母翟氏，夫郑诚讨尉迟迥，战死。母年二十而寡，父欲夺其志。母抱善果曰："郑君虽死，幸有此儿。弃儿为不慈，背死夫为无礼。"遂不嫁。善果以父死王事，年数岁拜持节大将军，袭爵开封县公，年四十授沂州刺史，寻为鲁郡太守。母性贤明，有节操，博涉书史，通晓政事。每善果出听事，母辄坐胡床（交椅），于鄣（屏风）后察之。闻其剖断合理，归则大悦，即赐之坐，相对谈笑；若行事不允，或妄嗔怒，母乃还堂，蒙袂而泣，终日不食，善果伏于床前不敢起。母方起，谓之曰："吾非怒汝，乃惭汝家耳。吾为汝家妇，获奉洒扫，知汝先君忠勤之士也，守官清恪，未尝问私，以身殉国，继之以死，吾亦望汝副其此心。汝既年小而孤，吾寡耳，有慈无威，使汝不知礼训，何可负荷忠臣之业乎？汝自童稚袭茅土，汝今位至方岳，岂汝身致之邪？不思此事而妄加嗔怒，心缘骄乐，堕于公政，内则坠尔家风，或失亡官爵；外则亏天子之法，以取辜戾。吾死日，何面目见汝先人于地下乎？"

母恒自纺绩，每至夜分而寝。善果曰："儿封侯开国，位居三品，秩俸幸足，母何自勤如此？"答曰："吁！汝年已长，吾谓汝知天下理，今闻此言，故犹未也。至于公事，何由济乎？今此秩俸，乃天子报汝先人之殉命也，当散赡六姻（六亲），为先君之惠，奈何独擅其利，以为富贵乎？又丝枲纺绩，妇人之务，上自王后，下及大夫士妻，各有所制，若堕业者，是为骄逸，吾虽不知礼，其可自败名乎？"

自初寡，便不御脂粉，常服大练，性又节俭，非祭祀宾客之事，酒肉不妄陈其前；静室端居，未尝辄出门阁。内外姻戚有吉凶事，但厚加赠遗，皆不诣其门。非自手作，及庄园禄赐所得，虽亲族礼遗，悉不许入门。善果历任州郡，内自出馔，于衙中食之，公廨所供皆不许受，悉用修理公宇及分僚佐。善果亦由此克己，号为清吏，考为天下最。

今译

三国时期，东吴的司空孟仁曾担当监鱼池官，他亲自结网捕鱼，又把捕捉到的鱼制作成腌鱼，寄给他的母亲。母亲把鱼还给他，说："你是鱼官，却寄腌鱼给你的母亲，这不是避嫌的做法！"

晋朝年间，陶侃担当县吏，曾经监管鱼池，他寄了一些腌鱼给他的母亲。他的母亲把腌鱼存放起来，责备他："你送给我公家的东西，非但对我没有好处，反而会增添我的忧虑。”

隋朝年间，大理寺卿郑善果的母亲翟氏，她的丈夫郑诚前去征伐尉迟迥战死了。翟氏才二十岁就开始守寡。父亲让翟氏改嫁，她抱着儿子善果，说：“虽然郑君死了，但是幸亏留下了一个儿子。抛弃儿子是不慈爱的，背叛逝去的丈夫是无礼的。”她没有再嫁。因为父亲为国捐躯，善果才几岁就被册封为持节大将军，继承了开封县公的爵位，四十岁时出任沂州刺史，后来又当上了鲁郡太守。善果的母亲性情贤淑，很有操守，博览群书，熟知政事。每次善果外出处理公务，母亲就坐在胡床上，或者躲在屏风后面，暗暗观察。每当听到儿子的分析、裁决合乎情理，她就很高兴，回到家中，让儿子坐在身边，母子俩说说笑笑；如果儿子处理得有失公允，或者无缘无故发火，等回到家之后，母亲就掩面而哭，整整一天都吃不下饭。善果在母亲床前跪下，不敢起身。母亲说：“我并不是冲你发火，而是为郑家感到羞愧罢了。我是郑家的媳妇，在郑家洒扫侍奉，深知你父亲是忠诚勤奋之人，为官清廉，从来没有营私，最后还为国捐躯，我希望你能继承你先父的遗志。你幼年丧父，我丧夫守寡，有慈爱之心，却没有威严，如果不懂礼数，又如何能担任忠臣的事业呢？当你还是孩童的时候，你就继承了爵位，如今成为地方官，难道这是你通过努力得到的吗？没有好好想想这些事，却妄自发火，心里惦记着骄奢淫逸，却怠慢了公务。对于家庭而言，你败坏了家风，甚至可能因此失去官位和爵位；在外面，你违背了天子制定的法度，是自取灭亡。我死了之后，哪里有颜面去见你地下的父亲呢？”

善果的母亲常常纺纱织布到深夜才去睡觉。于是，善果问：“我封侯开国，位及三品，俸禄也很丰厚，为什么母亲还要这么操劳？”母亲说：“唉！你年纪也不小了，我以为你已经懂得这其中的道理了。现在听了你的话，才知道你还是不懂。你这个样子，又哪里能把公务干好呢？你如今所得的俸禄是君王在回报你父亲为国捐躯，故而你应该把这些好处与六亲分享，以此表示你父亲的恩惠，为什么你只想着独自享受好处，谋求自己的富贵呢？再说了，纺纱织布是妇女的天职，上至王后，下至士大夫的妻子，都有自己的事务。如果不再纺纱织布，那就是贪图安逸。虽然我不知道礼法，但又怎能败坏郑家的名誉？”

自从开始守寡，翟氏就不再涂脂抹粉，总是穿着粗布衣服。她生性俭省，除了祭祀典礼或宴请宾客之外，一般都不吃酒肉。平日里，她总是独自一人静静地待在家里，不曾离开房门一步。家里家外的亲戚有了吉凶之事，她总会馈赠厚礼，但从来不亲自登门。如果不是亲自制成的东西，或者田园生产、君王赏赐之物，哪怕是亲朋好友赠送的礼品，她都不允许拿进家里。善果在各地担任州郡长官，都是在家做饭，再拿去衙门里吃，官署提供的食物全部拒绝，只是用来修缮官舍，或者分给下属。因此，善果也能克己奉公，被称为清官，在考评中也成了全国最好的官吏。

简评

司马光很重视家庭教育，他主张父母要慈爱，也要不失威严，这样才能让子女懂礼数，有孝义。司马光在本文讲述了三则故事，其中孟仁、陶侃、郑善果的母亲都是秉性贤明、有操守的妇女。正是在母亲的言传身教之下，孟仁、陶侃、郑善果才学会了为人做官，成为人们所称道的好官。

14

子篇：百善孝为先

《孝经》曰：“夫孝，天之经也，地之义也，民之行也。天地之经而民是则之。”又曰：“不爱其亲而爱他人者，谓之悖德；不敬其亲而敬他人者，谓之悖礼。以顺则逆，民无则焉。不在于善，而皆在于凶德，虽得之，君子不贵也。”又曰：“五刑之属（属于，下属的罪状）三千，而罪莫大于不孝。”

孟子曰：“不孝有五：惰其四支（四肢），不顾父母之养，一不孝也；博弈好饮酒，不顾父母之养，二不孝也；好财货私妻子，不顾父母之养，三不孝也；从耳目之欲，以为父母戮（让……羞耻），四不孝也；好勇斗狠，以危父母，五不孝也。”夫为人子而事亲或有亏，虽有他善累百，不能掩也。可不慎乎！

《孝经》曰：“君子之事亲也。居则致其敬，养则致其乐，病则致其忧，丧则致其哀，祭则致其严。”

今译

《孝经》说过：“孝顺是天经地义的事情，是人们本能的自然行为。孝顺是天地间的规律，是人人都要遵循的。”《孝经》又说：“不喜爱自己的至亲，反而去喜爱其他人，这是有悖于道德的；不敬重自己的父母，反而去敬重其他人，这是有悖于礼法的。君王教导他的子民要敬重、爱戴自己的父母，有人却违背了道德与礼法，这些人哪怕是小人得志，君子也不认为他是尊贵的。”还说：“五种刑罚包括了三千条罪状，其中最大的罪状就是不孝。”

孟子说：“不孝顺分为五种情况：好逸恶劳，不想着父母养育自己的恩情，这是第一种不孝；沉迷赌博、酗酒，不顾念父母的养育情，这是第二种不孝；贪恋财物，只顾及妻儿，不顾及父母的养育恩情，这是第三种不孝；只顾着寻欢作乐，让父母蒙羞，这是第四种不孝；到处打架滋事，危及父母的安全，这是第五种不孝。”为人子女，如果没有竭尽所能地侍奉父母，哪怕他有再多的优点，也不足以掩饰他的过错。所以为人子女，怎能不谨小慎微呢？

《孝经》说：“君子侍奉父母，平日里居家要尽可能恭恭敬敬；赡养父母，要让父母感到快乐；父母生病了，要为他们担忧；父母去世了，要为他们哀悼；祭祀父母，要庄重严肃。”

简评

儒家产生于先秦时期，尤其重视养亲的孝悌之道。孔子的弟子子夏就说过：“事父母，能竭其力。”言下之意，即要竭尽全力地侍奉父母，这是子女养亲方面要遵循的基本标准。文中，司马光对子女供养父母提出了更具体的要求，他引用《孟子》中“不孝有五”的观点，说明五种不孝的行为之中有三种是没有在经济上供养父母，满足父母衣食住行等方面最基本的要求。

15

恭敬篇：养而不恭，与养犬马无异

孔子曰：“今之孝者，是谓能养。至于犬马，皆能有养。不敬，何以别乎？”《礼》：子事（侍奉）父母，鸡初鸣，咸盥漱，盛容饰，以适父母之所。父母之衣衾簟（diàn，指蕲竹所制竹席、凉席）席枕几不传，杖履祗敬之，勿敢近；敦牟（黍稷器，装谷物的饭碗）卮匜（酒具），非馂莫敢用。在父母之所，有命之，应唯敬对。进退周旋慎齐，升降出入揖逊。不敢哕噫（打嗝）、嚏咳、欠伸、跛倚、睇（dì，斜着眼睛看）视，不敢唾洟。寒不敢袭，痒不敢搔，不有敬事，不敢袒裼，不涉不撅。

为人子者，出必告，反必面。所游必有常，所习必有业，恒言不称老。

又，为人子者，居不主奥，坐不中席，行不中道，立不中门，食飨不为概，祭祀不为尸。听于无声，视于无形。不登高，不临深，不苟訾（zǐ，说别人坏话，诋毁），不苟笑。孝子不服暗，不登危，惧辱亲也。

今译

孔子说："现今那些所谓的孝子，只是算得上能赡养父母。但是家里的狗、马不也被养着吗？如果赡养父母却不表现出恭敬的态度，那与养狗、养马又有何区别？"《礼记》有云：子女侍奉父母，鸡鸣之时就要起床洗漱，穿戴整洁，去拜见父母。不能随便乱动父母的衣服、被褥、炕席、枕头等，就连父母的拐杖、鞋子等，也要恭敬地对待，不能随意靠近。父母使用的器皿、酒具，要等父母使用完毕之后，子女才能使用。在父母的居所，父母有任何吩咐，都要毕恭毕敬地应答。进退周旋，态度要庄严慎重，举止要谦和有礼，不能无所顾忌地打嗝、打喷嚏、咳嗽、打哈欠、伸懒腰、跛足而行、斜靠、歪斜着眼睛看人或事物，也不能随地吐痰、擤鼻涕。哪怕很冷，也不能在衣服外面再套一件衣服；哪怕很痒，也不能挠痒。如果没有得到父母的允许，不能随意脱掉外衣。要把自己的衣服穿戴整齐，不要拖拖拉拉，也不能随意撩起来。

为人子，外出要向父母告辞，回家要向父母请安。出游必须遵循规矩，学习必须有所成就，说话不能拿腔拿调。

《礼记》还说过：为人之子，不能住在西南角尊长居住的房间里，不能坐在正中央，走路也不能走在正中央，不能站立在门的正中央，吃饭不可挑三拣四，祭祀的时候不能担当受祭者并接受他人的礼拜。要专心倾听他人的意见，不要随便插嘴；要学会识人颜色，通情达理，善解人意。为人之子，不能登高处，亦不能临深渊，不能冒险，不能随意辱骂他人，不能随意调笑。身为孝子，不在暗地里行事，不去危险的处所，要警醒自己的言行有辱父母。

简评

司马光认为，一个家庭的最高权威就是父母，身为子女，必须敬重父母。就像《周易》所云：“家长有严君焉，父母之谓也。”社会上有的人认为孝道就是在经济上供养父母，对此，司马光引用《论语》中孔子的话予以反驳：“今之孝者，是谓能养。至于犬马，皆能有养。不敬，何以别乎？”意在说明为父母尽孝道不仅仅在于供养，更在于恭敬。他还要求子女在日常生活中无论做任何事都要毕恭毕敬地对待父母。在司马光看来，孝敬双亲主要就是遵循礼仪来侍奉父母，事无巨细地照料父母。

16

侍奉篇：侍奉父母，细致周到

《礼》：子事父母，鸡初鸣而起，左右佩服，以适父母之所，下气怡声，问衣燠寒，疾痛苛痒，而敬抑搔之。出入则或先或后，而敬扶持之。进盥，少者奉盘，长者奉水，请沃盥，盥卒，受巾。问所欲而敬进之，柔色以温之。父母之命，勿逆勿怠。若饮之食之，虽不嗜，必尝而待；加之衣服，虽不欲，必服而待。

又，子妇无私货，无私畜，无私器，不敢私假，不敢私与。

又，为人子之礼，冬温而夏清，昏定而晨省，在丑夷不争。

老莱子孝奉二亲，行年七十，作婴儿戏，身服五彩斑斓之衣。尝取水上堂，诈跌仆卧地，为小儿啼，弄雏于亲侧，欲亲之喜。

汉谏议大夫江革，少失父，独与母居，遭天下乱，盗贼并起，革负母逃难，备经险阻，常采拾以为养，遂得俱全于难。革转客下邳，贫穷裸跣，行佣以供母。便身之物，莫不毕给。建武末年，与母归乡里，每至岁时，县当案比，革以老母不欲摇动，自在辕中挽车，不用牛马。由是乡里称之曰："江巨孝"。

今译

《礼记》说过：子女侍奉父母，鸡鸣之时就要起床洗漱，穿戴整齐，去往父母居室。到了那里，要和颜悦色，嘘寒问暖。如果父母有疾病痛痒，就要恭敬地想尽办法祛除。如果与父母一同出入，要么在前面引路，要么在后面服侍，要恭敬地搀扶双亲。扶着父母进入洗漱间，年龄小的子女快速端来脸盆，年龄大的子女为父母倒水，请父母洗脸。洗完脸，递给父母毛巾，再耐心地询问父母还需要什么，及时奉上，还要用谦和柔顺的态度安慰父母。父母有任何吩咐都不能违背，也不能敷衍了事。如果父母让你吃喝，哪怕不合你的胃口，也必须吃一些，听从父母的吩咐；如果父母给你衣服穿，哪怕不合你的心意，也要先穿上，等父母让你脱下，你才能脱。

《礼记》又说：儿子、儿媳都不能私自积蓄钱财，不能拥有专属的用具器皿，不能私自向他人借物品，不能私自将家里的物品送给他人。

《礼记》还说过：为人子女，应该遵循这些礼数：冬天，要给父母暖被窝；夏天，要将父母的卧席扇凉；夜间，要给父母铺好床褥；晨间，要前去给父母请安；兄弟姐妹之间不能起争执。

老莱子恭恭敬敬地侍奉双亲，虽然将近七十岁，却还耍婴孩的把戏。他穿着五颜六色的花衣服，端着水去厅堂，假装跌倒，扑倒在地，又模仿孩子啼哭的样子，还在父母身边逗弄幼儿，就是想哄父母开心。

东汉的谏议大夫江革年少丧父，与母亲一同居住。当时天下大乱，到处是盗贼，江革背着母亲逃难，路上遭遇各种困难，经常摘野菜供养母亲，母亲因此存活下来。江革在下邳客居，自己穷得穿不起鞋子，常常赤脚做雇工来供养母亲。母亲所需之物，莫不全部供给。建武末年，同母亲回归故乡，每到岁时节会，县里便案验户口，因为路途颠簸，担心母亲受累，就不用牛马，亲自驾辕拉车，乡里乡亲称他为“江巨孝”。

简评

在司马光看来，为人子女，尽孝最基本的内容就是每日按时向父母请安，耐心细致地照料父母的饮食起居，关心父母的身体状况。他在文中列举了老莱子和江革的故事，以阐明自己的观点。老莱子年近七十，仍故做小儿之态，只为博父母一笑；江革挖野菜、用肉身驾辕拉车，这份孝心都是司马光所推崇的。

17

祭祀篇：孝子祭祀，庄严肃穆

古之祭礼详矣，不可遍举。孔子曰：“祭如在（活着）。”君子事死如事生，事亡如事存。斋三日，乃见其所为斋者。祭之日，乐与哀半，飨（xiǎng，用酒食招待客人，泛指请人享用）之必乐，已至必哀，外尽物，内尽志。入室然必有见乎其位；周还出户，肃然必有闻乎其容声；出户而听，忾然（kài rán，叹息的样子）必有闻乎其叹息之声。是故先生之孝也，色不忘乎目，声不绝乎耳，心志嗜欲不忘乎心。致爱则存，致悫（què，诚实、谨慎）则著，著存不忘乎心，夫安得不敬乎？齐齐乎其敬也，愉愉乎其忠也，勿勿诸其欲其飨之也。《诗》曰：“神之格思，不可度思，矧（shěn，况且）可斁（dù，败坏）思。”此其大略也。

孟蜀太子宾客李郸，年七十馀，享祖考，犹亲涤器。人或代之，不从，以为无以达追慕之意。此可谓祭则致其严矣。

今译

古代祭祀的礼仪很详细，不能一一列举。孔子说："祭祀就如同死人复活过来一般。"也就是说，君子为死者祭祀，要像侍奉还在世的人一样。斋戒持续三天，然后祭拜斋戒时祭祀的亡灵。到了祭祀的日子，欢乐与哀痛的情绪各自占据一半，必须高高兴兴地为亡灵供饭，但自己内心务必要感到哀痛。于外表来说，要竭尽所能地祭祀；于内心而言，必须实心实意。进入安放着灵位的庙宇里，就如同看见自己的先祖坐在那里；祭拜完了，走出门去，仿佛听见了他们说话的声音；出门之后，又仿佛听见了他们的叹息声。因此，所谓的孝敬至亲，就是至亲的形象片刻不离开眼前，至亲的声音片刻不离开耳边，至亲的嗜好片刻不敢忘记。因为这份敬爱之心，至亲永远活在他的心里；因为这份真挚的情感，耳畔、眼前总能清晰地浮现出至亲的音容笑貌。对于这些活在自己心中、浮现在眼前耳畔的至亲，又如何能不心怀尊敬呢？这种恭敬主要体现为动作庄严、态度虔诚、姿态温和、殷勤周到，希望被祭祀的亡灵都能享受到这份心意。就像《诗经》说的"神灵无所不在，不可揣测，稍有不敬就会遭受惩罚"。大意如此。

孟蜀太子的宾客李郸，已经七十多岁了，祭祀他祖父时，还亲自清洗祭祀用的各种器皿。有人想代劳，他不让，认为这样一来就不能寄托自己对祖父的思念。这就是说祭祀的时候要表现出庄严、肃穆。

简评

孔子曾说，对父母尽孝，就要做到"死，葬之以礼，祭之以礼"，祭祀是后人表达对父母、先祖哀思与孝道的重要渠道。司马光认为，子女要祭祀去世的先祖、父母，来表达他们的追念与思慕之情。他认为，首先，祭祀亲人时要恭敬，就如同他们还活着时那样恭恭敬敬；其次，要诚心诚意地为亲人祭祀，表达祭祀者的哀悼。

18

规劝篇：父母有错，耐心劝说

或曰：孔子称“色难”。“色难”者，观父母之志趣，不待发言而后顺之者也。然则《经》何以贵于谏争乎？曰：谏者，为救过也。亲之命可从而不从，是悖戾也；不可从而从之，则陷亲于大恶。然而不谏，是路人。故当不义则不可不争也。或曰：然则争之，能无咈（fú，通“拂”，忤逆）亲意乎？曰：所谓“争”者，顺而止之，志在必于从也。孔子曰：“事父母几谏，见志不从，又敬不违，劳而不怨。”《礼》：父母有过，下气怡色，柔声以谏。谏若不入，起敬起孝。说则复谏；不说，则与其得罪于乡党州闾，宁孰谏。

或曰：谏则彰亲之过，奈何？曰：谏诸内隐诸外者也。谏诸内，则亲过不远；隐诸外，故人莫得而闻也。且孝子善则称亲，过则归己。《凯风》曰：“母氏圣善，我无令人。”其心如是，夫又何过之彰乎？

今译

有人说，孔子认为察言观色很难。之所以说察言观色难，指的是子女要善于观察父母的喜好，在他们发话之前就满足其需求。既然如此，为什么《孝经》又认为谏争很可贵呢？回答说：谏争是为了挽救父母犯下的过错。父母的命令正确而值得遵从，子女却没有遵从，这是子女犯了过失；父母的命令有误，子女不应该服从却服从了，这就会导致父母犯下过失。如果子女不规劝父母，那就好像漠不关心的路人一样，所以当父母言行不义的时候，子女必须犯言直谏。有人说：劝谏父母不就违背了他们的意愿了吗？回答说：“所谓谏争，是在顺乎父母意愿的前提下阻止他们一些不对的做法，而且一定要让他们听从自己的意见。这就像孔子说过的：“子女侍奉父母，他们有什么过错只能婉转地规劝；如果意见没被采纳，仍然要恭恭敬敬的，不能有任何抵触情绪，继续为父母操劳，无怨无悔。”《礼记》说：父母有任何过失，子女都要和颜悦色、柔声下气地劝说。如果父母不愿采纳这些劝谏，子女要更加恭敬，以孝心来感化父母；父母高兴了，子女要再次劝谏；父母不高兴了，为了避免父母得罪乡里乡亲、亲戚朋友，也要坚持不懈地多次劝谏。

有人说：规劝父母会让他们的过失更加彰显，如何是好？回答说：劝谏要在家中，在外人面前就要为父母隐瞒过失。在家中劝谏，就能制止父母的过失；对外隐瞒，就不会让别人知道父母的过失。更何况孝子总是将善行归功于父母，而把过失归咎于自己。就像《凯风》所说：“我的母亲圣贤善良，我却是一个品德不好之人。”如果子女的孝心能达到这个程度，又如何会彰显父母的过失呢？

简评

司马光认为，真正的孝是孝而不失规劝。司马光本人就是一个直言不讳、敢于进谏之人。他曾多次通过“上书”“进谏”等不同形式对君臣的过失予以批评，还借助《道德经》《周易》这些古籍中的典故揭示治乱兴衰的规律。他直言不讳，屡屡受挫，但他从不惮于犯言直谏。在《温公家范》一书中，他将多年来在社会、朝野中的亲身体会移植到家庭道德伦理之中，主张子孙应该做到“孝而不失规劝”，这才是真正的孝道。

19

叔侄篇：兄弟之子，犹子也

《礼》：服，兄弟之子，犹子也。盖圣人缘情制礼，非引而进之也。

汉第五伦（人名）性至公。或问伦曰："公有私乎？"对曰："吾兄子尝病，一夜十往，退而安寝；吾子有病，虽不省视，而竟夕不眠。若是者，岂可谓无私乎？"伯鱼贤者，岂肯厚其兄子不如其子哉！直以数往视之，故心安；终夕不视，故心不安耳。而伯鱼更以此语人，盖所以见其公也。

宗正刘平，更始时，天下乱，平弟仲为贼所杀。其后，贼复忽然而至，平扶侍其母奔走逃难。仲遗腹女始一岁，平抱仲女而弃其子。母欲还取，平不听，曰："力不能两活，仲不可以绝类。"遂去而不顾。

侍中淳于恭，兄崇卒，恭养孤幼。教诲学问，有不如法，辄（zhé）反杖用自杖捶，以感悟之。儿惭而改过。

侍中薛包，弟子求分财异居，包不能止。乃中分其财。奴婢引其老者，曰："与我共事久，若不能使也。"田庐取其荒顿者，曰："吾少时所理，意所恋也。"器物取其朽败者，曰："我素所服食，身口所安也。"弟子数破其产，辄复赈给。

今译

《礼记》说过：从血统上而言，兄弟的子女和自己的子女是一样的。也许古时候的圣人也是根据人情亲疏来制定礼法的，而不是强行进行规定。

汉第五伦（第五伦是汉朝的一个人名，第五为复姓）秉性公正耿直。

有人问他："你有私心吗？"他回答："我哥哥的孩子有一次生病了，我一夜之间去看望了他十次，回来后才能安心睡觉；我的孩子生病了，虽然我没有经常去探视，但也提心吊胆，夜不能寐。如此一来，我又怎么能说自己没有私心呢？"他是一个品性高洁之人，怎么可能对待兄长的孩子比不上自己的孩子呢？只是他一夜间去看望了好几次侄子，因此能安下心来；一夜间却没有去看望自己的儿子，因此心里感到不安。而他还将这些细节告诉其他人，更表现出他为人、治家的公正、耿直。

宗正刘平恰好赶上了改朝换代的时候，当时天下大乱，刘平的弟弟仲被贼人杀害。之后，贼人又突然返回，刘平搀扶着母亲逃跑、躲藏。弟弟仲死后留下了一个女儿，刚刚一岁，刘平抱着弟弟的女儿逃跑，却把自己的儿子扔在了家里。母亲让他回去抱自己的孩子，刘平却不从，说："我们没有能力救活两个孩子，但是我必须救弟弟的孩子，不能让他没有后人。"说完就逃走了，不再顾及自己的孩子。

东汉侍中淳于恭的哥哥淳于崇死后，留下一个儿子，淳于恭亲自抚养。他教导侄子读书学习，如果侄子犯了错，淳于恭就用木棍打自己，以此来感化侄子。侄子羞愧难当，于是改正了错误。

侍中薛包弟弟的儿子提出要与他分家产，各过各的，他劝说不了侄子，就和侄子平分家产。分奴仆的时候，他总是挑那些老的，说："我和这些老的相处很长时间了，你不会使唤他们。"分田地、房屋时，他总是挑那些荒芜偏僻之地，又说："我小时候耕种过这些田地，住过这些房屋，我对它们有感情。"分其他东西时，他也总是挑那些老旧残破的，说："这些是我平日里经常用着的，我习惯了。"后来，他的侄子好几次濒临破产，他每次又会给侄子东西接济他。

简评

"犹子"一词出自《论语·先进》："回也视予犹父也，予不得视犹子也。"本意就是指兄弟手足的儿子。古代的礼法思想素来注重兄弟之爱，并设定了长幼有序、兄友弟恭的伦理规范。司马光在《温公家范》里阐述了兄弟手足之爱，这里的“犹子”就是兄弟之情、手足之爱的一种延续，也就是将兄弟的子嗣视为己出，必要的时候甚至能舍子救侄。

20

兄弟篇：兄弟之情，如同手足

凡为人兄不友其弟者，必曰：“弟不恭于我。”自古为弟而不恭者，孰若象！

万章问于孟子曰：“父母使舜完廪，捐阶，瞽（gǔ，舜父之名）瞍焚廪。使浚（jùn，疏通、深挖）井，出，从而掩之。象曰：‘谟盖都君，咸我绩。牛羊父母，仓廪父母。干戈朕，琴朕，弤（dǐ，漆成红色的弓）朕，二嫂使治朕栖。’象往入舜宫，舜在床琴。象曰：‘郁陶思君尔。’忸怩。舜曰：‘惟兹臣庶，汝其于予治。’不识舜不知象之将杀己与？”曰：“奚而不知也？象忧亦忧，象喜亦喜。”曰：“然则，舜伪喜者与？”曰：“否。昔者有馈生鱼于郑子产，子产使校人畜之池。校人烹之，反命曰：‘始舍之，圉圉（yǔ yǔ，困倦而不舒展的样子）焉；少则洋洋焉，攸然而逝。’子产曰：‘得其所哉！得其所哉！’校人出，曰：‘孰谓子产智？予既烹而食之，曰：得其所哉，得其所哉！’故君子可欺以其方，难罔以非其道。彼以爱兄之道来，故诚信而喜之，奚伪焉？”万章问曰：“象日以杀舜为事，立为天子，则放之，何也？”孟子曰：“封之也；或曰放焉。”

万章曰：“舜流共工于幽州，放驩（通“欢”）兜于崇山，杀三苗于三危，殛（jí，杀死）鲧于羽山。四罪而天下咸服，诛不仁也。象至不仁，封之有庳，有庳之人奚罪焉？仁者固如是乎？在他人则诛之，在弟则封之？”曰：

“仁人之于弟也，不藏怒焉，不宿怨焉，亲爱之而已矣。亲之，欲其贵也；爱之，欲其富也。封之有庳，富贵之也。身为天子，弟为匹夫，可谓亲爱之乎？”“敢问，或曰放者，何谓也？”曰：“象不得有为于其国，天子使吏治其国，而纳其贡赋焉，故谓之放，岂得暴彼民哉？虽然，欲常常而见之，故源源而来，不及贡以政接于有庳。”

今译

但凡为人兄长却对弟弟不友爱的人，肯定会说：弟弟对我不恭敬。然而，古往今来，提起弟弟对兄长不敬的例子，谁能比得过舜的弟弟象呢？

万章问孟子：“舜的父母让舜去修葺谷仓，舜爬上屋顶后，他们就把梯子抽走了，舜的父亲瞽还放火去烧谷仓，幸好舜想办法逃脱了。于是，舜又被派去掏井，他不知道舜从另一侧的洞穴里出来了，用土将井口填满。舜的弟弟象说：‘谋杀舜是我的功劳，把牛羊分给父母，把仓库分给父母，把干戈、琴、漆赤弓分给我，我还要让两位嫂子为我铺床叠被。’于是，象向舜的房间走去，却见舜坐在床上弹着琴。象说：‘哎哟！我真是想你啊！’然而，神色间却流露出扭捏之态。舜说：‘我心心念念着臣子和百姓，不如你替我管理吧！’我不知道舜知不知道象要杀他？”孟子回答说：“怎么会不知道呢？象发愁，舜也跟着发愁；象高兴，舜也跟着高兴。”万章说：“那舜的高兴是装出来的吗？”孟子说：“不是！以前有一个人给郑国的子产送了一条活鱼，子产让管理鱼塘的人把这条鱼养起来，那人却把鱼煮着吃了，回复说：‘刚放入池子里，它还奄奄一息，过了一会儿，它尾巴一摇一摆的，开始活动，突然之间就不知道游向了何方。’子产说：‘它有了个好去处啊！它有了个好去处！’那人出来，说：‘谁说子产聪明了？我把那条鱼煮着吃了，他还说它有了个好去处！’可见，对待君子，可以采用合乎人情的方式欺骗他，却不能采用有悖于道德的诡计来欺骗他。象装出一副敬爱兄长的样子，因此舜也真挚地相信他并感到高兴，为什么说他是装的呢？”万章又问：“象每天都把杀害舜视为他的工作，后来舜成了天子，却只是将他流放了，这又是为什么呢？”孟子回答：“其实舜是封象当了诸侯，只是有的人说成了流放。”

万章说：“舜流放共工去了幽州，发配欢兜去了崇山，驱逐三苗之军去了三危，在羽山杀了鲧，将这四大罪犯都严惩了，天下都归属于舜，正是因为他讨伐了那些不仁不义之人。象是最不仁义的，却坐拥有庳这片封地，那么，有庳这里的老百姓又有什么过错呢？对其他人，施以严惩；对弟弟，则分封国土，莫非这就是仁义之人的作为？”孟子说：“面对弟弟，仁义之人虽然有愤懑之情，但不会藏在心里；也有怨恨之情，但不会留在胸间，只是一味地亲近他、爱护他。亲近他，就要使他显贵；爱护他，就要使他富有。之所以把有庳的国土分封给他，就是让他又显贵又富有；自己成了天子，弟弟还是平头老百姓，怎能谈得上亲与爱呢？”万章说：“我还想问，为什么有人说成是流放呢？”孟子说：“象在自己的国土上也不能任意妄为，天子派来官吏帮他治理国家，收缴税负，故而有人将这说成是流放。难不成象还能虐待他的百姓吗？当然不可能。即使是这样，舜还是时不时想见象，象也经常前去与舜相见。古书就记载着：‘不用等到规定前去朝贡的时间，平时也会找政治上的借口来会面。’”

简评

司马光以“自古为弟而不恭者，孰若象”作为本篇开头，象作为弟弟，却不知友爱兄长，还几次三番设计陷害舜，但舜即位之后不仅既往不咎，面对象的虚情假意反而坦然接受。这种一味纵容的做法一般人难以理解，但是放在当时的时代背景下便不难理解。在司马光看来，舜的这种做法正是因为他秉持着为人兄长，以兄弟之情待之的观点，“亲之，欲其贵也；爱之，欲其富也”，所以舜即位后，才给象分封土地，让他偏安一隅。

21

事兄篇：弟之事兄，主于敬爱

梁安成康王秀，于武帝布衣昆弟，及为君臣，小心畏敬，过于疏贱者。帝益以此贤之。若此，可谓能敬矣。

后汉议郎郑均，兄为县吏，颇受礼馈，均数谏之，不听，即脱身为佣。岁馀（通“余”），得钱帛归以与兄，曰：“物尽可复得。为吏坐赃，终身捐弃。”兄感其言，遂为廉洁。均好义笃实，养寡嫂孤儿，恩礼甚至。

夫兄弟至亲，一体而分，同气异息。《诗》云：“凡今之人，莫如兄弟。”又云：“兄弟阋（xì，争吵）于墙，外御其侮。”言兄弟同休戚，不可与他人议之也。若己之兄弟且不能爱，何况他人？己不爱人，人谁爱己？人皆莫之爱，而患难不至者，未之有也。《诗》云：“毋独斯畏。”此之谓也。兄弟，手足也，今有人断其左足以益右手，庸何利乎？虺（huī，古书上的一种毒蛇）一身两口，争食相龁，遂相杀也。争利而相害，何异于虺乎？

今译

梁安成康王秀与武帝原本是一对平民兄弟，武帝即位后，他们就成了君臣，秀小心侍奉武帝，时常怀有敬畏之心，他对武帝的敬畏甚至超出了那些和武帝毫无关系的人。因此，武帝更加器重秀。像他们这样的，就能称之为互相敬重。

东汉年间的议郎郑均，他的哥哥是县吏，常常接受一些礼品，郑均多次劝说哥哥不要这样，哥哥不听，于是让弟弟去给人当仆从。一年多以后，他挣了一些钱回来，送给哥哥，说：“钱没了还可以挣，但是如果为官贪赃枉法，一定会被惩处，一辈子就完了。”听了他的话，哥哥很感动，开始廉洁清白。郑均为人老实忠厚，哥哥死后，他养活哥哥留下的孤儿寡母，恩礼备至。

兄弟之间本可以说是至亲至爱的，就好像出于一体，同气异息。《诗经》上说:“现在的人啊，比不上兄弟那么亲密。”还说:“虽然兄弟在家中有矛盾，但在外面却能一同抵御敌人。”说的正是兄弟能同甘甜、共患难，这是其他人不能相提并论的。如果连自己的兄弟都不爱，又如何能爱其他人呢？自己不爱他人，又让他人如何爱自己呢？所有人都不爱你，你想要不遭受灾祸，那是不可能的。《诗经》中所说的“怕的是只有你一个人”，说的正是这个意思。兄弟如同手足，如果一个人把他的左脚砍断，来延长他的右手，又有何好处？虺有一个身子、两张嘴，为了争食而相互啃咬，于是自相残杀。兄弟之间如果为了争夺利益而互相残害，与虺又有什么区别？

简评

本篇中，司马光引用了梁安成康王秀以敬爱之心对待胞弟武王而得到器重，以及东汉议郎郑均委身为奴而向兄长谏言的故事，说明如果兄弟秉持敬爱之心，就能情同手足、和睦共处。《诗经·小雅》说过：“凡今之人，莫如兄弟。”司马光也说：“夫兄弟至亲，一体而分，同气异息。”在中国传统思想中，兄弟乃是父母生命的延续，他们的身体虽然是分开的，但精神血气却依旧相连。司马光借助虺两头相争的生动比喻，劝诫兄弟要友爱互助，不能自相残杀，这与中国古代礼法中对同气连枝的兄弟之情的重视一脉相承。

22

女子篇：妇人耳，犹知持节行义

齐攻鲁，至其郊，望见野妇人抱一儿、携一儿而行。军且及之，弃其所抱，抱其所携而走于山。儿随而啼，妇人疾行不顾。齐将问儿曰："走者尔母耶？"曰："是也。""母所抱者，谁也？"曰："不知也。"齐将乃追之，军士引弓将射之。曰："止！不止吾射尔！"妇人乃还。齐将问之曰："所抱者谁也？所弃者谁也？"妇人对曰："所抱者，妾兄之子也；弃者，妾之子也。见军之至，将及于追，力不能两护，故弃妾之子。"齐将曰："子之于母，其亲爱也，痛甚于心。今释之而反抱兄之子，何也？"妇人曰："己之子，私爱也；兄之子，公义也。夫背公义而向私爱，亡兄子而存妾子，幸而得免，则鲁君不吾畜，大夫不吾养，庶民国人不吾与也。夫如是，则胁肩无所容，而累足无所履也。子虽痛乎，独谓义何？故忍弃子而行义，不能无义而视鲁国。"于是齐将案兵而止，使人言于齐君曰："鲁未可伐，乃至于境，山泽之妇人耳，犹知持节行义，不以私害公，而况于朝臣士大夫乎？请还。"齐君许之。鲁君闻之，赐束帛百端，号曰"义姑姊"。

梁节姑姊之室失火，兄子与己子在室中，欲取其兄子，辄得其子，独不得兄子。火盛，不得复入，妇人将自趣火。其友止之曰："子本欲取兄之子，惶恐卒误，得尔子，中心谓何？何至自赴火！"妇人曰："梁国岂可户告人晓也？被不义之名，何面目以见兄弟、国人哉？吾欲复投吾子，为失母之恩，吾势不可以生。"遂赴火而死。

今译

齐国的军队前去攻打鲁国，一路打到了鲁国的郊外，只见原野上有个妇女怀中抱着一个孩子，手里还牵着一个孩子，在匆匆赶路。军队马上要追上了，只见那妇女放下怀抱中的孩子，抱起手里牵着的孩子，逃入山里。那个被放下的孩子在后面啼哭，但妇女还是快速走着，毫不理睬。齐军将士问那个哭泣的孩子："逃走的那个妇女是你的母亲吗？"孩子说："是的。""你母亲怀中抱着的孩子又是谁？""不知道。"齐军将领赶紧去追那个妇女，士兵拉开弓、搭上箭，喊道："站住！不然射死你。"妇女只能转身。齐国将领问："你抱着的孩子是谁？丢下的孩子又是谁？"妇女说："抱着的是我哥哥的儿子，丢下的是我自己的儿子。眼看军队快赶上来了，我没法同时保住两个孩子，只能丢下我自己的孩子。"齐国将领说："儿子是母亲最疼爱的人，现在你丢下自己的儿子，却抱着哥哥的孩子逃跑，为什么呢？"妇人说："疼爱自己的孩子是一种个人情感，救哥哥的孩子是一种公共道德。如果我有悖公共道德而偏向私人感情，丢下哥哥的孩子却救了我的孩子，哪怕幸免于难，但鲁国的君主不会再接纳我这样的臣民，鲁国的大夫不再愿意供养我，国内的百姓也会以与我为伍而感到耻辱。果真如此，我之后再也没有容身之所，也没有迈步之地。如此说来，虽然疼爱儿子，但又如何顾全道义呢？我只能忍心丢弃儿子，保全道义。一旦失去了道义，就再也没有脸面回鲁国了。"听了妇人的话，齐国将领不再进兵，而是派人前去禀告齐国君主："我们现在不能再征伐鲁国。来到鲁国之境，就连山野之中的妇人都知道恪守节操、遵循道义，不以私利而危害公义，更何况他们的朝臣、士大夫呢？故而我们恳请退兵。"齐国国君采纳了这个意见。后来，鲁国国君得知此事，赏赐给这个妇人束帛百匹，称之为"义姑姊"。

梁国有个恪守节操的妇女，她的家中着火，哥哥的儿子与自己的儿子都在室内，她一心救出哥哥的儿子，但却只找到自己的儿子，没见到哥哥的儿子。火势越来越旺，她再也进不去，就准备跳入火中。她的朋友拦着她，说："你原本想救你哥哥的儿子，惊慌之中救了自己的儿子，但你的本意是好的，为什么还要跳入火里送死呢？"那妇女说："梁国这个国家这么大，我怎么能挨家挨户去说明我的想法呢？我蒙受着没有道义的名声，哪里还有颜面再见兄弟和国人？我想把我儿子投入火里，但又怕丢失了为人母的道义。我活不下去了。"于是跳入火中，烧死了。

简评

本篇之中，"齐攻鲁"讲述了妇女为了救兄长之子而舍弃亲子，为了秉持道义而放弃私情的故事。"梁节姑姊之室失火"讲述了一个妇女欲救其兄之子而不得，最后葬身火场的故事。司马光讲述这两则故事，其目的在于说明女子之中也有大节大义、为公忘私之人，她们在男尊女卑的封建社会能有如此想法，也是值得称道的。

23

忍篇：苟能相与忍之，则常睦雍矣

刘君良，瀛州乐寿人，累世同居。兄弟至四从（往上追溯，兄弟是同一个曾曾祖父），皆如同气。尺帛斗粟，相与共之。隋末，天下大饥，盗贼群起，君良妻欲其异居。乃密取庭树鸟雏交置巢中，于是群鸟大相与斗，举家怪之。妻乃说君良曰："今天下大乱，争斗之秋，群鸟尚不能聚居，而况人乎？"君良以为然，遂相与析居。月馀，君良乃知其谋，夜揽妻发骂曰："破家贼，乃汝耶！"悉召兄弟哭而告之，立逐其妻，复聚居如初。乡里依之以避盗贼，号曰义成堡。宅有六院，共一厨，子弟数十人，皆以礼法。贞观六年，诏旌表其门。

张公艺，郓州寿张人，九世同居。北齐、隋、唐皆旌表其门。麟德中，高宗封泰山，过寿张，幸其宅。召见公艺，问所以能睦族之道。公艺请纸笔以对，乃出“忍”字百馀以进。其意以为宗族所以不协，由尊长衣食或有不均，卑幼礼节或有不备，更相责望，遂成乖争。苟能相与忍之，则常睦雍矣。

今译

刘君良，瀛州乐寿人，家里几代人住在一起，哪怕是四从的兄弟，也像同胞兄弟那样和睦亲密。哪怕是一尺布，或者一斗米，大家也一同分享。隋朝末年，天下发生了一场大饥荒，强盗、小偷横行，刘君良的妻子想和大家分开居住，于是她想了个办法，把院子里一棵树上的两只小鸟交换了鸟巢放置。因此，两窝里的鸟打起来了。刘君良一家都觉得奇怪，于是刘君良的妻子跟他说：“如今正逢乱世，处处纷争，就连鸟也不能在一处安居，更何况是人？”刘君良觉得妻子说得有道理，就与兄弟分开住。一个月后，刘君良弄清楚了妻子的计谋，在晚上揪住妻子头发，责骂道：“你是破家贼！”他招呼兄弟们，哭着告诉了大家分家的真实原因，立刻休了妻子，众兄弟又像以前那样住在一起。乡里乡亲都依靠他们防范盗贼，刘君良的大家庭也被称为“义成堡”。他们的宅子一共有六个院子，但厨房只有一个。刘君良的子侄辈有几十人，然而都能待之以礼。贞观六年，唐太宗下诏，表彰刘家。

张公艺是唐朝郓州寿张人，他家里九代人居住在一起，北齐、隋朝、唐朝时都被表彰过。麟德年间，唐高宗在泰山封禅，途经寿张，来到张公艺家中。高宗召见了张公艺，问他如何保持家庭和睦。张公艺拿出笔墨纸张，写下了一百多个“忍”字，上呈高宗。言下之意，有的家族不能和睦相处，或是因为家长不能公平分配衣食，或是因为上下尊卑的礼节有所疏漏，于是家庭成员内部互相责备，产生怨恨嫌隙，就有了矛盾。如果家里人都能相互忍让，那么就能和睦相处，大家族也就能长盛不衰了。

简评

司马光素来提倡“累世同居，亲密无间”，即几世几代的家人居住在一起，才能彼此扶持，使家族长盛不衰。那么，众多亲眷居住在一起，如何和睦相处呢？他认为，核心在于“忍”，只要彼此能包容忍让，遵循长幼秩序、上下尊卑，就能化解矛盾。这也是中国传统家族观念的一种折射。

24

同心篇：单者易折，众者难摧

夫人爪牙之利，不及虎豹；膂（lǚ）力（体力、力气）之强，不及熊罴；奔走之疾，不及麋鹿；飞扬之高，不及燕雀。苟非群聚以御外患，则反为异类食矣。是故圣人教之以礼，使人知父子、兄弟之亲。人知爱其父，则知爱其兄弟矣；爱其祖，则知爱其宗族矣。如枝叶之附于根干，手足之系于身首，不可离也。岂徒使其粲然条理，以为荣观哉！乃实欲更相依庇，以捍外患也。吐谷浑阿豺，有子二十人，病且死，谓曰：“汝等各奉吾一支箭，将玩之。”俄而命母弟慕利延曰：“汝取一支箭折之。”慕利延折之。又曰：“汝取十九支箭折之。”慕利延不能折。阿豺曰：“汝曹知否？单者易折，众者难摧。戮力一心，然后社稷可固。”言终而死。彼戎狄也，犹知宗族相保以为强，况华夏乎？圣人知一族不足以独立也，故又为甥舅婚媾（婚姻、嫁娶）姻娅（因婚姻关系而缔结的亲戚）以辅之。犹惧其未也，故又爱养百姓以卫之。故爱亲者，所以爱其身也；爱民者，所以爱其亲也。如是，则其身安若泰山，寿如箕翼，他人安得而侮之哉！故自古圣贤未有不先亲其九族，然后能施及他人者也。彼愚者则不然，弃其九族，远其兄弟，欲以专利其身。殊不知身既孤，人斯戕之矣，于利何有哉！昔周厉王弃其九族，诗人刺之曰："怀德惟宁，宗子惟城。毋俾城坏，毋独斯畏。"苟为独居，斯可畏也。

宋昭公将去群公子，乐豫曰："不可，公族，公室之枝叶也。若去之，则本根无所庇荫矣。葛藟（一种葡萄科植物）犹庇其根本，故君子以为比，况国君乎？此谚所谓庇焉，而纵寻斧焉者也，必不可。君其图之。亲之以德，皆股肱也。谁敢携贰？若之何去之？"昭公不听，果及于乱。

华亥欲代其兄合比为右师，谮（zèn，说别人的坏话，中伤）于平公而逐之。左师曰："汝亥也，必亡。汝丧而宗室于人何有？人亦于汝何有？"既而华亥果亡。

今译

人的爪牙再锋利，也不及虎豹；力气再大，也不及熊罴；跑得再快，也不及麋鹿；飞得再快，也不及燕雀。如果不能依靠众人的力量抵御外敌，就会被其他动物吞食。故而，贤人教导人们礼法，告诫人们，父子兄弟应该相亲相爱。如果一个人爱他的父亲，那么也会爱兄弟；爱先祖，那么就也会爱宗族。人与家族之间的关系，就好像枝叶依附着根，手脚生长在身体上，是不能分割的。哪里只是为了秩序井然而达到表面上的繁荣景象呢？其实是为了保护彼此，抵御外患！吐谷浑阿豺有二十个儿子，他病得快要死了，对儿子们说："你们每个人给我拿一支箭，我玩一个游戏。"不一会儿，命令弟弟慕利延："你折断一支箭。"慕利延依言折断了，阿豺又说："你拿十九支箭，折断它们。"慕利延却折不断了。这时，阿豺对儿子们说："你们知不知道？一支箭很容易被折断，但许多箭聚在一起，就很难被折断，你们要同心同德，就可以稳固国家。"说完就死了。阿豺是戎狄人，尚且知道只有宗族彼此保护才能强大起来，更何况我们这些中原人呢？古代贤人知道只依靠本族人力量太过薄弱，所以利用外甥与舅舅的关系或婚姻关系作为辅佐。哪怕是这样，还是觉得不够，所以才爱护与抚慰百姓，让百姓也来守护自己。可见，爱护亲戚，其实就是爱护自己；爱护天下百姓，其实就是爱护亲戚。如果能做到这样，那就会安稳得像泰山一样，永远没有危险。别人又哪里能侵犯你、侮辱你呢？所以，古往今来的圣贤都是先与本族的远亲和睦相处，再去保护天下百姓。愚蠢之人却不一样，他们将本族和亲戚抛弃不顾，与兄弟关系疏远，一心想着自己的利益，却不知一旦你孤立了，别人就会伤害你，最终又如何有利可图呢？以前，周厉王抛弃了九族，时人写诗嘲讽他："只有君主广施仁德，国家才会安宁祥和。宗族子弟是王室最坚实的护卫，不要伤及护卫啊，不要独断专行。"如果所有事都专断独行，就太可怕了！"

宋昭公想把群公子去掉，乐豫说："别这么做，公族就好像公室的枝叶，如果这些枝叶被去掉了，那么公室这个树根也就失去了庇护。就连葛藟这类植物都知道要庇护自己的根，故而君子用葛藟来比喻为人之道，更何况是君主呢？这个谚语说的是君主要利用自己的宗族作为庇护，就好像根需要枝叶来庇护一样。如果你用斧头砍掉枝叶，就肯定不能成为一个好君主。对待自己的公族要通过仁德来与之亲近，这样他们就会成为你最强大的庇护。天底下还有谁胆敢对你有二心呢？为什么要把他们去掉呢？"然而昭公没有听乐豫的，最终导致国家大乱。

华亥想代替兄长合比成为右师父，去向平公说合比的坏话，让平公赶走合比。左师说："华亥啊，你早晚会死！你削弱自己的宗族，又会怎样对别人呢？而别人又会怎样对你？"不久后，华亥果真死了。

简评

本文中，司马光进一步阐述了宗族成员要勠力同心的宗族观念。他引用吐谷浑阿豺的例子，通过"单者易折，众者难摧"生动地说明了个人的力量是弱小的，而整个宗族的力量却是强大的，对今人仍具有一定的启迪意义。

26

爱亲篇：不爱其亲，焉能爱自己

孔子曰：“不爱其亲而爱他人者，谓之悖德，不敬其亲而敬他人者，谓之悖礼。以顺则逆，民无则焉。不在于善，而皆在于凶德，虽得之，君子不贵也。”故欲爱其身而弃其宗族，乌在其能爱身也。

孔子曰：“均无贫，和无寡，安无倾。”善为家者，尽其所有而均之，虽粝食不饱，敝衣不完，人无怨矣。夫怨之所生，生于自私及有厚薄也。

汉世谚曰：一尺布，尚可缝；一斗粟，尚可舂。言尺布可缝而共衣，斗粟可舂而共食。讥文帝以天下之富，不能容其弟也。

梁中书侍郎裴子野，家贫，妻子常苦饥寒。中表贫乏者，皆收养之。时逢水旱，以二百石米为薄粥，仅得遍焉。躬自同之，曾无厌色，此得睦族之道者。

今译

孔子说：“不爱亲人，反而爱别人，这有悖于道德；不敬重亲人，反而敬重别人，这有悖于礼法。君主教化百姓要尊敬、顺从父母，而君主自己却有悖于道德、礼法，这样一来，百姓就会无所适从。但凡那些不尊重父母，总是有悖于道德、礼法的人，哪怕再注重德行，也得不到君子的尊重。”一个人只想爱护自己却抛弃了宗族，又哪里能爱护自己呢？

孔子说：“均匀分配家里的财产，就不会有人贫穷；家里人和睦相处，人们就会团结；家人相安无事，家庭就不会滋生祸端。”善于治理家庭的人，平均分配所有财产，哪怕每天吃的是粗茶淡饭，穿的是破衣烂衫，吃不饱、穿不暖，但是人们也不会心生怨恨。之所以会产生怨恨，就是因为家长自私，对他人不公。

汉朝时有一句谚语：一尺布尚且能缝，一斗粟尚且能舂。也就是说，哪怕天底下只有一尺布，也能将其缝制成衣裳，人们一同穿；哪怕天底下只有一斗粟米，也能做好之后人们一同吃。这句谚语其实是在讽刺汉文帝坐拥天下，却不能容纳自己的亲兄弟。

梁朝中书侍郎裴子野，家境贫寒，妻儿经常忍饥挨饿，裴子野却收养了没饭吃的表弟、表妹。当时正逢水旱灾害，裴子野用二百石米熬成了稀粥，家里有很多人，每个人只能吃一碗，裴子野和众人一样，也只吃了一碗，但丝毫没有流露出不能忍受的神色。他这样做，称得上是深谙大家族的相处之道了。

简评

文中，司马光通过引用孔子的一席话讲述了“不爱其亲，焉能爱自己”和“怨之所生，生于自私”的道理。无论是普通百姓，还是君王将相，都要懂得爱护亲戚与宗族，这是道德与礼法的要求，也是自己安身立命的根本。另外，司马光列举了梁朝中书侍郎裴子野的事例，他懂得“一尺布，尚可缝；一斗粟，尚可舂”的道理，自己虽然家境贫寒，但仍周济帮扶家中亲人，深谙与族人相处之道。

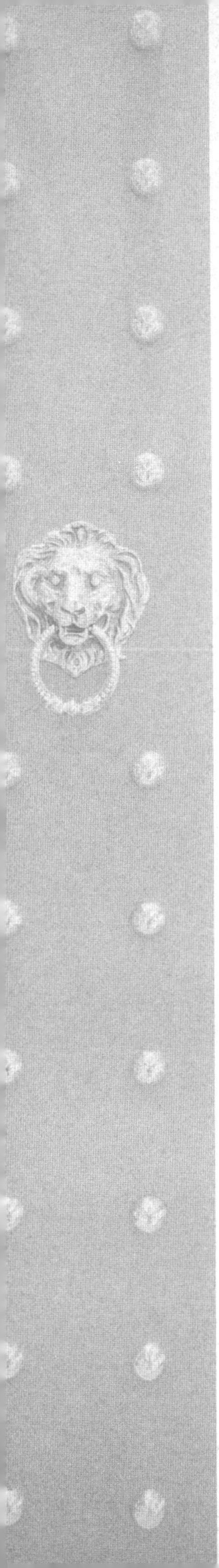

第四章 《袁氏世范》——一秉庭训，百行修举

《袁氏世范》由隆兴年间的进士袁采所著。袁采自幼深受儒家之道熏陶，德才兼备，为时人赞誉为“德足而行成，学博而文富”。袁采为官时亦秉持儒家之道，因刚正廉洁而为世人称赞，尤其注重教化一事。《袁氏世范》分为《睦亲》《处己》《治家》三卷，较之古代其他齐家修身的著作经典，风格活泼，思想开明，甚至敢于反对传统。该书以极有人情味的视角来探讨修身、立命、处世的各项准则，却并不强硬地将四书五经、孔孟之道加诸于人。

01

性格篇：盖人之性，所禀自是不同

人之至亲，莫过于父子兄弟。而父子兄弟有不和者，父子或因于责善，兄弟或因于争财。有不因责善、争财而不和者，世人见其不和，或就其中分别是非而莫名其由。盖人之性，或宽缓，或褊急，或刚暴，或柔懦，或严重，或轻薄，或持检，或放纵，或喜闲静，或喜纷挐，或所见者小，或所见者大，所禀自是不同。父必欲子之性合于己，子之性未必然；兄必欲弟之性合于己，弟之性未必然。其性不可得而合，则其言行亦不可得而合。此父子兄弟不和之根源也。况凡临事之际，一以为是，一以为非，一以为当先，一以为当后，一以为宜急一以为宜缓，其不齐如此，若互欲同于己，必致于争论，争论不胜，至于再三，至于十数，则不和之情自兹而启，或至于终身失欢。若悉悟此理，为父兄者，通情于子弟，而不责子弟之同于己；为了弟者，仰承于父兄，而不望父兄惟已之听，则处事之际，必相和协，无乖争之患。孔子曰："事父母，几谏，见志不从，又敬不违，劳而不怨。"此圣人教人和家之要术也，宜孰思之。

今译

在人与人之间的交往中，父子情、兄弟情才是最亲近的。然而也有一些父子、兄弟间不和睦的情况，父子间不和可能是因为父亲对子女的要求太过苛刻，兄弟之间不和可能是争夺家庭财产造成的。然而有些父子、兄弟之间并不要求苛刻或者争夺财产，却也水火不容，作为旁观者看到他们的不和，就会开始猜疑他们不和的原因，却怎么也找不到有利的说辞。每个人的性情有所不同，有的平缓宽厚，有的脾性急躁，有的粗暴戾气重，有的温柔儒雅，有的庄重严肃，有的轻薄浮夸，有的勤俭持家，有的纵情轻贱，有的喜欢安静幽雅，有的喜欢热闹纷扰，有的目光短浅，有的见多识广，每个人的禀性气质都是不一样的。如果父亲一定要子女来迎合自己的脾性，可子女的脾性并不见得就是那样的；如果兄长一定要逼迫弟弟来迎合自己的性格，然而弟弟的性格也并不一定就是如此。如果他们的性格不能够相合，那么他们的言行举止也就不可能相合，或许这就是父子、兄弟不和的根本原因。更何况在遇到事情的时候，一方认为这样做是对的，而另一方却认为这样做是错的；一方认为应该先做，另一方却认为应该后做；一方认为应该刻不容缓，而另一方则认为应该缓慢行事。观点不和的时候就是这样的。如果双方都想让对方来迎合自己的观点和脾性，那一定会引发一场争辩，如果一次争论不出谁胜谁负，那就会有以后的三次、五次，甚至十次、八次，长此以往，彼此间的不和也就产生了，有的甚至会造成一辈子的不和。如果大家都能明白这个道理，当父亲和兄长的应该对子女或弟弟通情达理，不苛求他们迎合自己的观点，而做子女和弟弟的，要对父兄恭敬追随，不苛求父兄一定听从自己的意见，那么在处理事情的时候，彼此间就能相互和谐，远离无休止的争吵辩论。孔子说："在对父母多次劝谏后，虽然父母仍然没有采纳自己的意见，但仍需对父母恭敬如初，不违背他们，并且在做事的时候仍毫无怨言。"这就是圣人教给我们的家人间和睦的最好方法，我们都应该细细品味、认真思考。

简评

在现代人看来，每个人都有自己的性格特点，谁也不能勉强谁。没有人能够把自己的观念、脾性强加在别人身上，就算是父之于子、兄之于弟，同样是不行的。然而，由于深受封建社会的影响，我们曾对"父父、子子、君君、臣臣"都有着严格的界限，即父为子纲，君为臣纲，所以认为这种关系是不可逾越的。文中这么开明的观点在宋代就已出现，可见袁采在父子、兄弟观念上有着超前的意识。

02

自省篇：各能反思，则无事矣

人必贵于反思人之父子，或不思各尽其道，而互相责备者，尤启不和之渐也。若各能反思，则无事矣。为父者曰："吾今日为人之父，盖前日尝为人之子矣。凡吾前日事亲之道，每事尽善，则为子者得于见闻，不待教诏而知效。倘吾前日事亲之道有所未善，将以责其子，得不有愧于心！"为子者曰："吾今日为人之子，则他日亦当为人之父。今吾父之抚育我者如此，畀付我者如此，亦云厚矣。他日吾之待其子，不异于吾之父，则可俯仰无愧。若或不及，非惟有负于其子，亦何颜以见其父？"然世之善为人子者，常善为人父。不能孝其亲者，常欲虐其子。此无他，贤者能自反，则无往而不善；不贤者不能自反，为人子则多怨，为人父则多暴。然则自反之说，惟贤者可以语此。

今译

人贵在反思父与子之间的关系，如果没有考虑到每个人的职责所在，就会相互责备，从而导致父子之间的不和日益加剧。可如果双方都能反思自己，这样一来就会相安无事。身为父亲的应该说："我现在作为你的父亲，可从前也是别人的子女。我之前对待父母的态度，每件事都力求做到尽善尽美，这样做子女的就能看到自己的父亲是如何对待祖父母的，不用做父亲的教导他们，他们自然就能明白该如何对待自己的父母。可如果我在对待自己父母的时候没有尽心尽力，反倒苛责自己的孩子不能这样做，这样就愧对自己的良心了！”身为子女的应该这样说：“今天我是您的孩子，他日也必将成为别人的父母，如今我的父母是如此尽心尽力地抚养我长大，并为我呕心沥血，可以说是集万千宠爱于一身。他日等我有了自己的孩子，也必将像我的父母待我一样厚待我的孩子，这样才能做到仰不愧天、俯不怍地。如果做不到，不仅对不起自己的孩子，更没有脸面去见自己的父母。”世上那些会做子女的，常常也会是一名合格的父亲；对自己的父母都无法尽心尽孝的，对待子女也不会太好。这其中的道理很明白，贤明的人能够用此反省自己，这样一来做事就会更稳妥；不贤明的人却不能反省自己，当儿子就会产生颇多怨恨，当父亲就会产生颇多暴虐。那么关于自省的这一说法，只有贤明的人才有资格谈论。

简评

现在的中年人面对上有老、下有小的情况也是感慨良多。那些有德、有才的人总是能尽自己最大的努力，让辛苦了大半辈子的父母过上幸福的生活；同时他们也会努力让自己的子女优秀，希望他们能够小有所成。这种人自出生开始就知道自我反省，作为子女，能够体会到父母抚养自己的不易，因此对父母能够尽心尽善，对待子女能够尽善尽美。他们之所以会这么做，完全是因为得到了父母的言传身教，才能以身作则，也只有这样，才能在子女面前树立良好的榜样。

03

容人篇：以他人之不及者喻之

慈父固多败子，子孝而父或不察。盖中人之性，遇强则避，遇弱则肆。父严而子知所畏，则不敢为非；父宽则子玩易，而恣其所行矣。子之不肖，父多优容；子之愿悫，父或责备之无已。惟贤智之人即无此患。至于兄友而弟或不恭，弟恭而兄或不友；夫正而妇或不顺，妇顺而夫或不正，亦由“此强即彼弱，此弱即彼强”积渐而致之。为人父者，能以他人之不肖子喻己子，为人子者，能以他人之不贤父喻己父，则父慈而子愈孝，子孝而父益慈，无偏胜之患矣。至于兄弟、夫妇，亦各能以他人之不及者喻之，则何患不友、恭、正、顺者哉！

今译

父亲如果对子女过度慈爱，就容易养出败家子，儿子的孝顺有时却不能被父亲留意到。按照平常人的性情来说，遇到强者就会躲避，遇到软弱的事就会放纵或肆意妄为。有个严肃的父亲，儿子才会有所畏惧，做事时就不会轻易放纵；如果父亲性格宽厚松缓，儿子则容易对一切事物都不重视，从而放纵自己的言行举止。对于不孝的儿子，父亲多是宽容相待；对于谨言慎行的儿子，为父却不时责备，只有那些有才、有德的人才不会有这样的祸患。而那些兄长对弟弟很是疼爱，可弟弟却对兄长不敬重，或者弟弟对兄长敬爱有加，而兄长却不知疼惜弟弟的；抑或是丈夫作风正派，可妻子却不和顺，或者妻子和顺，而丈夫却不正派的，都是因为“一方太过强大，而另一方就显得太过弱小；或者一方弱小，而另一方就显得强大”。

这些都是慢慢累积而成的。作为父亲，如果能将别人的不肖之子与自己的儿子相比；而作为儿子，能将别人不贤明的父亲与自己的父亲相比，那么慈祥和顺的父亲就会使自己的儿子更加孝顺；反过来，儿子孝顺就会使父亲对孩子更加慈爱，这样一来就没有了偏私袒护的隐患。对于兄弟和夫妻之间，如果每个人都能拿别人的缺点和自己亲人的优点相比，还怕自己的亲人对自己不恭敬、不友爱、不正派、不顺从吗？

简评

在家庭成员之间，父慈子孝，兄友弟恭，夫正妻顺，这种情况恐怕是从孔子时代就出现最高理想境界了。然而，与这种理想境界相悖的，诸如父慈子不孝、妻顺夫不正等现象亦比比皆是。在袁采看来，出现这种不公平现象的原因在于父子间、兄弟间、夫妻间没有真正体会对方的优点和价值。如果彼此间都能找到对方值得赞许的一面，那尊重人性的平等观念就会在彼此的潜意识中自然形成。父慈子孝、兄友弟恭、夫正妻顺也就是自然而然的事情了。

04

人伦篇：自古人伦，贤否相杂

自古人伦，贤否相杂。或父子不能皆贤，或兄弟不能皆令，或夫流荡，或妻悍暴，少有一家之中无此患者，虽圣贤亦无如之何。身有疮痍疣赘，虽甚可恶，不可决去，惟当宽怀处之。能知此理，则胸中泰然矣。古人所以谓父子、兄弟、夫妇之间人所难言者如此。

今译

关于人伦关系，自古以来人们的评价都是见仁见智。有些是父子二人都不是贤达之人，有些是兄弟间无法做到和睦相处，有些是丈夫风流放荡，有些则是妻子彪悍暴力，很多家庭中都存在这种祸患，即便是圣贤之家也不例外。这就像人的身上长着创伤和脓疽疮痛，虽然对此很是厌恶，却无法很快祛除，只能以一颗宽容的心来对待。如果能明白此理，那么再遇到这样的事情时就能坦然面对。古人所说的父子、兄弟、夫妻间难以言说的事应该就是这些。

简评

人与人之间的关系是最难处理的，俗语说得好：清官难断家务事。所以在处理家庭事务时，要学会换位思考，尽量宽容。如果不能包容彼此的缺点，那么家庭就很难做到和谐。退一步海阔天空，不管遇到什么事都抱以宽容之心对待，事情就会变得很简单。

05

曲直篇：以曲理而加之，子弟尤当顺受

子之于父，弟之于兄，犹卒伍之于将帅，胥吏之于官曹，奴婢之于雇主，不可相视如朋辈，事事欲论曲直。若父兄言行之失，显然不可掩，子弟止可和言几谏。若以曲理而加之，子弟尤当顺受，而不当辩。为父兄者又当自省。

今译

儿子对于父亲，弟弟对于兄长，就好像军队里的兵卒对于将帅，官府中的小吏对于官长，奴才婢女对于主公一样，彼此间不能够以朋友相待，对于每件事都要争辩出个谁是谁非。如果父亲或兄长在言语或者行为上有明显的失误，儿子或者弟弟仅仅是好言相劝。而如果父兄一定要把歪曲之理强加在儿子或者弟弟身上时，作为儿子或者弟弟也不能当面争辩，而是顺从地接受。这样，作为父亲或者兄长就应该好好自我反省。

简评

想要家庭和谐，就需要在处理人伦关系上拥有一颗宽容的心。文中，袁采将父子、兄弟之间的关系用士兵和将帅、差役和官长、奴婢和雇主来比喻是有些不太妥当的，然而在封建社会里，这是一个毋庸置疑的事实，因为在每个家庭里，父辈拥有最高的权力。不同的时代，必将有着不同的思想观念，时移世易，曾经被认为是真理的东西，经过一段时间后，未必会被人们继续接受。不过，不管时代如何变迁，对于家庭关系，相互之间互相宽容却是一个亘古不变的道理。

06

忍篇：知忍而不知处忍之道，其失尤多

人言“居家久和者，本于能忍”。然知忍而不知处忍之道，其失尤多。盖忍或有藏蓄之意。人之犯我，藏蓄而不发，不过一再而已。积之既多，其发也，如洪流之决，不可遏矣。不若随而解之，不置胸次，曰：“此其不思尔！”曰：“此其无知尔！”曰：“此其失误尔！”曰：“此其所见者小尔！”曰：“此其利害宁几何！”不使之入于吾心，虽日犯我者十数，亦不至形于言而见于色。然后，见忍之功效为甚大，此所谓善处忍者。

今译

人们常说“家庭能够和睦相处的，其原因都在于能够忍受”。可是只知道忍耐却不知道忍耐的方法，这样就会产生很多的误会。忍耐中有积累储蓄的意思。有人冒犯了我，我把愤怒隐藏起来没有发作，不过这样的情况一两次还是可以的。一旦积累得多了，累积到一定程度，到了忍无可忍的地步，就会像洪流决口一般，一发不可收拾。这样还不如遭遇不满时及时解决，不要把愤恨存在心里。这个时候可以宽慰自己：“他这样做是因为没有经过慎重考虑；他这样做是因为见识浅薄、愚昧无知；他这样做完全是无心之举；他这样做不过是目光短浅、格局狭小；他这样做对我来说又有什么利益伤害呢？”不让这种冒犯我的人进入我的心里，那么就算他一天

冒犯我数十次，也不会让我有任何的愤怒，这样一来才能知道忍耐的作用该有多大啊，这样的人才是善于忍耐的人。

简评

世界就是如此矛盾，世界上的事更是瞬息万变，每一个人都需要谨言慎行。从小的方面来说是家庭关系的处理，大的层面就是国家问题的解决，很多人的成败得失都是人为造成的。有人在处理事情时可以左右逢源，赢得彼此的好感，甚至愿意进一步合作，有的人却会因一时之气而控制不住自己，使整个形势急转直下，一发不可收拾。“心底宽则天地宽”，能够时刻怀着一颗宽容之心来处理周遭事物，懂得克制自己的愤怒之情，才是真正地走向了成熟。

07

失欢篇：有本于至微而终至不可解

骨肉之失欢，有本于至微而终至不可解者。止由失欢之后，各自负气，不肯先下尔。朝夕群居，不能无相失。相失之后，有一人能先下气，与之语言，则彼此酬复，遂如平时矣，宜深思之。

今译

骨肉之间不能和睦相处，往往始于一些极其琐碎的事，经年累积，而最终导致终身不和。而造成终身不和的原因，在于产生罅隙之后，彼此生着闷气，谁都放不下身段，没人愿意先提出讲和。大家生活在一起，彼此之间有失礼之事也是在所难免的，可如果其中有一方愿意主动提出和解，与对方平心静气地把什么话都说开，这样彼此间的关系就会恢复如初，这是每个人都需要认真思考的问题。

简评

至亲骨肉每天生活在一起，之间发生摩擦在所难免。发生矛盾时，如果能及时修补，努力把彼此间的关系恢复到当初的情形，那就可以了。

08

俭篇：舆马衣服不可鲜华

居于乡曲，舆马衣服不可鲜华。盖乡曲亲故，居贫者多，在我者孑然异众，贫者羞涩，必不敢相近，我亦何安之有？此说不可与口尚乳臭者言。

今译

在乡下居住，不管是穿的衣服还是驾的马车，都不可太过奢华。因为一般在乡下的亲朋好友，大多数是贫困之家，如果我们显得与众不同，那么这些贫困的人就会羞怯，不敢与我们太过接近，这样一来我们自己又怎能安心呢？当然，这些话不必与那些乳臭未干的人说。

简评

当今时代流行一个词语叫“平民化”，意思是说所谓的大人物要尽量平易近人，不摆官架子，不摆谱，不管是衣食住行，还是说话办事，都要低调朴实。袁采的这则语录表达的也是这些意思，希望那些有权有势之人能够尽可能地接近普通百姓，只有这样才能不脱离群众，受到百姓的尊重。

09

防盗篇：多蓄之家，盗所觊觎

多蓄之家，盗所觊觎，而其人又多置什物，喜于矜耀，尤盗之所垂涎也。富厚之家若多储钱谷，少置什物，少蓄金宝丝帛，纵被盗亦不多失。前辈有戒其家：“自冬夏衣之外，藏帛以备不虞，不过百匹。”此亦高人之见，岂可与世俗言！

今译

家境殷实的人家，往往是盗贼惦记的对象，而有些人却喜欢过分炫耀家中的财物，喜欢过多地置办财物，这样就会引起盗贼的觊觎。那些家境丰厚的人家，如果能多储存些钱谷，少置办金银、丝帛、珠宝这些东西，即便是被盗窃，损失也不会很大。一位前辈就曾劝诫他的家人：“除了每季必备的衣物外，家中储藏的以备不测的绢帛一定不要超过百匹。”这可是高人的见解，岂能与世俗之人言说！

简评

身为吝啬者、守财奴虽然不好，可过于奢靡也不是持家之道，那些喜欢显露自己是多么富有的人，往往就会引来盗贼的侵扰。所以，日常生活中，我们要保持朴素和低调。

10

年高篇：顺适其意，则尽其欢

年高之人，作事有如婴孺，喜得钱财微利，喜受饮食、果实小惠，喜与孩童玩狎。为子弟者，能知此而顺适其意，则尽其欢矣。

今译

越是年龄大的人，做事越像个孩子，喜欢一些蝇头小利，喜欢接受一些美味的果实等东西，并且喜欢和孩子们一起玩耍。作为子女，如果能懂得这个道理，以此来满足老人们的要求，让他们尽情地得到快乐，这样就会使得他们的晚年生活更加幸福。

简评

一个人从年轻到暮年，能力和心智将伴着“行将就木”的惶惧感而逐渐衰弱，这时候，老人开始出现对于环境和亲人的依赖感，恰似懵懂的儿童一样，而儿童所寻求的对象是自己的父母，老人所寻求的对象则是他们的儿女。

这也是老人的无限可爱之处！我们常说“家有一老，如有一宝”。家有老人，是上天赠给我们的一笔财富。善待老人，就是在善待我们自己，因为将来我们也会变成老人。

11

孝道篇：人之孝行，根于诚笃

人之孝行，根于诚笃，虽繁文末节不至，亦可以动天地、感鬼神。尝见世人有事亲不务诚笃，乃以声音笑貌缪为恭敬者，其不为天地鬼神所诛则幸矣，况望其世世笃孝而门户昌隆者乎！慷能知此，则自此而往，凡与物接，皆不可不诚，有识君子，试以诚与不诚较其久远，效验孰多？

今译

人之所以会行孝，其根源在于他们真诚笃信的情感，即便在一些细枝末节上没能做得很到位，但仍可惊天地、泣鬼神。曾经看到一些对待双亲不真诚笃信的人，却仍以声音笑貌假装恭敬孝顺，他们的这种行为能不被天地鬼神所诛杀就算是好的了，又怎能期待世代子孙都能做到尽善尽孝，这样的家族又怎么可能兴隆昌盛呢？如果每个人都能明白这个道理，那么从此以后，凡是在待人接物、侍奉双亲方面，就千万不可不真诚，有见识的君子们可尝试将真诚的行为和不真诚的行为相比，看看哪一个能够走得更久远一些，看一看哪种做法的效果会更好？

简评

在世为人，必须用一颗真诚的心来对待父母，只有这样才能称得上是真正的孝行。

12

教化篇：子幼必待以严，子壮无薄其爱

人之有子，多于婴孺之时爱忘其丑。恣其所求，恣其所为，无故叫号，不知禁止，而以罪保母。陵轹同辈，不知戒约，而以咎他人。或言其不然，则曰小未可责。日渐月渍，养成其恶，此父母曲爱之过也。及其年齿渐长，爱心渐疏，微有疵失，遂成憎怒，抚其小疵以为大恶。如遇亲故，装饰巧辞，历历陈数，断然以大不孝之名加之。而其子实无他罪，此父母妄憎之过也。爱憎之私，多先于母氏，其父若不知此理，则徇其母氏之说，牢不可解。为父者须详察之。子幼必待以严，子壮无薄其爱。

今译

对每个人来说，一旦有了孩子，就会在孩子还是婴孩之时给他们过分的宠爱，而忽略了孩子身上的坏毛病，对他们各种各样的要求都尽量满足，对他们各种各样的行为也不管不顾，有时他们会无故地大声喊叫、胡闹，但父母却不加以制止，还会埋怨看护孩子的人没有照顾好孩子。自己的孩子欺负了别人家的小孩，父母却不去管束自己的孩子，反倒埋怨被欺负的孩子。或者有的父母虽然承认孩子的行为是错误的，但也认为孩子太小没必要责备。时间一久，孩子就养成了恶习，而这一切都是父母对孩子的溺爱造成的。随着孩子渐渐长大，父母的溺爱之心也会渐减，孩子一旦犯了错，父母便会大发雷霆，就算孩子犯的是个小小的过错，也会被认为是很大的过错。如果遇到亲朋旧知，甚至会极力装饰自己的言辞，把孩子的过失统统尽述，还会把不敬不孝的罪名强加在孩子身上。可是孩子其实没有其他的过错，只不过是父母把自身情绪化的憎恶强加到孩子身上罢了。这种极端的爱憎感情大多是母亲给予的，可如果父亲不懂得这个道理，对孩子母亲所做的一切言听计从，认为她的话就是不可改变、牢不可破的真理，这样他们就会犯同样的错。作为父亲，应该观察孩子的言行举止并详细了解，当孩子还小的时候一定要严格要求，长大后也不要减少对他的爱。

简评

婴儿出生时简单得如同一张白纸，而最早在这张白纸上为他素描的人就是他身边的人，尤其是至亲父母。父母为他提供了基本的生活所需，同时也在教会他做人的道理，教会他如何在这个世界生存，哪些事情可以做，哪些事情不能做，婴儿就在这样不断的教育中慢慢长大，走向成熟和独立。历史上有很多经验教训告诉我们：不可对孩子过分溺爱。如果在塑造孩子人生观、价值观的时候，父母一味地放纵，孩子没有形成正确的价值观和人生观，就会惹出祸端，做出很多让父母伤心的事情。这个时候，就算父母有心想管教，恐怕也是心有余而力不足了，只能后悔当初过分溺爱孩子了。

13

爱子篇：人之有子，须使有业

人之有子，须使有业。贫贱而有业，则不至于饥寒；富贵而有业，则不至于为非。凡富贵之子弟，耽酒色，好博弈，异衣服，饰舆马，与群小为伍，以至破家者，非其本心之不肖，由无业以度日，遂起为非之心。小人赞其为非，则有啜钱财之利，常乘间而翼成之。子弟痛宜省悟。

今译

一旦有了孩子后，就必须让孩子有自己的事业或者生活技能。这样就算是贫困人家的孩子，只要有了生活技能，也不至于受饥寒之苦；而富贵之家的孩子一旦有了事业，就不会无所事事、肆意妄为。凡是大富大贵之家的孩子，都喜欢下棋赌博，喜欢沉迷酒色，喜欢装饰自己的马车，更喜欢用华丽的衣服来装饰自己，并且与之交往的往往是一些不务正业的人，有些甚至使家庭没落，可这并不是因为他们本性就差，而是因为他们没有生存的技能，所以无所事事，便开始胡作非为。那些居心不良的小人却怂恿和鼓励这类胡作非为的行为，因为想从中得到一些钱财，常常趁虚而入，推波助澜，让那些富家子弟做了更多的坏事。对此，这些富家子弟应该有非常清晰的认识和反省。

简评

对于一个孩子来说，不管贫富，都应该掌握一技之长，有生存的技能。这样才能远离祸患，使人生顺利圆满。

14

偏爱篇：人之兄弟不和，或由于父母憎爱之偏

人之兄弟不和而至于破家者，或由于父母憎爱之偏，衣服饮食，言语动静，必厚于所爱而薄于所憎。见爱者意气日横，见憎者心不能平。积久之后，遂成深仇。所谓爱之，适所以害之也。苟父母均其所爱，兄弟自相和睦，可以两全，岂不甚善！

今译

兄弟不和导致家庭破财大多是因为父母的偏爱，有些父母不管是在衣食住行还是言语行为上，都会表现出对所偏爱之人的厚爱，以及对所厌恶之人的寡淡。那些被厚爱的孩子就会慢慢变得骄扬跋扈，而被厌恶的孩子心中就会愤愤不平，时间久了，就成了仇恨。这时，父母这些不平等的爱就成为他们不和的利刃。如果父母在对待每个孩子的时候都能

平等公正，那么兄弟自然能够互敬互爱，这样两全其美的做法岂不是很好吗?

简评

不患寡而患不均，父母应该公平公正地对待每一个孩子，不能有所偏颇。否则，被偏爱的孩子就会心生骄横，认为别人所给的爱都是理所应当的；而那被忽略的孩子就会产生怨恨和不平，严重的还会导致孩子心理不健全，从而造成心理疾病。

15

幼子篇：长者宜少让，幼者宜自抑

同母之子，而长者或为父母所憎，幼者或为父母所爱，此理殆不可晓。窃尝细思其由，盖人生一二岁，举动笑语自得人怜，虽他人犹爱之，况父母乎？才三四岁至五六岁，恣性啼号，多端乖劣，或损动器用，冒犯危险，凡举动言语皆人之所恶。又多痴顽，不受训诫，故虽父母亦深恶之。方其长者可恶之时，正值幼者可爱之日，父母移其爱长者之心而更爱幼者，其憎爱之心从此而分，遂成迤逦。最幼者当可恶之时，下无可爱之者，父母爱无所移，遂终爱之，其势或如此。为人子者，当知父母爱之所在，长者宜少让，幼者宜自抑。为父母者又须觉悟，稍稍回转，不可任意而行，使长者怀怨，而幼者纵欲，以致破家。

今译

同一个母亲所生的孩子，年长者大多会被父母所厌恶，而父母对年幼者则很宠爱，这其中的原因，至今没人能够解释清楚。我曾认真思考了这个原因，大概对人来说，一两岁的孩子不管是言语还是举止都是十分惹人喜爱的，就算是一个外人看了也会心生怜爱，更何况是自己的父母呢？而到了三四岁或者五六岁的时候，其在很多方面开始乖违恶劣，常常大声啼哭，有时甚至破坏家里的东西，常常还会接触到一些危险的东西，举动言语都会让人心生厌烦。这时的孩子淘气又顽皮，不听从父母的训斥，所以就算是亲生父母也会对他们很厌恶。当年龄大点的孩子正处在让人讨厌的阶段时，年龄小点的孩子自然就成了大人喜爱的中心，这时父母就会把所有的爱都转移到小孩子的身上，这样一来爱憎之情也就格外分明了，于是就一直持续了下来。而当最小的孩子也到了让父母厌恶的阶段时，却没有更小的孩子来接手父母的爱，这样父母的爱也就没有了转移的对象，所以就会一直爱着这个最小的孩子，大概的情况应该就是这样的。作为人子，应该明白父母的爱表现在哪里，年长的孩子应该让着年幼的，而年幼的也应该控制自己，不可肆意妄为。作为父母，也应该明白这其中的道理，让自己执拗的爱心稍微回转一下，不能仅凭自己的情感做事，对孩子们的爱有所偏颇。如果偏爱，就会导致年长的孩子心存怨恨，而年幼的孩子太过放肆，从而也有可能导致家庭破败。

简评

俗话说“手心手背都是肉”，在对待子女问题上，父母应一视同仁。可在现实生活中，父母对孩子偏心的现象还是屡见不鲜。偏爱是一种不公平的亲子关系，容易对被偏爱的孩子造成巨大的影响，对遭到忽略的孩子更是影响巨大，很多幼时遭遇不公平的孩子到了成年也难以释怀，严重的甚至会造成性格缺陷甚至引发忧郁症。所以，父母对待子女一定要公平。

16

叔侄篇：与亲父母不相远

父之兄弟，谓之伯父、叔父；其妻，谓之伯母、叔母。服制减于父母一等者，盖谓其抚字教育有父母之道，与亲父母不相远。而兄弟之子谓之犹子，亦谓其奉承报孝，有子之道，与亲子不相远。故幼而无父母者，苟有伯叔父母，则不至无所养；老而无子孙者，苟有犹子，则不至于无所归。此圣王制礼立法之本意。今人或不然，自爱其子，而不顾兄弟之子。又有因其无父母，欲兼其财，百端以扰害之，何以责其犹子之孝！溻犹子亦视其伯叔父母如仇仇矣。

今译

父亲的兄弟我们称之为伯父或者叔父；而伯父或者叔父的妻子我们称之为伯母或者叔母。如果叔父、叔母去世，作为侄儿，为他们服丧的标准只是略低于父母，这就说明伯父（叔父）、伯母（叔母）对侄儿的抚养教育与其亲生父母相差无几。兄弟的孩子也被叫做犹子，就是因为他们孝顺伯父、伯母就像他们的亲儿子一样，与亲儿子也是所差无几。所以，那些从小就失去父母的孩子，如果有伯父、叔父，伯母、叔母，也就不至于无人抚养；而那些没有子孙后代而有侄子的老人，也不至于晚年无人赡养。这就是贤圣之王当初制定礼法的本意。可现实中，有些人却并非如此，他们只是对自己的孩子很疼惜，而对兄弟的孩子不管不顾。更有甚者，因为他们没有了父母，就想霸占人家的财产，对自己的侄儿更是千方百计地扰乱迫害，这又怎能要求侄儿将来为你尽孝呢？可能这就是有些侄子把伯父、伯母以及叔父、叔母当作仇人的原因吧！

简评

我国是个注重道德伦理的国家，诸如“老吾老以及人之老，幼吾幼以及人之幼”的理念更是随处可见，大家基本上都能做到这些，更何况是有血缘关系的叔侄呢？

17

圣人篇：言忠信，行笃敬

言忠信，行笃敬，乃圣人教人取重于乡曲之术。盖财物交加，不损人而益己，患难之际，不妨人而利己，所谓忠也。不所许诺。纤毫必偿，有所期约，时刻不易，所谓信也。处事近厚，处心诚实，所谓笃也。礼貌卑下，言辞谦恭，所谓敬也。若能行此，非惟取重于乡曲，则亦无入而不自得。然敬之一事，于己无损，世人颇能行之，而矫饰假伪，其中心则轻薄，是能敬而不能笃者，君子指为谀佞，乡人久亦不归重也。

今译

言论讲究的是诚信，行为奉行的是笃敬，这是圣人教导人们如何获得乡里人敬重的重要法则。在钱财方面，不做损人利己的事；在患难之时，不做损人利己的事，这就是所谓的“忠”。一旦给人许下了承诺，哪怕是一丝一毫的小事，也一定要言而有信；一旦和别人约定好了时间，哪怕是一时一刻也不能耽误，这就是所谓的“信”。接人待物热情厚道，发自内心地以诚相待，这就是所谓的“笃”。懂礼貌，谨言慎行，言辞谦逊，这就是所谓的“敬”。如果能够做到“言忠信，行笃敬”，这样不仅能得到乡里人的敬重，做任何事也能一帆风顺。恭敬待人这一要求，因对自己没有丝毫的损失，所以基本上所有人都能做到。可如果不能做到表里如一，表面上对所有人都很好，内心却轻视鄙薄，这就只能说是“敬”而没有“笃”了，这样的人在君子眼里就是奸佞小人，时间久了乡亲们自会看清其真面目而不再敬重他了。

简评

在任何时代，做人表里如一，做事讲究诚信，这些都是立足于世的基本原则。有人投机取巧，自作聪明，为了达到目的而损害他人利益；有人善于伪装，人前人后两副面孔，这样的人很难交到知心朋友。我们应该把袁采提倡的“忠、信、笃、敬”作为为人处世的信条。

18

过篇：人非圣贤，安得每事尽善

圣贤犹不能无过，况人非圣贤，安得每事尽善？人有过失，非其父兄，孰肯诲责；非其契爱，孰肯谏谕。泛然相识，不过背后窃讥之耳。君子惟恐有过，密访人之有言，求谢而思改。小人闻人之有言，则好为强辩，至绝往来，或起争讼者有矣。

今译

就连圣贤之人都会有犯错的时候，更何况一般人并非圣贤，又怎能做到每件事都尽善尽美呢？一旦有人犯了错，除了他的父母兄长，又有谁会去教导责备他呢？除非是情投意合的朋友，又有谁肯规谏劝告呢？如果只是泛泛而交的人，不过背地里议论议论罢了。君子经常担心自己犯错，私下里会观察别人对自己的评价，听到他人的议论就会感激别人，并且改正自己的错误。而那些品德低下的小人，一旦听到别人对自己的评论，就会为自己辩解，最终导致朋友间的关系决裂，更有甚者为此而对簿公堂。

简评

俗语说：“人非圣贤，孰能无过。”每个人都会犯错，犯错没什么大不了的，关键在于如何面对自己的错误。有人“闻过则喜”，能够针对错误及时改正；而有的人却刚愎自用，不愿改正。纵观古今，不论是开明的君主，还是贤达人士，凡是能有一番作为的人，都是能够知错就改的人，而那些文过饰非、不知悔改的人，想要成功却是很难的。

19

持家篇：日入之数，多于日出

起家之人，易为增进成立者，盖服食器用及吉凶百费，规模浅狭，尚循其旧，故日入之数，多于日出，此所以常有余。富家之子，易于倾覆破荡者，盖服食器用及吉凶百费，规模广大，尚循其旧，又分其财产立数门户，则费用增倍于前日。子弟有能省用，速谋损节犹虑不及，况有不之悟者，何以支持乎？古人谓“由俭入奢易，由奢入俭难”，盖谓此尔。大贵人之家尤难于保成。方其致位通显，虽在闲冷，其俸给亦厚，其馈遗亦多，其使令之人满前，皆州郡廪给，其服食器用虽极华侈，而其费不出于家财。逮其身后，无前日之俸给、馈遗使令之人，其日用百费非出家财不可。况又析一家为数家，而用度仍旧，岂不至于破荡？此亦势使之然，为子弟者各宜量节。

今译

创立家业的人之所以能够积累越来越多的财富，是因为他们在服装、饮食、器皿、用具以及在红白喜事的操办和各种日常花费上一向都很节俭，遵循传统旧俗。所以，他每天的收入多于支出，这样每天都会有剩余。而那些富家子弟却很容易搞得倾家荡产，就是因为他们在服装、饮食、器皿、用具上浪费了太多，操办红白喜事也过于铺张浪费，他们也是遵循之前的习俗，并且还是好几位兄弟分了财产并各立门户，这样一来，日常的花销就是平时的好几倍。子弟中就算有人要节约费用，做长久的计划，恐怕也来不及呢，更何况有些人根本领悟不到这些，又怎能把家业延续下去呢？古人说“从节俭走向奢侈很容易，而想从奢侈再回到节俭就比登天还难了”，大概说的就是这种情况。那些富可敌国的权贵之家也不敢保证他们的子孙能够守住家业。当他们位高权重的时候，即便在清闲冷落的职位，国家发放的俸禄也是十分丰厚的，从别人那里受贿的钱财也有很多，虽然他们做什么事都有奴隶衙役，但这些仆人的费用都是由各州郡官方供给，就连他们那些奢华的服饰、饮食、器皿也不用自家支付。可一旦到了这些权贵的后世子孙一辈，没有了父祖辈为官时朝廷的丰厚俸禄，没有了别人馈赠的钱财，这时不管是差役仆从的薪水，还是日常生活的开支，都需要从自己家中支付。况且到了后世，子孙各自为家，但所有的开支花销还是和以前一样，怎能不倾家荡产呢？这些都是形势所迫、在所难免的，所以说做子弟的，在消费的时候要量力而行，量入为出，勤俭节约。

简评

不管是权贵之家还是平民百姓，都应该量入为出，在生活中不可过度铺张浪费，只有这样才能保持家业兴旺。如果在日常生活中不做详细的计算，久而久之，就算有万贯家财，也会入不敷出，落得个倾家荡产的地步。

20

生死篇：贪生畏死，其情则与人同

飞禽走兽之与人，形性虽殊，而喜聚恶散，贪生畏死，其情则与人同。故离群则向人悲鸣，临庖则向人哀号。为人者既忍而不之顾，反怒其鸣号者有矣。胡不反己以思之？物之有望于人，犹人有望于天也。物之鸣号有诉于人，而人不之恤，则人之处患难、死亡、困苦之际，乃欲仰首叫号，求天之恤耶！大抵人居病患不能支持之时，及处囹圄不能脱去之时，未尝不反复究省平日所为，某者为恶，某者为不是，其所以改悔自新者，指天誓日可表。至病患平宁及脱去罪戾，则不复记省，造罪作恶无异往日。余前所言，若言于经历患难之人，必以为然。犹恐痛定之后不复记省，彼不知患难者，安知不以吾言为迂？

今译

飞禽走兽与人相比较，在形状、性情方面虽然有所不同，但喜聚厌离和贪生怕死的性情却与人是一样的。所以，那些与群体走散的飞禽走兽会向人悲鸣，或者在被人宰杀时会向人哀号。而作为人类，面对它们的哀鸣，不仅不同情，反倒有厌烦的情绪。为什么人们不愿设身处地地想一想，它们在危难之际对人类抱了莫大的希望，就像人类在遇到危难的时候希望上天能够帮助自己一样。动物哀鸣，希望人类能够帮助它们，但人类却不怜悯它；而当人类自己遇到危难、痛苦之时，却要祈求上苍的怜悯！可能当人有了重病而无法治愈的时候，当人类陷入囹圄之地而不能逃脱的时候，才开始对自己平时的所作所为有所反思，想哪些事情做错了，哪些事情是不该做的。到了这个时候，他们就会对天发誓要痛改前非，重新做人。可一旦病情好转，摆脱了困苦，就可能把自己发过的誓言抛至九霄云外，并且又恢复了往日的无恶不作之相。上面我所说的这些话，历经过磨难的人会赞同我的说法。但是会有那些好了伤疤忘了疼的人，以及那些没有经历过磨难的人，也许会在心里认为我的话迂腐呢？

简评

所有的人与自然界所有的动物都属于大自然的一部分，二者之间具有不可分割的紧密联系，用“唇亡齿寒”来形容一点也不为过，然而人类在很多时候却不明白这个道理。例如，当一些动物在危难之际时，人们却没有动一点恻隐之心来帮助它们，不仅如此，有些人还会大肆地猎杀动物。人们常说“好吃不过天上的飞禽、地上的走兽”，飞禽走兽成了人类的美味佳肴，这种做法对人类来说无异于自杀。因为人与动物同属于一个食物链，某些动物的灭绝甚至会导致整个食物链的中断，所以人类对动物的猎杀，无异于自取灭亡。所以，凡是有理性的人都应该爱护动物，保护动物，这也是在保护人类自己。

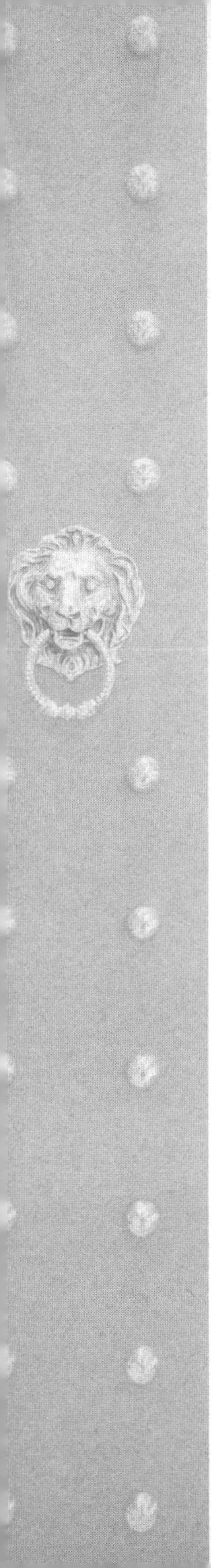

第五章 《曾国藩家训》

——句句皆吾肺腑所欲言

曾国藩（1811—1872年），字伯涵，号涤生，宗圣曾子七十世孙，是中国近代著名的政治家、战略家、文学家、理学家，还是湘军的创立人和统帅，与李鸿章、左宗棠、张之洞并称为“晚清中兴四大名臣”。曾国藩大半生的为政生涯以“耐烦”为第一要务，主张为官不可自傲，凡事皆要勤俭。他一生律己修身，以忠谋政，礼治为先，以德求官，在官场上获得了巨大成功。

《曾国藩家训》于生活细微之处见真知，对其子孙后代影响深远，其子曾纪泽在曾国藩死后才承荫出仕，从事外交；曾纪鸿一生醉心数学，孜孜以求；其孙曾广钧高中进士，终老翰林；直至曾孙、玄孙辈，大多出国留学深造，事业有成。曾国藩对子女的教育留给后人很多可资借鉴之处。

01

养心篇：慎独则心安

一曰慎独则心安：自修之道莫难于养心。心既知有善知有恶而不能实用其力，以为善去恶，则谓之自欺。方寸之自欺与否，盖他人所不及知，而己独知之，故大学之诚意章，两言慎独。果能“好善如好好色恶恶如恶恶臭”，力去人欲以存天理，则大学之所谓“自慊”，中庸之所谓“戒慎恐惧”，皆能切实行之，即曾子之所谓“自反而缩”，孟子所谓“仰不愧，俯不怍”，所谓“养心莫善于寡欲”，皆不外乎是。故能慎独，则内省不疚，可以对天地，质鬼神，断无“行有不慊于心则馁”之时。人无一内愧之事，则天君泰然，此心常快足宽平，是人生第一自强之道，第一寻药之方，守身之先务也。

今译

第一条，单独一人的时候做事也不违法违纪，心里就会安稳。在自我修养方面，养心是最难的。既然心中知晓善恶，有善恶之分，却无法尽力做善事、远离作恶，这就是自我欺骗。自欺之事他人当然无法知道，只有自己心里清楚，所以在《大学》的“诚意”这一章里，曾两次提到了慎独。如果一个人真的能够如喜欢美色一般去喜欢行善，如厌恶恶臭一般讨厌邪恶的事，努力灭除人欲而只留下天道天理，那么《大学》中所提及的“自慊”、《中庸》中所提及的“戒慎恐惧”，便都能落实到位。曾子所说的无愧于心，孟子所说的无愧于天地的境界，所谓养心最好的办法是清心寡欲，这些都是养心的道理。所以，如果能做到慎独，在自我反省的时候对天地鬼神就不会有负罪感，就不会因一些事情不合心意而心存不安。如果一个人的内心坦坦荡荡，没有什么愧疚于他人的事情，就会心胸开阔，自然就会感到平和、坦然。人生想要自强，这可是第一之道，也是寻找快乐的最好方法，更是守身的先决之务。

简评

“慎独”是我国古代儒家创造出来的具有民族特色的自我修身方法。“慎独”作为一种修养方法，强调的是不管在何种情境下，即在没有任何外在监督的情况下能够始终不渝地坚持自己的道德信念，自觉按道德要求行事，不会因无人知晓而为所欲为。

很少有人的一生都被繁华、荣誉、鲜花和掌声所包围，当繁华过后，留下来的只是落寞和空虚，这时的你如果能够依旧用微笑来善待生命，能够依旧坚持道德信念，这才是真正的君子。

02

身强篇：主敬则身强

二曰主敬则身强：“敬”之一字，孔门持以教人，春秋士大夫亦常言之。至程朱则千言万语，不离此旨。内而专静纯一，外而整齐严肃，敬之工夫也。出门如见见大宾，使民如承大祭，敬之气象也。修己以安百姓，笃恭而天下平，敬之效验也。程子谓：“上下一于恭敬，则天地自位，万物自育，气无不和，四灵毕至，聪明睿智，皆由此出，以此事天飨帝。”盖谓敬则无美不备也。吾谓“敬”字切近之效，尤在能固人肌肤之会，筋骸之束。庄敬日强，安肆日偷，皆自然之征应。虽有衰年病躯，一遇坛庙祭献之时，战阵危急之际，亦不觉神为之悚，气为之振。斯足知敬能使人身强矣。若人无众寡，事无大小，一一恭敬，不能懈慢，则身体之强健，又何疑乎？

今译

第二条，时刻尊重别人，自身就会变得强大。“敬”这一个字，是孔孟教人之道，春秋时期的士大夫也常常会用到它。到二程与朱子之间的诸多言论，都离不开“敬”这个字。内心专静纯一，心无杂念，而外表则整齐严肃，这就是敬的功夫。出门就像去见重要的宾客，役使百姓就像参加大祭祀一般，这些就是敬的表现。内心修养能够安抚天下黎民，诚笃恭敬则可使天下太平，这就是敬的作用。程子说：“如果所有人都能毕恭毕敬，这样一来，天地自会安守本位，万物也会自然化育，一切都将风调雨顺，各种各样的祥瑞之事就会接踵而至，人也会因此变得聪明睿智。用敬来对待上天，以此来使天子感到满意。”所以说，只要有了“敬”，一切美好的事都会到来。我认为对人类来说，“敬”最大的功效，莫过于能使人身心健康，可使人筋骨强壮。可如果人贪图安逸，那么身体则会每况愈下，这些都是自然而然的事情。即便是年老多病的人，一旦遇到大祭祀活动，或者在战场上遇到危急时刻，也会为这些事而变得精神矍铄，仅从这方面就可以看出“敬”的功效，即能够使人身体强壮。如果每个人都能在不管人多人少，不管事情大小的时候都恭恭敬敬地做，丝毫不敢懈怠，那么他的身体必会健康强壮，这有什么值得怀疑的呢？

简评

曾国藩所谓的“主敬”，实际上是一种精神上的自我约束和追求。曾公说自己即使年老多病，遇到重要的祭祀或者重大战事时，精神也会变得特别好，这里说的就是“敬”能够强身。

主敬，时刻尊重别人，才能获得别人的尊重，才能让自己的内心强大豁达。所谓“心强则身强”，如果能经常保持愉悦的心情，身心就不会累，自然不易得病。

03

求仁篇：求仁则人悦

三曰求仁则人悦：凡人之生，皆得天地之理以成性，得天地之气以成形。我与民物，其大本乃同出一源。若但知私己而不知仁民爱物，是于大本一源之道，已悖而失之矣。至于尊官厚禄，高居人上，则有拯民溺救民饥之责；读书学古，粗知大义，即有觉后知觉后觉之责。若但知自了，而不知教养庶汇，是于天之所以厚我者，辜负甚大矣。孔门教人，莫大于求仁，而其最切者，莫要于“欲立立人，欲达达人”数语。立者，自立不惧，如富人百物有余，不假外求。达者，四达不悖，如贵人登高一呼，群山四应。人孰不欲己立己达，若能推以立人达人，则与物同春矣。后世论求仁者，莫精于张子之西铭，彼其视民胞物与，宏济群伦，皆事天者性分当然之事，必如此，乃可谓之人，不如此，则曰悖德，曰贼。诚如其说，则虽尽立天下之人，尽达天下之人，而曾无善劳之足言，人有不悦而归之者乎？

今译

第三条，做事按仁义的方法去处理，就会让别人认可和喜欢你。每个人的出生，都是禀赋天地之理而成性，得到天地之气而成形体。我与所有人以及世间万物，可以说都有着同样的根源，如果自私到只爱惜自己却不知为百姓万物着想，那么就违背了这一天道。那些享受优厚俸禄的高官，地位在百姓之上，那他就有责任拯救百姓于痛苦饥饿之中。那些学习古人读圣贤书的人，能够粗略地了解其中的大义，就有责任去教导那些还不知大义的人。如果每个人都只想着自己，却不知道教养百姓，那么就会大大地辜负上天厚待我的本心。儒家的教育，主要就是教育人们要追求仁义，而其中最急切的，莫过于“如果自己想要成就一番事业，必须首先帮助别人成就事业；如果自己想要显达，首要之事就是帮助别人显达”这几句话。已经功成名就的人根本不用担心自己能否成功，就像那些富有的人根本不用担心去向别人借钱一样；已经显达的人，他们能够继续显达的机会有很多，就像那些身份尊贵的人，一声高呼，响应者就会有很多很多。有谁不想让自己事业有成，不想让自己显达呢？如果可以推己及人，如果能够让别人事业有成，让别人能够显达，那么一切就算是美满了。后世中关于追求仁的谈论没有能够超过张载的《西铭》的，他的观念是推“仁”于百姓与世间万物，广济天下苍生，这些都是尊敬天道的人应当做的事。只有这样，才能被称为人，不然也就违背了做人的准则。如果所有人真的就像张载所说的那样，那么天下的所有人都能成就自己的事业，都能够显达，这样就算再苦再累也都甘之如饴，这样一来，天下的人都会心悦诚服，有谁会不真诚地拥戴呢？

简评

在曾公眼里，所谓的仁义有两层意思：一方面，每个人都应该心怀“仁义”，都不该自私，父母对未成年子女有责，子女对年老的父母有责，为官要对百姓有责，为学则对社稷有责，心里存有仁爱，才会不失大道。另一方面，世上几乎所有的事业都很难由一个人独自完成，人生中可能会出现的许多转机大多由朋友提供。如果与人相处，处处存有功利之心，那么别人回馈过来的也大多是功利之心而已。如果一个人能时时以仁爱处世，用豁达的心态与人相处，自然会收获一批真诚相交的朋友。

04

习劳篇：习劳则神钦

四曰习劳则神钦：凡人之情莫不好逸而恶劳。无论贵贱智愚老少，皆贪于逸而惮于劳，古今之所同也。人一日所着之衣，所进之食，与一日所行之事，所用之力相称，则旁人韪之，鬼神许之，以为彼自食其力也。若农夫织妇终岁勤动，以成数石之粟，数尺之布；而富贵之家，终岁逸乐，不管一业，而食必珍羞，衣必锦绣，酣豢高眠，一呼百诺，此天下最不平之事，鬼神所不许也！其能久乎？古之圣君贤相，若汤之昧旦不显，文王日昃不遑，周公夜以继日，坐以待旦，盖无时不以勤劳自励。无逸一篇，推之于勤则寿考，逸则夭亡，历历不爽。为一身计，则必操习技艺磨练筋骨，困知勉行，操心危虑，而后可以增智慧而长才识；为天下计，则必己饥己溺，一夫不获，引为余辜。大禹之周乘四载，过门不入；墨子之摩顶放踵，以利天下；皆极俭以奉身，而极勤以救民。故荀子好称大禹墨翟之行，以其勤劳也。

军兴以来，每见人有一材一技，能耐艰苦者，无不见用于人，见称于时。其绝无材技，不惯作劳者，皆唾弃于时，饥冻就毙。故勤则寿，逸则夭；勤则有材而见用，逸则无能而见弃；勤则博济斯民，而神钦仰；逸则无补于人，而神鬼不钦。是以君子欲为人神所凭依，莫大于习劳也。

余衰年多病，目疾日深，万难挽回。汝及诸侄辈，身体强壮者少。古之君子修己治家，必能心安身强，而后有振兴之象；必使人悦神钦，而后有骈集之祥。今书此四条，老年用自敬惕，以补昔岁之衍，并令二子各自勖勉。每夜以此四条相课，每月终以此四条相稽。仍寄诸侄共守，以期有成焉。

今译

第四条，如果能习以劳苦，就算神仙也会钦佩不已。好逸恶劳是人类的本性，无论是什么人，年老还是年少、愚蠢还是聪明、身份高贵还是卑贱，几乎所有人都喜欢安逸，不喜辛劳，古往今来皆是如此。人每天所穿的衣服、所进的食物，都与他这一天所做的事、所出的力是相对应的，这样一来就能得到别人的认可，因为这是自食其力，所以就连鬼神也会认可他们。对于那些种田的农民或者织布的妇女而言，一年到头辛辛苦苦，不停忙碌，到头来得到的不过是几石粟、几尺布罢了；而那些富贵之人，一年到头什么事也没做，只是享受安乐，但每天吃的却是山珍海味，穿的是绫罗绸缎，还豢养着很多的奴才，高枕无忧，一呼百应，这是天下最不公之事，就是鬼神也不会允许的，这样他们岂能长久？那些古时的明君、贤德宰相，就像商汤每次都是通宵达旦地工作，周文王忙得连吃饭都顾不上，而周公更是夜以继日、废寝忘食，他们都是时刻以勤劳勉励自己。在《无逸》一篇中，认为如果人能保持勤劳，就可以长寿；如果人只是贪图安逸，便会夭亡，这是屡试不爽的。所以，从个人角度着想，需要练习技艺，磨炼筋骨，遇到疑难不解之事要认真学习，不断检勉自己，时刻居安思危，这样才能增长知识、才能。从天下角度着想，则需要自己先承受饥饿劳苦，只要有人没有收获成果，那就应该认为是自己的罪过。大禹治水历经四年，可谓历尽千辛万苦，三过家门而不入；墨子摩顶放踵，为天下苍生谋取利益；这些人都是以辛苦自己来为天下人谋求福利。也正是因为他们勤劳，故而深得荀子的喜爱。

自军兴以来，往往是那些有一技之长、能够忍受苦难的人才会被重用，并得到人们的称赞。而那些既没有才能，也没有技术，又不愿辛勤劳作的人，则会被当时的人们所唾弃，最后不是冻死就是饿死。所以，勤劳的人会长寿，享受安乐的人则会夭折；只要勤奋，就会获得才能，就会有被人重用的机会；贪图安逸的人，则很难有长进，很难获得才能，并会被人唾弃。勤劳能普济众生，就连神也会钦佩仰慕；而安逸则没有任何价值，更不会获得神鬼的庇佑。所以，如果想要成为人们和神仙都信得过的人，最重要的就是要习惯于勤奋劳作。

在我年老后，身体越来越差，眼病更是越来越严重，已经到了无法挽回的地步。你和诸位侄子中，身强体壮者甚少。古代君子讲究自我修养，想要治理家业，必定要身体强健，心态平衡，只有这样才能振兴家业；一定要让人感到愉悦，让鬼神感到钦佩，这样各种好运才能到来。以上写的这四条，一方面是用来弥补以前的不足，另一方面是用来作为年老时的自我勉励，同时也是用来勉励我的两个儿子每晚都按这四条来做事，到每个月底则用这四条来检测这个月的行为是否合格。同时也把这些寄给诸位侄子，希望他们日后都能有所成就。

简评

曾国藩认为，一个人的衣食住行与其所行之事、所用之力相匹配，这才是最符合天道的，也会受人赞许，这就是所谓的“神钦”。有些富贵子弟，锦衣玉食，却一无所长，不务正业，这样自然难以长久。所得到的与付出的努力并不匹配，这必将成为他日倾覆的引子。曾国藩对此有清醒的认识，即使到后来身居高位，权倾朝野，他依然坚持勤勉自励。从曾国藩身上，我们看到了中国人的气度。

05

守静篇：神明如日之升，身体如鼎之镇

神明则如日之升，身体则如鼎之镇，此二语可守者也。惟心到静极时，所谓未发之中，寂然不动之体，毕竟未体验出真境来。意者，只是闭藏之极，逗出一点生意来，如冬至一阳初动时乎。贞之固也，乃所以为元也；蛰之坏也，乃所以为启也；谷之坚实也，乃所以为始播之种子也；然则不可以为种子者，不可谓之坚实之谷也。此中无满腔生意，若万物皆资始于我心者，不可谓之至静之境也。然则静极生阳，盖一点生物之仁心也，息息静极，仁心之不息，其参天两地之至诚乎？颜子三月不违，亦可谓洗心退藏极静中之真乐者矣。

今译

神明如同太阳升起一般，身体则像鼎一样巍然不动，这两点是应该被固守和遵循的。只是心到至静境地时，没有喜怒哀乐，身体寂然不动，毕竟还没体验出真正的意境。而所谓意境，只有封闭潜藏到极点，才会引发出一点点生气来，如同冬至时节一缕初动的阳光。固守忠贞，是为了有始有终；春雷响动，是为了开地破土；谷类坚实，是为了做始播的种子；而不坚实的谷，则不能作为种子。此中如果没有满腔的生意，万物的循环终始存放于心，就不可以说到了至静的境界。然而，平静到极点就会生发阳气，可能是世间的一点仁心使然。气息进入极静之境，天地仁心不息，这种至诚难道不可与天地相比吗？颜子做到了三个月不违背仁义，可以说他是清净内心到了静极的境界中而真正获得快乐之人。

简评

在我们的生活中，大家好像更加强调要有动态美，但过犹不及，如果过了就会变味。我们追求动态美，是追求一种充满活力的、健康的生活方式，而不能演变为声嘶力竭的叫嚷、公共场所的喧嚣、极其夸张的工作、海量信息的有量无质。这些都属于厚动薄静，很难具有持久的生命力。

守静而“无不为”，“大音希声，大象无形”。我们要学会守静，在安静中沉静自我，才能获得人生之大乐。

06

修身篇：立志居敬，谨言有恒

序

少不自立，荏苒遂洎。今兹盖古人学成之年，而吾碌碌尚如斯也，不其戚矣！继是以往，人事日纷，德慧日损，下流之赴，抑又可知。夫疾所以益智，逸豫所以亡身。仆以中才，而履安顺，将欲刻苦而自振拔，谅哉！其难之欤！作五箴以自创云：

立志箴

煌煌先哲，彼不犹人。藐焉小子，亦父母之身！聪明福禄，予我者厚哉！弃天而佚，是及凶灾。积悔累千，其终也已！往者不可追，请从今始。荷道以躬，兴之以言！一息尚存，永矢弗谖！

居敬箴

天地定位，二五胚胎。鼎焉作配，实曰三才。俨恪齐明，以凝女命。女之不庄，伐生戕性。谁人可慢？何事可弛？弛事者无成，慢人者反尔。纵彼不反，亦长吾骄。人则下女，天罚昭昭！

主静箴

齐宿日观，天鸡一鸣。万籁俱息，但闻钟声。后有毒蛇，前有猛虎，神定不慑，谁敢予侮？岂伊避人？日对三军。我虑则一，彼纷不纷。驰骛半生，曾不自主。今其老矣，殆扰扰以终古。

谨言箴

巧语悦人，自扰其身。闲言送日，亦搅女神。解人不夸，夸者不解。道听途说，智笑愚骇。骇者终明，谓女贾欺。笑者鄙女，虽矢犹疑。尤悔既丛，铭以自攻。铭而复蹈，嗟女既耄。

有恒箴

自吾识字，百历及兹，二十有八载，则无一知。曩者所忻，阅时而鄙。故者既抛，新者旋徙。德业之不常，是为物迁。尔之再食，曾未闻或愆。黍黍之增，久乃盈斗。天君司命，敢告马走。

今译

序

年轻的时候任凭光阴流逝而不自立，在古时，和我年纪相仿的人早已学有所成，可我现在仍是碌碌无为，实在令人伤感！随着时间的流逝，所牵涉的人事越来越多，而自我德行和智慧却在一天天减少，慢慢地在走下坡路，这都是可以预知的。疾病能使人增长智慧，而安逸却只能让人丧亡。我自知天赋属于中等水平，事业却平安顺遂，也想更加努力，让自己奋勇向上，可这实在是难，所以才创作了此《五箴》。

立志箴

那些彪炳千古的贤人先知，不过也是普通人罢了。我虽然渺小，却也是父母所生，他们给予我聪明福禄已是最大的恩赐。如果我背弃天道而贪图享乐，必会引来灾祸。我一生已经积聚了成千上万的悔恨，该是结束的时候了。那些已经流逝的岁月终会一去不复返，那么就从今天开始吧：肩负起仁德道义，并用口和笔将此发扬光大。只要一息尚存，我就不会忘记自己的誓言。

居敬箴

天和地的位置确定后，天地万物、阴阳五行也随之孕育而生。在宇宙间如同鼎足一样相配共存，这样的人、天、地被称为三才。严谨恪守整洁身心，才是真正地珍惜自身，如果你生性不够端庄严肃，就会损害到你的性命。对谁可以高傲怠慢？又怎么可以漫不经心？在处理事情上散漫的人必定一事无成，你对别人傲慢，别人回敬你的当然也只能是傲慢，即便他人不对你傲慢，也只会助长你的骄气。而最终的结果就是你被人们无视，这就是天理昭昭。

主静箴

斋戒时，我住在日观，凌晨时分会听到来自天鸡的一声长鸣。等所有的声音都安静下来时，只能听到寺院的钟声。就算身前站着猛虎，身后藏有毒蛇，只要心定神宁，又有谁能欺负我？我何须躲避他人？就好比面对着三军围攻，面对着千军万马，只要我思想专一，就不会因他们的纷扰而慌乱。已经在外奔波了大半辈子，还没有为自己真正做过主，现在已经老了，岂能让纷乱的心情扰乱自己的后半生？

谨言箴

为了取悦他人而用花言巧语，不过是自找麻烦，甚至会给自己带来灾难。你的心神也会被那些流言蜚语所搅乱，能够理解的人从不夸张，而言语夸张的人实际上是没有理解。那些听来的闲言碎语只会让聪明的人发笑，让愚蠢的人感到震惊害怕。那些愚蠢的人等明白了事情的真相后，又会觉得是你欺骗了他。而那些聪明的人却会因此而鄙视你，即便你很真诚实在，仍会怀疑你，这样的教训已经有很多。如果痛彻心扉地发誓过后仍会蹈其覆辙，只能说你已经老了，无法再重新做人了。

有恒箴

我从识字开始，经历了很多事情，至今已有二十八年，然而却没有增长什么知识，之前所认同和欣赏的一些东西，往往过一段时间之后又会鄙弃。已经丢弃了的东西暂且不说，但新增加的东西却也不能保持长久。自己修德进业无法长久，总是容易受外物影响的。每当端碗吃饭时，竟都未曾有过后悔自责之感。只有一天天地积累，事物才会由小到大，就像粮食一粒粒增加，虽然很少，但日积月累就会装满一斗。神明在上，我希望自己今后能够珍惜时光，如同快马一般一日千里地奔走向前。

简评

中华民族之所以被称为礼义之邦，最重要的原因就是从古至今，中国人都重视道德修养，这种重视不仅仅体现在社会层面，也体现在一个个小的家庭也把道德修养看得极为重要。这从历朝历代流传下来的家训中就可见一斑。

本节是曾国藩关于道德品德修养的论述，曾国藩将修养的目标、要求和做法都一一具体化，并罗列成条。这样做一方面是为了更好地用于实践，另一方面也体现了他多年从事道德修养的心路历程，值得借鉴。

07

读书篇：读书之法，看、读、写、作不可缺一

读书之法，“看”“读”“写”“作”四者，每日不可缺一。看者，如尔去年看史记汉书韩文近思录。今年看周易折中之类，是也。读者，如四书诗书易经左传诸经，昭明文选，李杜韩苏之诗，韩欧会王之文；非高声朗

诵，则不能得其雄伟之概；非密咏恬吟，则不能探其深远之音。譬之富家居积：看书，则在外贸易，获利三倍者也；读书，则在家慎守，不轻花费者也。譬之兵家战争：看书，则攻城略地，开拓土字者也；读书，则深沟垒，得地能守者也。看书如子夏之“日知所亡”（每天知道所未知的）相近，读书与“无忘所能”（不忘记已经学会的）相近，二者不可偏废。

今译

读书的方法，离不开“看、读、写、作”这四点，每天都要做到这些，缺一不可。看的，就如同你去年看的是《史记》《汉书》《韩文》和《近思录》，而今年看的是《周易折中》之类的。读的，就像那些《四书》《诗经》《书经》《易经》《左传》等经典，昭明文选，如李白、杜甫、韩愈、苏轼的诗，韩愈、欧阳修等人的文章，如果不是大声地诵读，根本无法体会其中雄伟的气概；这些东西不反复地吟咏，就无法掌握它的音韵和深远的寓意。就拿富裕人家积贮米粮来打个比方：看书，就如同在外贸易，能够获取三倍的利润；而读书，就好比安分地在家守着万贯家财，不会轻易浪费。再拿战争来打比方：看书就如同在攻城略地，开拓疆土；而读书，则是深挖沟、高筑垒，为以后的守护做准备。看书与子夏的“日知所无”如出一辙，而读书则与“无忘所能”有着异曲同工之妙，两者缺一不可，不可偏废。

简评

据考证，曾国藩家族在其父亲中秀才之前的三百年内没有一人在科举上取得过功名。但自道光十二年开始，先是曾国藩的父亲中秀才，接着在道光十八年，曾国藩中秀才，这个普通的农民家庭在不到三十年的时间里，成了晚清第一汉家豪门，究其原因，便是曾氏传承多年的耕读传家之道在里面起了巨大的作用。而在曾家崛起之后，曾国藩仍不忘磨砺自己，并在数十年间以读书修身提高自我修养的同时，还严格要求兄弟子侄们，终于使得湘乡曾氏一门根深叶茂、人才辈出，这其中蕴藏的很多道理值得我们推崇和学习。

08

求业篇：求业之精，曰专而已

予思朱子言，为学譬如熬肉，先须用猛火煮，然后用漫火温。予生平工夫全未用过猛火煮过，虽略有见识，乃是从悟境得来。偶用功，亦不过优游玩索已耳。如未沸之汤，遽用漫火温之，将愈煮愈不熟矣。以是急思搬进城内，屏除一切，从事于克己之学。

求业之精，别无他法，曰专而已矣。谚曰“艺多不养身”，谓不专也。吾掘井多而无泉可饮，不专之咎也。诸弟总须力图专业。如九弟志在习字，亦不必尽废他业。但每日习字工夫，断不可不提起精神，随时随事，皆可触悟。四弟、六弟，吾不知其心有专嗜否？若志在穷经，则须专守一经；志在作制义，则须专看一家文稿；志在作古文，则须专看一家文集。作各体诗亦然，作试贴亦然，万不可以兼营并骛，兼营则必一无所能矣。

今译

我想起朱子曾说学问就如同炖肉，必须先用大火猛煮，然后用小火慢炖。我生平所有学识和功夫都没有用猛火煮过，虽然略有一些见识，也都是感悟中得来的。偶尔想起用功，最多不过是兴之所致而已，就好像一锅汤还没有煮沸，就赶紧调为温火，慢炖起来，结果会越煮越不熟。于是我心里急着搬进城内，排除一切杂念，从事一些克己复礼的学问。

想求得学业精深，没有他法，唯在一个专字而已。谚语常说："艺多不养身"，说的就是学业不精专的道理。我掘井很多却无泉水可饮，这也正是学业不专所致。各位弟弟务必要努力攻研专业。如果九弟希望在习字方面有所成就，也不必把其他学业都荒废掉，但每日练字时一定要全副精力去做，随时随地发生的任何事情都能给人以触悟。至于四弟和六弟，我不知道是否也有专门的兴趣？如果希望研究经典，希望在此方面有所成就，那么就需要专攻一种经典；如果希望在科举文章方面有所成就，那么就需要专看一家文稿；如果希望在古文方面有所成就，那就专心地研究一家文集即可。作词题诗、临摹笔帖都是一样的道理，万不可以这样那样都要做，结果一定会一无所能。

简评

对于读书学习，曾国藩反复强调"有恒"。"精神必须砥砺不止，智慧更需勤奋苦求"。尤其是在开始阶段，对于一些不熟悉的领域，艰难困苦较多，这时更应该加大强度。曾国藩不仅身体力行，给自己制定了每日必做的课程，并将这些告诉兄弟子侄，要求他们认真学习，并努力钻研。因为他懂得，想要读书有成，除了日久年深的功夫外，别无他法。

09

虚心篇：吾人为学，最要虚心

为学之道，不可轻率评讥古人。惟堂上乃可判堂下之曲直，惟仲尼乃可等百世之于。惟学问远过古人，乃可评讥古人，而等差其高下。今人讲理学者，动好评贬汉唐诸儒，而等差之。讲汉学者，又好评贬宋儒而等差之。皆狂妄不知自量之习。譬如文理不能之童生，而令衡阅乡会试卷，所定甲乙，岂有当哉？善学者于古人之书，一一虚心涵咏，而不妄加评骘，斯可哉。

今译

学问之道，不能轻率地去评价或嘲讽古人。只有身处高堂之上的人才能对堂下之人评判是非曲直，而只有孔子才能对世人进行评判。只有那些学问远在古人之上的人，才有资格去嘲讽古人，对古人的地位高低做出排列。如今一些讲理学的人，总喜欢动不动就对汉唐时期的儒家思想进行贬评，排列出其地位高低顺序。而一些讲汉学的人，却喜欢贬评宋儒的高下。这些都是一些狂妄自大的陋习。这就好比让那些文理未通的童生去审阅衡量乡试的考卷，而由他所得出的高低顺序又怎会准确呢？那些善于学习的人对古人的书籍都应一一虚心诵读，而不应妄加揣测，只有这样才是正确的做法。

简评

谦虚是中华民族传统美德的重要组成部分。谦虚是一种修养，所谓谦虚，就是虚心不自满，不狂妄自大，要善于发现自己的短处和别人的长处，善于以彼之长补己之短。

10

作文篇：修辞以立诚忌巧言雕饰

凡作文诗，有情极真挚，不得不一倾吐之时。然必须平日积理既富不假思索，左右逢原。其所言之理，足以达其胸中至真至正之情。作文时无镌刻字句之苦，文成后无郁塞不吐之情，皆平日读书积理之功也！苦平日酝酿不深，则虽有真情欲吐，而理不足以达之，不得不临时寻思义理。义理非一时所可取办，则不得求工于字句。至于雕饰字句，则巧言取悦，作伪日拙，所谓修辞立诚者，荡然失其本旨矣！以后真情激发之时则必视胸中义理何如，如取如携，倾而出之可也。不然，而须临时取办，则不如不作，作则必巧伪媚人矣。

今译

不管是写文章还是作诗，都必须融入真实的情感，不能只是为了一吐为快。这就需要在平时积累丰富的知识，才能在此基础上不假思索，左右逢源。这时写出来的东西才是心中最真实的情感表达。在写文章的时候没有逐字斟酌的苦恼，那么在文章完成后就不会有郁塞不吐的情况，究其原因，都与平时的积累分不开。如果平时思虑之时就不够深入，那么就算是有真情实感要表达，也无法用言语表达清楚，这就不得不临时去探寻义理，但这义理却并不是一时半会就能理解的，于是只好在字句工整上下功夫。至于写文章的时候，只是一味地沉溺于雕字饰句，想以此来取悦他人，这则是更为拙劣的做法，而对于修辞立诚的宗旨，早已不复存在了。之后再遇到表达真情的时候，一定要看胸中的义理掌握得如何，只有获取这些义理，写文章的时候才能更具说服力。否则，就要靠临时去获取，那还不如不写呢！因为这时写出来的文章只是用了巧伪的手段来取悦他人而已。

简评

不管是写文章，还是作诗，一定要内容充实，言之有物。不能流水账，但要避免大而空的议论，也不能一味堆砌华丽词句。因为只有真情实感，才能真正打动人心。

11

求学篇：余生平有三耻

余生平有三耻：学问各涂，皆略涉其涯矣，独天文、算学，毫无所知，虽恒星五纬亦不识认，一耻也；每作一事，治一业，辄有始无终，二耻也；少时作字，不能临摹一家之体，遂致屡变而无所成，钝而不适于用，近岁在军，因作字太钝，废阁殊多，三耻也。尔若为克家之子，当思雪此三耻。

推步算学，纵难通晓；恒星五纬，观认尚易。家中言天文之书，有十七史中各天文志，及五礼通考中所辑观象授时一种。每夜认明恒星二、三座，不过数月，可异识矣。凡作一事，无论大小难易，皆宜有始有终。作字时先求圆匀，次求敏捷。若一日能作楷书一万，少或七八千，愈多愈熟，则手腕毫不费力。将来以之为学，则手抄书；以之从政，则案无留牍。无穷受用皆自写字之匀而且捷生出。三者皆足弥吾之缺憾矣。

今译

在我一生中，有三件事是让我感到耻辱的：对于每种学问，我都多少有些了解，可唯独对天文和算学却一无所知，即便是恒星五纬都丝毫不知，这是第一件耻辱的事；我做的每一件事、从事的每一个事业，经常半途而废，不能坚持到底，有始无终，这是第二件耻辱的事；幼时练习写字的时候，不能临摹一家的书法，常常因不断变更而一无所成，迟钝而不会举一反三，没有实际的运用技巧。近年在军中，就因写字太慢而耽误了许多事情，这是第三件耻辱的事。你若是我家子孙，就应当为我雪此三耻。

纵然推步算学难以通晓理解，但恒星五纬之类的知识却并不难掌握。家里有关天文方面的书，有《十七史》中的天文志，以及《五礼通考》中的关于观象授时的内容。利用每天晚上的时间来认识二、三座恒星，用不了数月，就可以全都认识。不管做什么事，大事或小事，难事或易事，都要有始有终。写字的时候首先要求圆匀，其次要求快捷。如果一天之内就能书写一万字的楷书，或者最少七八千，这样就会越写越熟练，手腕也不会觉得费力。将来做学问就可以靠此手抄群书，即便是去从政，案几上也不会有积压的文案。这所有的好处都离不开写字的圆匀、快捷。如果你能把这三件事做好，也就算是弥补了我这一生的缺憾。

简评

曾国藩博览群书，但当时他读的更多是一些经籍方面的书，天文和算学对当时的曾国藩来说是一个新鲜事物，对当时的大多数国人来说更是陌生。而曾国藩却把不懂这些作为耻辱，足见他的好学精神。曾国藩最后的功成名就，与他好学的个性是分不开的。

世间之事，鲜有成功者，是因为很少有人能够善始善终。很多人往往是一山望着一山高，很难脚踏实地地去做一些事情，没有坚持，亦不够专注，最终导致一无所长。

12

孝道篇：孝友为家庭之祥瑞

孝友为家庭之祥瑞，凡所称因果报应，他事或不尽验，独孝友则立获吉庆，反是则立获殃祸，无不验者。吾早岁久宦京师，于存养之道多疏，后来展转兵间，多获诸弟之助，而吾毫无裨益于诸弟。余兄弟姊妹各家，均有田宅之安，大抵皆九弟扶助之力。我身残之后，尔等事两叔如父，事叔母如母，视堂兄弟如手足。凡事皆从省啬，独待诸叔之家，则处处从厚。待堂兄弟以德业相劝，过失相规，期于彼此有成，为第一要义。其次则亲之欲其贵，爱之欲其富。常常以吉祥善事代诸昆季默为祷祝，自当神人共钦。

今译

孝敬父母和兄友弟恭乃是家庭的福气，人们常常所说的因果报应，在其他事情上可能并不一定都能应验，唯独在孝悌友爱上效果明显，如果能做到就能获取幸福，而在不孝悌友爱就会遭遇灾祸这一点上，那可是从没有不应验的。我前些年一直在京城为官，早已荒废修养之道，后来辗转从事军事事务，多得众位弟弟相助，可我却从来没做过帮助各位弟弟的事。我的这些兄弟姊妹之所以都能拥有良田豪宅，大部分在于九弟的帮助。更是在我身体残疾之后，你们对待两位叔叔像对待自己的亲生父亲一样，对待叔母就像对待自己的母亲一样，更是把这些堂兄弟视为自己的亲兄弟，凡事都从节俭出发，而在对待两位叔叔的家庭时却很大方。对待几个堂兄弟更是能以德相劝，帮他们纠正错误，希望他们都能学有所成，这是最重要的。其次就是亲近他们，希望他们尊贵；爱惜他们，希望他们富有。还常常替他们祈福，这样的人就连神仙也会钦佩。

简评

在曾国藩的家庭伦理思想中，“孝”是核心，他视“孝”为家庭和睦、立足及能否传承千年的根本。在他看来，孝友之家首先要做到对长辈奉养和敬爱，否则就会遭受祸殃。他强调事亲以孝、祭祖以孝、健身以孝、兄弟孝悌、移孝作忠。除此之外，他还认为，孝道还要做到兄弟之间和谐。兄弟和谐，家庭才能和睦，老人心中自会欢欣无比。因此，曾国藩身体力行提倡孝道，将孝道涵盖于生活的各个方面，并将孝道体现在修身做人上，这些都为后人津津乐道，也值得推崇。

13

严篇：治家贵严，严父常多教子

治家贵严，严父常多教子，不严则子弟之习气日就佚惰，而流弊不可胜言矣。故易曰“如吉！”欲严而有威，必本于庄敬，不苟言，不苟笑，故曰“威如之吉”，反身之谓也。

今译

治理家庭贵在严厉，严厉的父亲会经常教育子女，如果不够严厉，则子女懒惰骄横的习气就会与日俱增，其流弊不可胜数。所以《易经》中有言："威如吉。"想要严厉还要有威信，那就必须以庄敬为根本，不苟言笑，所以说"威如之吉"就是通过严格要求自己而得到尊重和诚信的意思。

简评

"治家贵严"是曾国藩的切身体会，也是他一生奉行的准则，这从他对兄弟和子女的谆谆教导中可以反映出来。在中国传统文化中，治家贵严也早已成为一条不容怀疑的准则。

历史上，许多人物之所以能够成就大的功业，扬名立万，追根溯源，就在于严格而健康的家教。

14

遗规篇：日日循之，句句学之

五种遗规，四弟须日日循之，句句学之。我所望于四弟者，惟此而已。家中蒙祖父厚德余荫，我得忝列卿贰，若使兄弟妯娌不和睦，后辈子女无法则，则骄奢淫佚，立见消败，虽贵为宰相，何足取哉？我家祖父父亲叔父三位大人，规矩极严，榜样极好，我辈踵而行之，极易为力。别家无好榜样者，亦须自立门户，自立规条，况我家祖父现样，岂可不遵行之，而忍令堕落之乎，现在我不在家，一切望四弟作主。兄弟不和，四弟之罪也！妯娌不睦，四弟之罪也！后辈骄恣不法，四弟之罪也！我有三事奉劝四弟，一曰“勤”，二曰“早起”，三曰“看五种遗规”。四弟信此三语，便是爱兄、敬兄；若不信此三语，便是弁髦老兄。我家将来气象之兴衰，全系乎四弟一人之身。六弟近来气性极和平，今年以来，未曾动气，自是我家近气象。惟兄弟俱懒，我以有事而懒，六弟无事而亦懒，是我不甚满意处。若二人俱劝，则气象更兴旺矣。

今译

五种遗规，望四弟每日遵循照做，每句都要认真学习。我对四弟的期望，也不过如此罢了。承蒙祖父的厚德和庇佑，我拥有了高官爵位，如果兄弟妯娌之间不能和睦相处，子孙后代没有规矩法则，人人骄奢淫逸，那么家庭很快就会没落。如果到这一地步，即便我贵为宰相，又有何用？家里的祖父、父亲、叔父三位大人，对待规矩法则向来极其严苛，是我们学习的好榜样，我们晚辈只要想跟着他们学，那也是很容易的。别的人家甚至没有好的榜样，尚且需要自立门户、自立家规，而我家有祖父如此好的榜样，我们怎能不好好学习，却要忍心抛弃呢？现在我不能在家治理家业，家中一切都希望由四弟做主。如果兄弟间有不和谐的情况，那这过错就在四弟。如果妯娌间有不和睦的情况，这错也在四弟。如果子孙辈肆意妄行，不守家规，那也是四弟的过错。对四弟我还有三件事想要奉劝你，一是“勤”，二是“早起”，三是“看五种遗规”。如果四弟认同我说的这三句话，那便是对我的敬爱之心了；可如果四弟不相信我说的这三句话，那就是看不起我。我家以后的兴衰存亡，可就全寄托在四弟一人身上了。六弟的脾性最近也平和了很多，自今年以来，一直都没生过气，这就是我家最近一段时间以来好转的原因。可有一点就是众兄弟都比较懒惰，我是因为有别的事所以才看起来懒惰，而六弟是即便没有别的事也懒惰，这点是我不满意的地方。如果我们兄弟二人都能改掉懒惰的毛病，那么家庭的气象就会更加旺盛了。

简评

从上文中，我们可以看到曾国藩是一个谦虚谨慎之人，他深知家族兴旺来之不易，是靠祖辈人辛苦积累下来的，而眼下的荣华富贵也只是暂时的，如果家人对此没有清醒的认识，稍稍富贵便骄奢淫逸，不去继承祖辈的良好德行，那么家业很快就会衰败下去。所以，他用大量篇幅对家中弟弟谆谆教诲，要求他们一定要勤勉持家，严守家训，尤其是对四弟的嘱托，更是语重心长，让人感动。

15

进德修业篇：孝弟仁义是也，诗文作字是也

吾人只有进德修业两事靠得住。进德，则孝弟仁义是也；修业，则诗文作字是也。此二者由我作主，得尺则我之尺也，得寸则我之寸也。今日进一分德便算积了一升谷，明日修一分业又算余了一文钱。德业并增，则家私日起。至于功名富贵，悉由命定，丝毫不能自主。

今译

我们只有不断提升自己的德行和研修学业这两件事，才是真正地靠得住。进德，指的就是恪守孝悌仁义；修业，指的就是写字、作诗、写文章。

这两件事做与不做都可由自己做主，进步一尺，那这一尺就是我自己的，如果进步一寸，那么这一寸也是我自己的。今天进了一分的德行就会像储藏了一升的谷子一样，明天修了一份业就会像又积攒了一文钱一样。只有德和业不断地增加，家中的财富才会越积越多。而对于富贵功名，这些都是命中早已注定的，丝毫不能由自己做主。

简评

曾国藩崇信儒家之道，一生注重进德修业，不仅劝诫自己的兄弟亲友，自己也是身体力行。他在个人品德和学业方面对自己严格要求，在位极人臣、权倾朝野之时也以此为经。最终，曾国藩成就了修身、齐家、治国、平天下的不朽功绩。

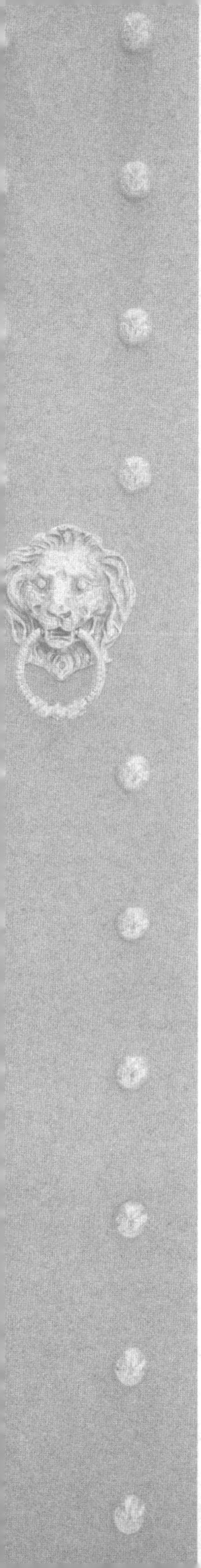

第六章 《钱氏家训》

——子孙虽愚，诗书需读

吴越钱家，可谓无人不知、无人不晓。若要追溯吴越钱家堪比史诗的家族史，就不得不提到钱镠。钱镠，生于江浙地区，是五代时期吴越国的开国君主，他的一生颇富传奇色彩。唐朝末年，他在平定战乱时立下了汗马功劳。他励精图治，在江南地区富甲一方，而他也被后人誉为“打造苏杭天堂的巨匠。”

从吴越王钱镠开始，钱氏家族历朝历代能人辈出，数位状元、进士高举。陈寅恪将乾隆年间进士钱大昕誉为“清代史家第一人”。更让人称奇的是，即使到了近代，钱氏家族的能人仍呈“井喷”状态，诸如钱基博、钱钟书父子，钱玄同、钱三强父子，钱穆、钱逊父子等，祖上无不出自吴越钱家。而这能人“井喷”的背后，正是《钱氏家训》所规劝子孙的立身、齐家、治国的准则，亦是先祖吴越王钱镠留给子孙的精神遗产。

01

个人篇：心术不可得罪于天地，言行不可有愧于圣贤

心术不可得罪于天地，言行皆当无愧于圣贤。曾子之三省勿忘，程子之四箴宜佩。持躬不可不谨严，临财不可不廉介，处事不可不决断，存心不可不宽厚。偬前行者地步窄，向后看者眼界宽。花繁柳密处拨得开，方见手段；风狂雨骤时立得定，才是脚跟。能改过则天地不怒，能安分则鬼神无权。读经传则根底深，看史鑑则议论伟；能文章则称述多，蓄道德则福根厚。

今译

用心做事情不能违背规律和正义，说话做事的方式不能愧对圣贤的教诲。曾子“吾日三省吾身”的教诲不能忘记，程子用以自警的“四箴”应当时刻珍存，修饰自身。对自己的要求要严格，面对金钱要做到清廉耿介，处理事情要有决断的魄力，考虑事情要宽容厚道。只知道往前走路会越走越窄，要懂得回头思考，这样见识才会越来越宽广。在花丛密布、柳枝繁杂的地方能够拨开天日，开辟出道路，才能显示出真正的本领；狂风暴雨肆虐时能够站得稳、立得住，才算是立稳脚跟。有错而改，天地就不会生气；能够安守本分地生活，鬼神也没有办法动你。熟读古书经传根基就会深厚，了解历史才能谈古论今；喜欢写文章就能讲述得更多，积蓄道德才能得到更大的福报。

简评

做人心术要正，才会有大的作为。上述内容对人们立足于社会、为人处世提出了要求。我们不管在什么时候、做什么事，都要努力做到正直和诚恳，只有心正、身正、人正，才能昂然于天地之间，才能获得别人的赞许和敬仰。

02

家庭篇：欲造优美之家庭，须立良好之规则

欲造优美之家庭，须立良好之规则。内外门间整洁，尊卑次序谨严。父母伯叔孝敬欢愉，妯娌弟兄和睦友爱。祖宗虽远，祭祀宜诚；子孙虽愚，诗书须读。娶媳求淑女，勿求妆奁（lián，女子梳妆用的镜匣）；嫁女择佳婿，勿慕富贵。家富提携宗族，置义塾与公田；岁饥赈济亲朋，筹仁浆与义粟。勤俭为本，自必丰亨；忠厚传家，乃能长久。

今译

要想营造幸福美满的家庭，必须建立适合家庭的规则。房舍里外都要整洁干净，长幼之间的顺序辈分要严守规矩。对父母叔伯要孝敬并承欢膝下，妯娌兄弟之间要和睦友爱。祖宗先辈虽然已经离我们远去，也应该虔诚地祭祀；儿子孙子即使愚笨，也要读书学习。娶媳妇要找品德好的女子，

不要贪图很多的嫁妆；嫁女要选择才德出众的男子，不要贪图富贵。家庭富裕的时候要帮助家族里的人，设立免费的学校和共有的良田；碰到灾年要赈济亲朋好友，筹备钱米用来施舍。勤俭持家，一定能够丰衣足食；忠实厚道地传承家业，才能够长长久久。

简评

本篇内容强调的是秩序的重要意义，可以理解为遵纪守礼。

古人对孩子的“尊礼”教育非常重视，孩子生活在文化设定的种种礼仪之中，这些礼仪活动不仅是一种纪念的形式，更是一种美好的愿望和祝福。

当今之人也应该明白，越是懂得利益和规矩，就越能获得自己广阔的发展天地，越会受到他人的尊重和欢迎。

03

社会篇：信交朋友，惠普乡邻

信交朋友，惠普乡邻。恤寡矜孤，敬老怀幼。赈灾救急，排难解纷。修桥路，以利人行；造河船，以济众渡。兴启蒙之义塾，设积谷之粮仓。私见尽要刬除，公益概行提倡。不见利而起谋，不见财而生嫉。小人固当远，断不可显为仇敌；君子固可亲，亦不可曲为附和。

今译

结交朋友要讲究诚信，对待乡邻要普施恩惠。体恤孤独寡妇，尊老爱幼。帮助受灾的人，救助有紧急需要的人，排解难以解决的纠纷。架桥修路，用来方便人们行走；开渠造船，用来帮助众人渡河。兴办免费的学校，让孩子接受启蒙；建设存储粮食用的仓库，以救济灾荒。要尽量去除个人的成见，对公众有利的行为要提倡。不能有利益就动心谋划，不能看到别人有才就嫉妒。小人应该疏远，但不一定视为仇人或敌人；君子固然要去亲近，也不能失去原则地一味附和。

简评

孤寡是人生的不幸，老幼是人生必经的历程。怜悯与周济、尊敬与关怀等一些善举，都是自然而然的良心表现。善心很容易生起，但善事却难以做得尽。我们要常怀公益之心，多做善事，只有这样，才能收获幸福。

在与人交往时，要远离小人，但也不必公开把他们当做仇敌；我们要多与君子亲近，但也不用巴结逢迎。做人要有原则，与地位比自己高的人交往，要有气节和尊严；与地位比自己低的人交往，不要轻慢高傲，做人坦坦荡荡，才是真正的君子。

04

国家篇：执法如山，守身如玉

执法如山，守身如玉。爱民如子，去蠹（dù，蛀蚀器物的虫子）如仇。严以驭役，宽以恤民。官肯著意一分，民受十分之惠。上能吃苦一点，民沾万点之恩。利在一身勿谋也，利在天下者必谋之。利在一时固谋也，利在万世者更谋之。大智兴邦，不过集众思；大愚误国，只为好自用。聪明睿智，守之以愚；功被天下，守之以让；勇力振世，守之以怯；富有四海，守之以谦。庙堂之上，以养正气为先；海宇之内，以养元气为本。务本节用则国富，进贤使能则国强，兴学育才则国盛，交邻有道则国安。

今译

像山一样不可动摇地执行法律，保持自身像玉一样没有瑕疵。爱护百姓如同爱护子女一样，除去蠹虫要像对待自己的仇敌一样。严格管理衙役，宽厚体恤百姓。为官者如果用一分心力，人民就会得到十分的恩惠。上位者吃一点点苦，人民就会得到万倍的恩惠。利益如果是自己一人的，就不要去图谋了；而对天下人都有利的利益，却一定要去谋划得之。当前的利益要谋取，千秋万代的利益更要去筹谋。拥有大智慧的人之所以能够强盛国家，不过就是集中了大家的思想；愚昧无知之人之所以延误国家发展，就是因为喜欢自以为是。聪明智慧之人，要以愚人自处；功高盖世之人，要以谦让自处；勇猛无双之人，要以谨慎自处；富可敌国之人，要以谦恭自处。在朝为官，要以正义作为首要；天下家国，培养元气才是根本。抓住生财的要道并履行节约就会使国家富足，亲近贤臣使节会让国家强盛，鼓励学习、兴办学校就会让国家昌盛，信守道义地交往邻国就会让国家安定。

简评

人生在世，立场非常重要。无论做任何事，都要有正确的立场，要坚持自己的立场不动摇。立场坚定才能心不妄动，心不妄动才能进退从容，进退从容才能修行有道。

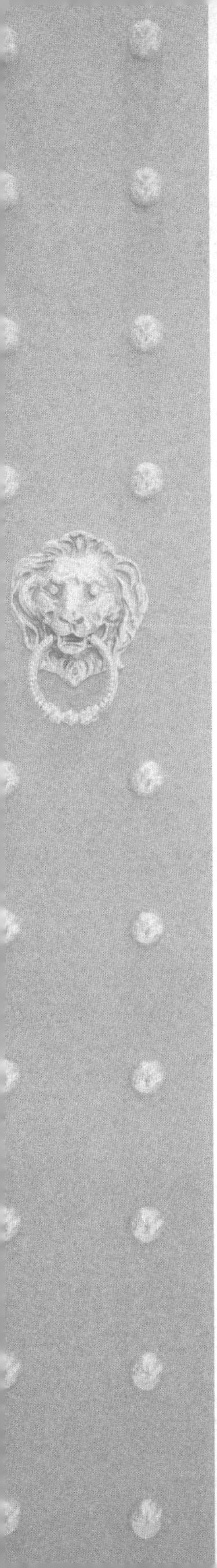

第七章 《帝王将相家训》

——家风正，则国风正

“修身、齐家、治国、平天下”历来是中国古代官僚、士大夫孜孜以求的人生模式；人们之所以将“齐家”一事摆在前列，就是因为“清官难断家务事”。如果处理不好家务事，轻则影响为官者的仕途、名望，重则关乎国家的兴衰更迭。想处理好“家务事”，就必须重视家庭教育。古往今来，数不清的思想家、政治家不厌其烦地强调着家庭教育的重要性，历朝历代的达官显贵、帝王将相也通过不同方式践行着自己的家庭教育观，为后人留下了许多具有启迪和借鉴意义的家训、家诫。

本章选取中国历史上多位著名帝王将相有关家规、家范、家诫等的篇章，分别进行解读和注译，希望读者能从这些耐人寻味、发人深省的家训中获得教育子女的真谛。

01

手敕太子文：追思昔所行，多不是

吾遭乱世，当秦禁学，自喜谓读书无益。洎（jì，到、及）践阼以来，时方省书，乃使人知作者之意，追思昔所行，多不是。

尧舜不以天下与子而与他人，此非为不惜天下，但子不中立耳（不适合成为皇位的继承人）。人有好牛马尚惜，况天下耶？吾以尔是元子，早有立意，群臣咸称汝友四皓，吾所不能致，而为汝来，为可任大事也。今定汝为嗣。

汝见萧、曹、张、陈诸公侯，吾同时人，倍年于汝者，皆拜，并语于汝诸弟。

——节选自严可均校编《全汉文》

今译

我生在乱世，当时秦朝禁止人们学习，我也沾沾自喜，认为读书没有什么用。等我登上帝位，才经常看看书，才知道作者要表达的意思。每每回想起过去的所作所为，感到多有不是。

尧舜没有把帝位传给儿子，而是传给了其他人，这不是因为他们不爱惜天下，而是因为他们的儿子不适合作为继承人。人们对于好牛、好马都懂得爱惜，更何况是天下？你是嫡长子，我早就有意立你为太子。群臣都赞叹你的朋友商山四皓，我不能召唤他们，然而他们却为了你而来，可见能够把重任委托给你了！现在就定你当继承人。

萧何、曹参、张良、陈平诸公和我是同辈，比你年长一倍。你见了他们，要以礼相拜，还要告诉你的诸位弟弟也要如此。

简评

此篇《手敕太子文》是汉高祖刘邦在临终之前谕告太子刘盈而写的遗嘱。根据《史记》记载，刘邦素来对儒学不感兴趣，也不愿意读书，还曾经在文人戴的帽子里小便。然而，后来陆贾向刘邦谏言“马上得天下，不能马上治天下”，刘邦采纳了他的意见。后来又受叔孙通倡导的“儒者难与进取，可与守成”的思想的影响，刘邦越来越重视儒学，彻底改变了自己读书无用的观念，开始认真学习陆贾所写的《新语》。刘邦在《手敕太子文》一文中，深刻地反省了自己过去在学习上所犯的错误，通过亲身经历和体会谆谆告诫太子刘盈。同时，刘邦还嘱咐刘盈，要勤学书法，上疏要自己亲手写，不要假他人之手，还要敬重萧何、曹参、张良、陈平等老一辈的开国功臣。

02

内戒令：孤不好鲜饰严具

孤不好鲜饰严具（梳妆用具）。所用杂新皮韦笥（皮箱），以黄韦缘中。遇乱无韦笥，乃作方竹严具，以帛衣粗布作里，此孤之平常所用也。

百炼利器，以辟不祥，摄服奸宄（guǐ，犯法作乱的人）者也。

吾衣被皆十岁也，岁岁解浣补纳之耳。

今贵人位为贵人，金印蓝绂，女人爵位之极。

吏民多制方绣之服，履丝不得过绛紫金黄丝织履。前于江陵得杂采丝履，以与家，约当著尽此履，不得效作也。

孤有逆气病，常储水卧头。以铜器盛，臭（xiù，气味）恶。前以银作小方器，人不解，谓孤喜银物，今以木作。

昔天下初定，吾便禁家内不得香薰。后诸女配国家为其香，因此得烧香，吾不好烧香，恨不遂所禁，今复禁不得烧香，其以香藏衣著身亦不得。

房室不洁，听得烧枫胶及蕙草。

——节选自《曹操集》

今译

我不喜欢装饰得光鲜亮丽的箱子，平日里用的都是掺入新皮做成的箱子，再在中间镶嵌上黄牛皮。遇上战乱年代，没有皮箱子，就用方竹制成箱子，再用丝帛或粗布作为里子，这就是我平常用的东西。

经过千锤百炼的兵器，是用来泯灭凶恶，让坏人敬畏服从的工具。

我的衣服、被褥都用了十来年，每年拆洗、缝补之后，就收了起来。

如今，贵人用的是金制成的玺印、蓝色的绶带，这在女人的官位之中已经达到极致了。

官吏百姓大多制作纹绣的衣裳，履丝的选择范围不能超出绛紫金黄丝织履。在江陵地区，我曾经收到各种花色的丝织鞋子，拿回家中，约定好，这些鞋子穿完之后，不能效仿制作。

我患有逆气病，经常准备水用来泡头。用铜制的器具来盛水，气味不太好闻，于是前些日子改成使用银制的小方盆。其他人不能理解，误以为我喜好银制器具，如今我只能改用木制器具。

之前，天下初定，我禁止家里人熏香。后来，家里几个女儿成了贵人，才为她们熏香，故而才能烧香。我不喜欢烧香，令人遗憾的是，我的禁令没能实行。现在，家里再次禁止烧香，哪怕把香放在衣服里随身携带也不行。

室内不洁净，才任由焚烧枫树脂和蕙草。

简评

在诸多封建帝王之中，曹操是极具政治远见的一位，同时也严格要求自己的儿子，甚至常常现身说法，运用自己的亲身经历来教导儿子。此篇《内戒令》，就是曹操通过自己节俭朴素的日常起居来告诫家人、官吏和民众。

曹操的一生都很节俭。《魏书》对他的评价是“帷帐屏风，坏则补纳，茵蓐取暖，无有缘饰”，说的就是他节俭朴素，帷帐屏风坏了，修修补补，又接着用；用来取暖的被褥，也不做任何的修饰、美化。故而，曹操在《内戒令》的第一条就指出“孤不好鲜饰严具”，这符合曹操素来节俭的生活作风。曹操在《内戒令》的第五条指出“吏民多制方绣之服，履丝不得过绛紫金黄丝织履”，正是在他的大力推动下，自东汉以来的靡靡之风才改变了，形成了节俭朴素的社会风气。

03

遗令：小忿怒、大过失，不当效也

吾夜半觉小不佳，至明日饮粥汗出，服当归汤。

吾在军中执法是也，至于小忿怒、大过失，不当效也。天下尚未安定，未得遵古也。吾有头病，自先著帻（戴头巾）。吾死之后，持大服如存时，勿遗。百官当临（哭吊死者）殿中者，十五举音，葬毕便除服；其将兵屯戍者，皆不得离屯部；有司各率乃职。殓以时服，葬于邺之西冈上，与西门豹祠相近，无藏金玉珍宝。

吾婢妾与伎人皆勤苦，使著（安排、安置）铜雀台，善待之。于台堂上安六尺床，施繐帐，朝晡（下午）上脯糒之属，月旦十五日，自朝至午，辄向帐中作伎乐。汝等时时登铜雀台，望吾西陵墓地。余香可分与诸夫人，不命祭。诸舍中无所为，可学作组履卖也。吾历官所得绶，皆著藏中。吾余衣裘，可别为一藏，不能者，兄弟可共分之。

——节选自《曹操集》

今译

我半夜觉得有些不适，到天亮，喝粥出了汗，还服用了当归汤。

我在军中执法是正确的，至于小的发怒、大的过失，却不应该效法。天下还没有平定，我的丧事应该从简，不可依照古制。我患有头痛病，很早之前就开始戴头巾。我死了之后，穿的礼服要像生前所穿的一样，不要忘了。文武百官应该来大殿内哭吊的，只要哭十五声，安葬好了，就可以脱下丧服；那些在各地驻防的将士都不能离开他们的驻地；各个部门的官吏要坚守职责。入殓时就穿平常衣物，埋葬在邺城西边的山岗之上，挨着西门豹的庙宇，不需要用金银珠宝作为陪葬品。

我的婢妾、歌舞艺人都很辛劳，把她们安置在铜雀台，善待她们。在铜雀台的正殿上摆放一张床，长六尺，挂上灵幔，早晚供奉肉干、干粮等贡品。每逢初一、十五，从早上到中午，在灵帐内表演歌舞。你们要经常登上铜雀台，看看我位于西陵的墓地。我留下的熏香可以分给众夫人，不要把香用来祭祀。各房之人无事可做，可以学习编织丝带、做鞋子，拿去卖。我平生历次做官得到的绶带，都存放在库房里。我留下的衣服、皮衣，可以存放在另一个库房里，如果还是不行，你们兄弟分掉也行。

简评

汉献帝建安二十五年，也就是公元220年，曹操在洛阳去世，享年六十六岁。他在临终之前写下了这篇《遗令》作为遗嘱。曹操在《遗令》里肯定了自己戎马一生中“以法执军”是对的；对家人、下属提出要求，在他死后，要以国事为重，克忠职守；还精心妥当地安排了他的后事——治丧从简，不可厚葬。根据《魏书》的记载，曹操“雅性节约，不好华丽，后宫衣不锦绣，侍御履不二采，帷帐屏风，坏则补纳，茵蓐取暖，无有缘饰”；“预自制终亡衣服，四箧而已”。由此可见，曹操虽然身居高位，但一生节俭朴素。他在《遗令》里尤其强调要从简办丧，保持了一生贯之的节俭作风，也是对子孙后代身体力行的教育。

曹操一生之中也曾错杀一些忠臣良将，他因昔日的恩怨而杀害了袁忠、桓邵、边让等人，甚至祸及其家族，还因个人恩怨而杀害了华佗，以至于后来爱子曹冲重病却得不到医治，悔不当初。故而，曹操在此文中反复叮咛家人“至于小忿怒、大过失，不当效也”，他正是在后悔自己曾犯下的错误，希望子孙后代能引以为戒。

04

遗诏敕刘禅：不复自伤，但以卿兄弟为念

朕初疾但下痢耳，后转杂他病，殆不自济。人五十不称夭，年已六十有余，何所复恨，不复自伤，但以卿兄弟为念。

射君到，说丞相叹卿智量，甚大增修，过于所望，审能如此，吾复何忧！勉之，勉之！勿以恶小而为之，勿以善小而不为。惟贤惟德，能服於人。汝父德薄，勿效之。可读汉书、礼记，间暇历观诸子及六韬、商君书，益人意智。闻丞相为写申、韩、管子、六韬一通已毕，未送，道亡，可自更求闻达（显达，受称赞）。

——节选自《三国志》

今译

我刚刚生病的时候，只是腹泻下痢，后来又患上了其他病，恐怕是不会好了。人活到五十岁死了，算不上早夭；我如今已经六十多岁，又有什么可遗憾的呢？我不再为自己而感到伤心，只是很牵挂你们兄弟而已。

射君来了，提起丞相夸赞你的智慧和胆量都有了很大进步，超出了我对你的期盼。果真是这样，我还有什么可担心的！你努力吧！努力吧！不要因为恶事是小事，就去做它；不要因为善事是小事，就不去做它。只要有贤明和德性，就能让他人信服你。你父亲的德行浅薄，不要效仿我。你可以读一读《汉书》《礼记》，有空的时候要广泛涉猎诸子的学说以及《六韬》《商君书》，由此让你的智慧更加增进。听说丞相把《申子》《韩非子》《管子》《六韬》等书都抄写完了，还没来得及送过来，半路上就弄丢了，你自

己可以再从多方面入手，求得知识。

简评

《遗诏敕刘禅》是刘备在临终之前写下的文书，目的是告诫后主刘禅。在此文中，刘备先谈自己的疾病，然后谈到了刘禅在智慧、胆识方面都日益增进，让他深感高兴，最后反复嘱咐刘禅，要利用空闲时间多阅读书籍，从中汲取智慧，还要刘禅自己谋求显达，不负所托。尤其是文中提出的“勿以恶小而为之，勿以善小而不为”两句，时至今日仍有很强的启迪意义。

05

手令戒诸子：吾自立身，不营世利

吾自立身，不营世利，经涉累朝，通否任时，初不役智，有所要求，今日之举，非本愿也。然事会相驱，遂荷州士，忧则不轻，门户事重，虽详人事，未知天心，登车理辔，百虑填胸。后事付汝等，粗举旦夕近事数条，遭意便言，不能次比；至于杜渐防萌，深识情变，此当任汝所见深浅，非吾敕戒所益也。汝等虽年未至大，若能克己纂修，比之古人，亦可以当事业矣。苟其不然，虽至白首，亦复何哉！汝等其戒之慎之！

节酒慎言，喜怒必思，爱而知恶，憎而让善，动念宽恕，审而后举。众之所恶，勿轻承信。详审人，核真伪，远佞谀，近忠正，益蜀刑狱，忍烦扰，存高年，恤丧病，勤省按，听讼诉。刑法所应和颜任理，慎勿以情轻加声色。赏勿漏疏，罚勿容亲；耳目人间，知外患苦；禁御左右，无作威福，勿伐善施劳。逆诈亿必以示己明，广加咨询，无自专用。从善如顺流，去恶如探汤，富贵而不骄者，至难也。念此贯心，勿忘须臾。僚佐邑宿，尽礼承敬，宴食馔食，事事留怀。古今成败，不可不知。退朝之暇，念观典籍，面墙而立，不成人也。

——《二十五史·晋书·凉武昭王传》

今译

我自从立身以来，不谋求世俗的利益，经过了几个朝代的更迭，处境或好或坏，全听凭时运安排。最初，我没有发挥自己的智慧，也没有提出要求，今天迁居酒泉的举动并不是我的初衷。但是，机缘巧合促使我这么做，于是我就率领州土的百姓迁居到了别处。我担心这个责任不轻，还关乎门第，也是大事。虽然我对人事了然于胸，却不知天意是怎样的啊！我登上车，勒住马的缰绳，各种担忧充斥着我的胸膛。后事就托付给你们兄弟几人，粗略地列举几条早晚近事，想到什么，就说什么，不能按照次序列举出来。至于要防微杜渐，深刻地意识到情况发生变化，这取决于你们认识的深浅，并不是我通过告诫就能为你们带来益处的。你们的年龄还不算大，但如果能约束自己，不断求学，把古人作为榜样，还是能成就一番事业的。如果不这么做，那么哪怕到了头发花白的时候，也不会有什么成就。你们一定要小心谨慎！

饮酒要克制，言谈要谨慎，高兴或是生气的时候，都要想一想；爱一个人，要了解他的短处；恨一个人，要了解他的长处；一举一动，先要慎重地想一想，再付诸行动。人人都厌恶的，你也不要随便相信。对人要多加审视，考察、分辨他的真诚或虚伪。要疏远谄媚取悦的小人，亲近正直忠义的好人。要废除或减免刑罚，要忍得住纷繁困扰，要延年益寿，要体恤死者的家人和病患，要勤于钻研，要听取诉讼。运用刑法的时候，要和颜悦色，按照理法来处置，不能感情用事，妄做判断。赏赐的时候不要遗漏关系疏远的人，惩处的时候不要包庇关系亲密的人。要保持清醒的头脑，了解外界的疾苦与忧患。要禁止左右之人作威作福，不要炫耀自己的优点和功绩。要推测奸诈小人的小心思，要彰显出自己的洞悉秋毫；要广泛听取各方面的意见，不可专断独行。其他人正确的意见，要多听取，要快速清除那些奸恶的行径。要做到富贵却不骄矜是很难的事。你们要把这番话牢记在心，片刻都不要忘记。面对同僚的官吏和县邑的老人，要心怀敬意，礼数周到。举办筵席时，要用丰盛的佳肴招待他们，大小事情都要记挂在心。从古至今的成败之事，必须要知道。退朝以后，有闲暇的时间，要阅读、思考重要的文献。如果不勤于学习，就好像面对着墙壁，一无所知，也就无法成为有用之才。

简评

李暠是十六国时期西凉的建立者，他有众多儿子，素以对儿子严苛闻名，本文介绍的就是他写给儿子的《手令戒诸子》一文。天玺二年，即公元 400 年，李暠自称梁王，将都城迁往酒泉。临行之前，他写下此文。在此篇手令中，他反复告诫儿子，要做到“爱而知恶，憎而知善”，“从善如顺流，去恶如探汤”等，还要求儿子一定要勤于学习，才能避免成为“面墙而立，一无所见”的无用之人。上述见解都是金玉良言，发人深思。

06

帝范序：每思此为忧，未尝不废寝忘食

序曰：朕闻大德曰生，大宝曰位，辨其上下，树之君臣。所以抚育黎元，钧陶庶类，自非克明克哲，允武允文，皇天眷命，历数（天道）在躬，安可以滥握灵图，叨临神器。是以翠妫荐唐尧之德，元圭锡夏禹之功。丹字呈祥，周开七百之祚；素灵表瑞，汉启重世之基。由此观之，帝王之业，非可以力争者矣。

昔隋季板荡，海内分崩，先皇以神武之姿，当经纶之会，斩灵蛇而定王业，启金镜而握天枢。然犹五岳含氛，三光戢耀，豺狼尚梗，风尘未宁。朕以弱冠之年，怀慷慨之志，思靖大难，以济苍生。躬擐甲胄，亲当矢石，夕对鱼鳞之阵，朝临鹤翼之围，敌无大而不摧，兵何坚而不碎。翦长鲸而清四海，扫欃枪而廓八纮（hóng，地域、大地的极限），承庆天潢，登晖璇极。袭重光之永业，继宝箓之隆基，战战兢兢，若临深而驭朽，日慎一日，思善始而令终。

汝以幼年，偏锺慈爱，义方多阙，庭训有乖。擢自维城之居，属以少海之任，未辨君臣之礼节，不知稼穑之艰难，朕每思此为忧，未尝不废寝忘食。自轩昊以降，迄至周隋，以经天纬地之君，纂业承基之主，兴亡治乱，其道焕然。所以披镜（开明）前踪，博采史籍，聚其要言，以为近诫云尔！

——节选自《永乐大典》

今译

我听闻天地最大的功德是化生万物，圣人之中最宝贵的就是贵为天子的帝王之位。君臣之间的上下之别，是礼所规定的。故而君王抚恤庶民，治理天下，应该像制作陶器的人转动轮子那样轻松自如。倘若不能明白此理、文武双全、天命所归、肩负天道，又哪里能够握有帝王的符印、临御帝王的宝座？也正是因为这样，所以才会有神龟从翠妫川中出现，向唐尧献上《河图》，以表彰他的圣德；大禹治水，沥千山万水，上天赐他元圭，以表彰他的功勋。周文王姬昌那时，有赤雀口含丹书，来到周国的都城丰，这预示着周朝的天下兴盛八百年之久；汉高祖刘邦挥刀将白蛇斩断，开启了两汉前后二十四位帝王长达四百年之久的基业。可见，帝王的地位并不是靠着实力就能强求的，而是受之于天命。

隋朝末年，天下分崩离析，先皇高祖李渊武略圣明，恰逢这改朝换代的风云际会之时，受之于天命，效法刘邦，在太原起兵平乱，奠定了大唐王室的基业，恢复了社会清明。然而，五岳虽然葱郁却不清明，日月星之光乍隐乍现却不明显，当时割据势力互相追逐、吞噬，故而唐朝初年战事不断，战场上的风尘并未平息。我在弱冠之年，胸怀慷慨之志，希望平定天下的纷争，拯救天下的黎民百姓，于是身披甲胄，亲自抵御矢箭、石块，傍晚时分被敌人的鱼鳞之阵围困，晨曦之时又被敌方的鹤翼之阵包围。然而，敌人虽然强大，却必定能挫败他们；敌军虽然坚固，但必定能攻破他们。我奋勇杀敌，消灭唐军的敌人，只为了还四海清净，下定决心要除掉妖星，开拓大地的极限，走向吉祥，登上帝王的宝位。我尝遍了艰难困苦，最终成为储宫，被册封为太子；又经历了多少艰辛曲折，才荣登帝王的宝位。我虽然有如此功业，但自从即位以来，仍常常恐惧谨慎，居安思危，如临深渊，如驾朽车。而且我一天比一天更谨慎，就是担心不能善始善终。

你年少的时候有父母的慈爱，而且你所接受的教育，比不上《左传》说的“教之以义方”；你所受到的庭训，也远远不如孔子所倡导的“庭训有道”。你原本被分封在并州，是普通的藩王，现在被立为太子。然而，你尚且不能明辨君臣之间的礼节，也不知道种田耕地的艰辛。每当想到这些，我就深感忧惧，甚至寝食不安、食不知味。我认为上自轩辕、少昊，下至当今，这期间的开国之君、守成之王为我们留下了许多兴亡治乱之道，其中的道理明显可见。故而我搜寻前代君臣兴亡治乱的事实，阅览历代的经书典籍，概括总结其中的要领以及能够效仿的格言，希望能作为你们的鉴戒而已！

简评

李世民是唐高祖李渊的次子，也是唐朝的第二代皇帝，史称唐太宗，是封建社会颇有远见卓识的政治家、军事家。李世民写《帝范》是为了告诫太子李治未来应该如何做皇帝，如何做一位好皇帝。帝范也就是帝王家的家训、庭训以及家诫。本文选取的是《帝范》的前序，主要阐述了开创帝国的艰难险阻，说明之所以撰写《帝范》一文，就是为了告诫李治，教导他如何修身治国，让大唐王朝国泰民安。

07

求贤篇：不以卑而不用，不以辱而不尊

夫国之匡辅，必待忠良。任使得人，天下自治。故尧命四岳，舜举八元，以成恭己之隆，用赞钦明之道。士之居世，贤之立身，莫不戢翼（收敛翅膀，停止飞翔）隐鳞，待风云之会；怀奇蕴异，思会遇之秋。是明君旁求俊乂，博访英贤，搜扬侧陋（有才德但地位低下之人）。不以卑而不用，不以辱而不尊。昔伊尹，有莘之媵臣；吕望，渭滨之贱老。夷吾困于缧绁（léi xiè，囚禁）；韩信弊于逃亡。商汤不以鼎俎为羞，姬文不以屠钓为耻，终能献规景亳，光启殷朝；执旌牧野，会昌周室。

齐成一匡之业，实资仲父之谋；汉以六合为家，是赖淮阴之策。

故舟航之绝海也，必假桡楫之功；鸿鹄之凌云也，必因羽翮之用；帝王之为国也，必藉匡辅之资。故求之斯劳，任之斯逸。照车十二，黄金累千，岂如多士之隆，一贤之重。此乃求贤之贵也。

——节选自《永乐大典》

今译

但凡一个国家需要被匡正辅佐，必须有忠良之臣。得到人才，就能够治理；失去人才，就不能治理；人才任用得力，天下就得到自治。故而尧任命了“四岳”为臣，舜选用了“八元”为臣，所以能成恭敬端庄之态，能赞其治理之法敬肃明察。士人居世，贤才立身，当他们没有遇见时机之前，大多数人都隐居起来，等待时局变化；他们怀有远见卓识，一定会等到时机成熟之后才入仕。故而，英明的君王一定要多方寻访这些德高望重的贤才能人，一定要多方考察那些地位卑微但德才兼备的人，不能因人才的地位低微就不任用他，也不能因人才沾染了污浊而轻视他。古时候，伊尹最初在有莘这个地方耕田，后来成了有莘氏的“媵臣”；吕望最初是在渭水之滨垂钓的穷困老人；管仲曾经侍奉公子纠，公子纠死后，他曾被囚禁起来；韩信年轻时因贫穷而过着四处漂泊流亡的日子。然而，商汤王并不因伊尹曾经身为媵臣、背过鼎俎（古代祭祀礼器）而羞耻，仍然任用其为相；周文王并不因吕望曾经杀牛卖酒、在渭水之畔垂钓而羞耻，仍然拜其为师。最终，伊尹在商汤时的都城景亳献计，使商朝能够繁荣昌盛；吕望辅佐武王，手执旌旗，在牧野誓师，使周室天下大定。

同样地，齐桓公联合诸侯，一同匡定天下，都是依赖于管仲的计谋；汉室之所以能够灭楚，统一天下为一家，也完全依靠淮阴侯韩信的策略。

所以，船只想航渡汪洋，必须借助桡楫；大鸟想振翅高飞，必须凭借羽翼；帝王想让国家长治久安，必须有贤良之才辅佐。所以，如果君主辛劳地求访贤良之才，治理国家时就能高枕无忧。虽然珠宝熠熠生辉，能照亮前后的十二辆车子；虽然有成千上万的黄金，但远远比不上人才之贵重，还不如求得一名贤良之士。故而，身为国君，一定要以求贤为贵！

简评

本文为《帝范》中的《求贤》篇，李世民写此篇的目的在于向李治阐述求访贤人、任人唯贤对于治国理政、长治久安的重要性。李世民是一位有着雄韬伟略的帝王，在人才的理论与实践方面都有着相当重要的建树，对后世影响深远。李世民在此篇里反复叮嘱太子：如果人君任用人才得力，就能让天下自治；人君要四处探访，寻求英才；任用人才，人君要做到“不以卑而不用，不以辱而不尊”；人君要看轻宝物，注重人才，以求贤为贵。由此可见，唐太宗治下能出现一派“太平盛世”，绝不是偶然现象。

如今，我们读一读这篇《帝范·求贤篇》就能感受到，虽然这是出自封建帝王之手的家训，但是其中的内容很丰富，也不乏合理的道理与建议，对今人仍不乏启迪作用。

08

纳谏篇：臣无隔情于上，君能遍照于下

夫王者，高居深视，亏听阻明。恐有过而不闻，惧有阙而莫补。所以设鞀（táo，拨浪鼓）树木，思献替之谋；倾耳虚心，伫忠正之说。言之而是，虽在仆隶刍荛，犹不可弃也；言之而非，虽在王侯卿相，未必可容。其义可观，不责其辩；其理可用，不责其文。至若折槛怀疏，标之以作戒；引裾却坐，显之以自非。故云忠者沥其心，智者尽其策。臣无隔情于上，君能遍照于下。

昏主则不然，说者拒之以威；劝者穷之以罪。大臣惜禄而莫谏，小臣畏诛而不言。恣暴虐之心，极荒淫之志。其为雍塞，无由自知。以为德超三皇，材过五帝。至于身亡国灭，岂不悲哉！此拒谏之恶也。

——节选自《永乐大典》

今译

君王久居深宫，与外界隔绝，想听却听不到，想看也看不到。古时候的有些明君唯恐听不到自己的过错，担心有了过失却不能改正，因而置鼗鼓，立谤木，便于臣子进谏。君王侧耳倾听，虚心受教，期盼着谏言之人能告之以正直之言。如果说得对，哪怕是地位低下的仆从、奴婢、草野鄙

陋之处的人，也不能置之不理；如果说得不对，哪怕是高高在上的王侯将相，也不一定就要接受他们的意见。只要议论是可取的，就没有必要让谏言者分析得头头是道，因为空辩是没有用的；只要道理可取，就没有必要让谏言者的言辞文采斐然、优美动人，因为虚文是没有用的。古时候朱云因进谏而折断了殿槛，汉成帝专门保留了折断的殿槛，就是为了表彰朱云的直言进谏；师经为了进谏把窗户撞坏了，魏文侯决定保留已经被撞坏的窗户，作为他人的借鉴；辛毗向魏文帝曹丕进谏，甚至不惜拉扯曹丕的前襟；袁盎向汉文帝刘恒进谏，坚决不允许慎妃与皇后同坐等。身为人君，正因为能包容采纳臣下的谏言，所以才能让忠直之人竭尽其忠心，让多智之人穷尽其计谋。这样一来，君臣能够上下沟通，君王就可以做到至公大明、普照天下。

昏庸的君王却不是这样的。他们完全相反，用威严拒绝进谏者，追究劝说者的罪责，让大臣为了保全俸禄而不再谏言，让小臣因害怕被杀头而不敢谏言。于是，昏庸的君主昏昏然的，恣意施行暴虐，荒唐至极，闭目塞听，对自己的过失浑然不知，反而认为自己的德行超过了三皇，才能超过了五帝，最终落得个身死国灭的下场，怎么不可悲！这全然是拒绝谏言而招致的恶果啊！

简评

本文为《帝范》中的《纳谏》篇，李世民在文中主要论述了君主能否听取和采纳臣子的规劝是决定国家兴衰的关键。李世民是一位英明而有作为的明君，能够虚心听取臣下的谏言，及时改正错误。他在文中反复告诫李治，帝王的地位极其特殊，容易闭目塞听，要想成为一代明君，就必须重视臣下谏言，甚至要主动为臣下谏言创造各种有利条件。

09

戒公主当节俭：生长富贵，当念惜福

永庆公主曾衣贴绣铺翠襦入宫中。上见之，谓主曰："汝当以此与我，自今勿复为此饰。"主笑曰："此所用翠羽几何？"上曰："不然，主家服此，宫闱戚里必相效。京城翠羽价高，小民逐利，展转贩易，伤生寖广，实汝之由。汝生长富贵，当念惜福，岂可造此恶业之端？"主惭谢。

永庆公主因侍坐，与皇后同言曰："官家（宋人习惯称皇帝为官家）作天子日久，岂不能用黄金装肩舆，乘以出入？"上笑曰："我以四海之富，宫殿悉以金银为饰，力亦可办。但念我为天下守财耳，岂可妄用。古称以一人治天下，不以天下奉一人。苟以自奉养为意，使天下之人何仰哉！当勿复言。"

——节选自《续资治通鉴长编》卷十三，太祖开宝五年七月

今译

永庆公主曾经身着点缀着翡翠鸟羽毛的绣花短衣来到宫里。赵匡胤见了，严肃地跟她说："你把它交给我，从今以后不能再穿用翠羽点缀的服饰。"公主笑道："这又能用掉多少翠羽？"赵匡胤说："不能这么说。如果公主经常穿这类服饰，宫廷内外必然争相效仿。这样，京城里翠羽的价格就会很高。老百姓看到有利可图，就会到处贩运，牟取暴利。这样，会对民生不利，这种不好的影响被逐渐推广。这都是你造成的！你自幼在富贵的环境里长大，应该时时刻刻懂得惜福，又怎能带头做这么不好的事情呢？"公主深感惭愧，承认自己做得不对。

永庆公主陪伴在赵匡胤身边，和皇后一起对赵匡胤说："陛下做了很久的天子了，难道就不能用黄金装点一番轿子，乘坐着进进出出吗？"赵匡胤笑道："四海的财富都为我所用，哪怕用金银装点所有宫殿，也办得到。但是，我总是想到，我要为天下守护财富，又如何能任意使用呢？古人说得好，是一人治理天下，而不是天下奉养一人。如果我享用天底下的财富来奉养我一个人，那么，天下苍生又能依靠和指望什么呢？所以你们以后别这么说了。"

简评

赵匡胤虽然贵为帝王，但终其一生节俭朴素，以"为天下守财"自称，哪怕当了很长时间的皇帝，仍然初衷不改，恪守信条，崇尚节俭廉洁的生活。纵观古代封建社会高层统治集团，能做到这一点的人少之又少。更重要的一点是，他不仅身体力行，还要求妻儿也这么做。他教育妻儿的时候循循善诱，分析劝诫；对妻儿严格，对自己更甚，建立起一套卓有成效的家法家规。

10

敦劝子弟：勿鄙人短，勿恃己长

太宗曾谓皇属曰："朕即位以来，十三年矣。朕持俭素，外绝游观之乐，内却声色之娱，真实之言，固无虚饰。汝等生于富贵，长自深宫，民庶艰难，人之善恶，必是未晓，略说其本，岂尽余怀。夫帝子亲王，先须克己厉情，听言纳诲。每著一衣，则悯蚕妇，每餐一食，则念耕夫。至于听断之间，勿先恣其喜怒。朕每亲临庶政，岂敢惮于焦劳；礼接群臣，无非求于启沃(开诚忠告)。汝等勿鄙人短，勿恃己长，乃可永久富贵，以保终吉。先贤有言曰：'逆吾者是吾师，顺吾者是吾贼。'不可不察也。"

——节选自《宋朝事实类苑》卷二《祖宗圣训·太宗皇帝》

今译

宋太宗曾对众皇属说："自从我即位以来，已经十三年。我素来保持着朴素节俭的作风。在外，远离游览观光的乐趣；在内，远离歌舞女色的娱乐。这实在是肺腑之言，没有丝毫虚伪造作。你们生在富贵的环境里，长在深宫里，对于黎民百姓生计的艰难困苦、人世间的诚善险诈了解得不够。现在，我简略地跟你们讲一讲应该留心的几个基本要求，只为了排遣我内心萦绕着的担忧。身为帝子亲王，首先必须严格要求自己，约束性情，善于听取他人意见，接受尊长的教导。每当穿上一件衣裳，就要同情蚕妇的辛劳；每当吃饭时，就要念及种地耕田的农民的艰辛。在听取意见、做出决定的时候，不要先带入自己好恶的主观情绪。我每次处理政务时，从不敢因事情的困难琐碎而有丝毫畏惧或松懈。我对群臣以礼相待，就是为了向他们探求治国之道的金玉良言。你们万万不能因为他人有不足就看轻他们，也不能仗着自己的优势就妄自尊大。唯有这样，才能保有长久的富贵，才能善始善终，事业顺遂。古代的贤明说得好：'那些与自己意见相左的人，常常正是自己需要的老师；而那些一直顺从自己的人，却往往是可能危及自己的乱臣贼子。'一定要明察！"

简评

《敦劝子弟》乃赵光义也就是赵匡胤之弟宋太宗所写。他继承了兄长赵匡胤艰苦朴素的生活作风，并且很重视子弟、皇亲的教育问题。他深知皇家子孙生于富贵、长于深宫，不了解底层老百姓生活的困顿穷苦，也不懂得维持家业的艰辛，故而谆谆告诫子弟，让他们体恤民情，勤于政务，多听取他人意见，尤其是那些与自己相左的意见，同时努力做到明辨善恶。

11

约束外戚：谕汝毋私贩以夺民利

旧制，诸公主宅皆杂买务市物，宗庆遣家僮自外州市炭，所过免算，至则尽鬻之，复市于务中。自是诏杂买务罢公主宅所市场。

（宗庆）从祀汾阴，为行宫四面都巡检，进泉州管内观察使。又自言陕西市材木至京师，求蠲所过税。真宗曰："向谕汝毋私贩以夺民利，今复尔邪！"

——节选自《宋史》卷四六三《外戚上·柴宗庆传》

今译

旧制有规定，公主们的宫里需要的东西都由杂买务购买。驸马柴宗庆利用自己外戚的身份，派童仆去外地的州郡购买木炭，回京城做转手生意，所经之处税赋全免；回到京城后，拿去杂买务（宋时专为宫廷购买货物的官署）市场，一下就卖光了。宋真宗知道了此事，于是下诏命令杂买务停止与公主府邸进行买卖。

这之后，柴宗庆跟随宋真宗去汾阴祭祀，担任行宫四面都巡检，接着又提升为泉州管内观察使。于是，他又向宋真宗进言，想派人去陕西购买木材回京城，请求减免沿途所需的过境税。宋真宗以严肃的口吻指责他，说："我之前就告诉过你，不要私自贩卖货物，谋取民利，现在你又想这么做？"

简评

此文为赵恒，即赵光义第三子宋真宗所写。文中提到的柴宗庆的所作所为，其实是宋朝年间屡见不鲜的一种官商勾结、通过手中职权进行走私贩卖、牟取民利的伎俩。为了维持社会稳定，巩固统治阶级的地位，赵恒几次三番进行管制和约束。身为封建君王，能如此约束，实属不易。

12

戒贵妃：勿通臣僚馈遗

仁宗一日幸张贵妃阁，见定州红瓷器，帝坚问曰："安得此物？"妃以王拱辰所献为对。帝怒曰："曾戒汝勿通臣僚馈遗，不听何也？"因以所持柱斧碎之。妃惭谢，久之乃已。妃又曾侍上元宴于端门（宫殿正门），服所谓灯笼锦者，上亦怪问。妃曰："文彦博以陛下眷妾，故有此献"。上终不乐。后潞公入为宰相，台官唐介言其过，及灯笼锦事，介虽以对上失礼远谪，潞公寻亦出判许州，盖上两罢之也。或云灯笼锦者，潞公夫人遗张贵妃，公不知也。唐公之章与梅圣俞《书窜》之诗，过矣。呜呼！仁宗宠遇贵妃冠于六宫，其责以正礼尚如此，可谓圣矣！

——节选自《邵氏闻见录》卷二

今译

有一天，宋仁宗赵祯驾临张贵妃处，只见房里摆放着名贵的定州红瓷器。他觉得奇怪，于是问道："你是如何得到这东西的？"贵妃说是大臣王拱辰进献的。宋仁宗听后大怒，说："我曾告诫过你，不要接受官吏的馈赠之物，你为什么不听呢？"于是用斧头毁掉了这个瓷器。贵妃羞愧难当，赶紧谢罪。过了很久，这事才算平息下来。上元节这一天，张贵妃陪侍在宋仁宗身边，一起参加在端门举办的上元宴。这时，贵妃穿着时下很珍贵稀有的灯笼锦。宋仁宗见了，又觉得奇怪，询问它的来历。贵妃回答："大臣文彦博以我们是陛下的妃妾的名义进献给我们的。"宋仁宗听了，闷闷不乐。此后，文彦博擢升为宰相，殿中侍御史唐介上书仁宗，揭露他的过错，其中提到了灯笼锦的事。虽然唐介本人因对君王无礼而被贬谪到很偏远的地方，但是不久之后，文彦博也被发配到许州。可见，皇帝把他们两人都罢免了。另外还有一种说法：所谓的灯笼锦，其实是文彦博夫人进献给张贵妃的，最初文彦博本人也不知道这事。唐介的奏章和梅圣俞的《书窜》长诗都不了解真实情况，难免抨击得过了头。仁宗原本很宠爱张贵妃，然而每当她违背礼数、违反规矩时，还是会不留情面地斥责她，也真是担得起圣哲的称呼了。

简评

此文是赵恒之子赵祯，也就是宋仁宗所写。赵祯素有"小尧舜"之称，在位四十二年，其治下被后世誉为北宋的鼎盛时期，他本人在生活中也很检点。据说，他曾经采纳官员王素"不近女色"的谏言，遣散了大臣王德进献的诸多美女。同时，他还严格要求皇属，对他们言传身教，要求他们朴素节俭，不扰民众。对于张贵妃和其他嫔妃，他早就立下了“勿通臣僚馈遗”的规矩，谁若是有违背礼数或规矩的地方，就会不留情面地斥责、惩处。如今，重温这段皇家家训，让人深受启迪。

13

庭训格言：仁者以万物为一体

尔等见朕时常所使新满洲数百，勿易视之也。昔者太祖、太宗之时，得东省一二人，即如珍宝爱惜眷养。朕自登极以来，新满洲等各带其佐领或合族来归顺者，太皇太后闻之，向朕曰：“此虽尔祖上所遗之福，亦由尔怀柔远人，教化普遍，方能令此辈倾心归顺也。岂可易视之？”圣祖母因喜极，降是旨也。

王师之平蜀也，大破逆贼王平藩于保宁，获苗人三千，皆释而归之。及进兵滇中，吴世璠穷蹙（困窘急促），遣苗人济师以拒我，苗不肯行，曰：“天朝活我恩德至厚，我安忍以兵刃相加遗耶？”夫苗之犷狎，不可以礼义驯束，宜若天性然者。一旦感恩怀德，不忍轻倍（通“背”，背叛）主上，有内地士民所未易能者，而苗顾能之，是可取之。子舆氏不云乎：“以力服人者，非心服也，力不赡也。以德服人者，中心悦而诚服也。”宁谓苗异乎人而不可以德服也耶？

仁者以万物为一体，恻隐之心，触处发现。故极其量，则民胞物与，无所不周；而语其心，则慈祥恺悌，随感而应。凡有利于人者，则为之；凡有不利于人者，则去之。事无大小，心自无穷，尽我心力，随分（照例、照样）各得也。

世人皆好逸而恶劳，朕心则谓人恒劳而知逸。若安于逸则不惟不知逸，而遇劳即不能堪矣。故《易》云："天行健，君子以自强不息。"由是观之，圣人以劳为福，以逸为祸也。

子曰："志于道。"夫志者，心之用也。性无不善，故心无不正。而其用则有正不正之分，此不可不察也。夫子以天纵之圣，犹必十五而志于学。盖志为进德之基，昔圣昔贤莫不发轫乎此。志之所趋，无远弗届（至、到）；志之所向，无坚不入。志于道，则义理为之主，而物欲不能移，由是而据于德，而依于仁，而游于艺，自不失其先后之序、轻重之伦（道理、次序），本末兼该，内外交养，涵泳（深入体会）从容，不自知其入于圣贤之域矣。

道理之载于典籍者，一定而有限，而天下事千变万化，其端无穷。故世之苦读书者，往往遇事有执泥（拘泥，固执而不知变通）处，而经历世故多者，又每逐事圆融而无定见，此皆一偏之见。朕则谓当读书时，须要体认世务；而应事时，又当据书理而审其事。宜如此，方免二者之弊。

——节选自《钦定四库全书·圣祖仁皇帝庭训格言》

今译

你们见我常常派使者去新满洲，多达数百人，可不要小看这件事呀。以前，太祖、太宗在位的时候，能得到从东三省来的一两个人，就视其为珍宝，很是关照。自从我即位以来，新满洲的地方首领纷纷带着部下佐领官甚至全族前来归顺于大清朝。太皇太后得知后，跟我说："虽然这是你祖辈留下来的福分，但也是因为你抚慰边疆民众，让政教风化遍布全国，这些人才能真心归顺。又如何能轻视这件事呢？"因此，圣祖母很高兴，特别颁布了这道圣旨。

我们大军平定四川的时候，曾经在保宁打败叛将王平潘，俘虏了苗人三千多人，却把他们都释放了，让他们回自己家。等我军抵达云南中部地区，吴世璠已是穷途末路，只能派人请苗人前来支援，以抵抗清朝大军。苗人却不肯按照他的要求办事，他们说："大清王朝曾留给我们活路，这样的大恩大德，我们如何忍心用武力作为回报？"我们都知道，苗人野蛮强横，根本不能用礼义来驯服和约束他们，他们的天性本就是这样的。然而，一旦他们产生了感恩或怀念他人好处的情感，就不忍心轻易背叛主上。在这方面，他们的表现是内地的读书人和寻常百姓都难以企及的，而苗人却做得很好，这是可取的。孟子不是说过这样一番话："用武力征服他人的人，是不能让他人心服口服的，而只是怪自己的力量不强大，不足以威慑他们；唯有用德行去征服他人的人，才能让他人心悦诚服。"难不成苗人与其他人不一样，不能用德行征服他们吗？

仁人君子面对世间万物，均一视同仁。他们富有同情心，时时刻刻都有所体现。简而言之，仁人君子视民众为同胞，视万物为同类，广泛地爱着一切的人和物，他们的仁爱之心遍布万物。谈起他们的内心，仁慈、友爱会随着感觉相应地发生。但凡对他人有利的，就会去做；但凡对他人不利的，就会除掉它。世间万物有大有小，但仁爱之心却是无穷无尽的。一个人，但凡用尽心力，做任何事都会有所收获。

世间之人都喜欢安逸，讨厌劳动，我认为，一个人只有常常辛劳，才能感受到真正的安逸。如果满足于安逸，不求上进，那么他就不能体会真正的安逸之乐是什么；更何况一旦遇上辛劳之事，他就会难以忍受。故而《易经》说："上天和自然的万事万物都在不休不止的运动中存在着，延绵不绝，君子应当勉力自强，片刻都不能松懈。"从这一点看来，圣人是视辛劳为福报，视贪图安逸为导致祸端的根源的。

孔子说："当有志于道。"所谓"志"，就是"心"的功用。人性本善，故而没有不正的人心。然而，"心"的功用却又有正邪的分别，我们对此不能不辨别清楚。孔夫子有天赐的圣明，十几岁时就有志于学。可见，"志"是一个人道德修养得以发展的基础。古时候，那些圣贤没有谁不是始于立志的。志向的发展，是无论有多远，没有它不能达到的；志向有了目标，就会无坚不摧，能克服任何困难。从这一点出发，一个人的志向以道德作为基础，以仁义作为依傍，还有良好的学艺修养，那就不会弄错先后、轻重、缓急的次序，能照应到本末，也能陶冶到内外，还能从容不迫地深入领悟所有内容。达到这种境界，自己已经位于圣贤之列，只是还未察觉而已。

那些经书典籍里记载的道理，都是确切的、有所指的、有限的；然而，普天之下的事情却千变万化，头绪难以穷尽。所以世界上那些苦读之人，遇到事情常常固执而不知道变通；那些阅历丰富、老于世故之人，遇到事情又常常随机应变却没有定见。这两类人在认识上都是片面的。我认为，一个人读书的时候，还必须能洞察时务；办事的时候，又能根据书上的道理审察这件事。唯有如此，才能避免以上两类人的弊端。

简评

《庭训格言》由康熙帝辑撰而成，本文仅截取其中数章。康熙素来注重家教问题，实行的办法也卓有成效，在他之后即位的雍正、乾隆、嘉庆等皇帝身上都能彰显其家教思想的深远影响。本篇中，康熙提出，仁人君子要博爱，还要多设身处地地为他人着想，与民众同甘共苦。康熙强调，作为一国之君，要重视远民来归的问题，做到以德服民，让人心悦诚服。这也难怪康熙治下，中国会出现大一统的局面，这与他爱国、爱民的思想有着密切关系。此外，康熙还分析了劳与逸之间的辩证关系以及世间万物生生不息的道理。他认为，一个人想成就一番事业，必须以劳苦为乐。而圣人也好，君子也罢，都不是与生俱来的，需要毕生不断地付出努力。身为读书人，要把读书与实践结合起来，才能通晓道理，践行时务。康熙身为封建社会的最高统治者，能有这样的思想境界，实属可贵，他的这些观点与精神对后人也大有裨益。

14

圣谕广训序：奉先志以启后人

《书》曰："每岁孟春，遒人（古代帝王派出去了解民情的使臣）以木铎徇于路。"《记》曰："司徒脩六礼以节民性，明七教以兴民德。"此皆以敦本崇实之道，为牖（yǒu）民（开通民智）觉世之模。法莫良焉，意莫厚焉。我圣祖仁皇帝久道化成，德洋恩普，仁育万物，义正万民。六十年来宵衣旰食，只期薄海内外，兴仁讲让，革薄从忠，共成亲逊之风，永享升平之治。故特颁上谕十六条，晓谕八旗及直省兵民人等，自纲常名教之际，以至于耕桑作息之间，本末精粗，公私巨细，凡民情之所习，皆睿虑之所周，视尔徧（通"遍"）民诚如赤子。圣有谟训明证，定保万世，守之莫能易也。

朕缵承大统，临御兆人，以圣祖之心为心，以圣祖之政为政。夙夜黾勉，率由旧章。惟恐小民遵信奉行，久而或怠，用申诰诫，以示提撕。谨将上谕十六条寻绎其义，推衍其文，共得万言，名曰《圣谕广训》。旁证远引，往复周详，意取显明，语多直朴。无非奉先志以启后人，使群黎百姓家喻而户晓也。愿尔兵民等仰体圣祖正德厚生之至意，勿视为条教号令之虚文，共勉为谨身节用之。庶人尽除夫浮薄嚣凌之陋习，则风俗醇厚，家室和平。在朝廷德化，乐观其成。尔后嗣子孙，并受其福。积善之家，必有余庆。其理岂或爽哉！

——节选自《四库全书·子部》

今译

《尚书》说：“每年头春的时候，执掌政教、法令的官吏手里拿着以木为舌的大铃铛，四处巡游、振鸣，向百姓提示交通要道在何处，以便引起人们的注意。”《礼记》说：“掌管民事的官吏修订关于服饰、婚丧、祭祀、饮食、交往等的礼仪规则，为的是约束民众的言行、思想；阐述父子、兄弟、夫妇、君臣、长幼、朋友、主客之间的伦理规范，为的是提高百姓美好的德性。”这都是将重视本质、推崇实际的道理作为启迪民众智慧的榜样，方法都很好，用意也很深远。很长时间以来，我的父亲圣祖仁皇帝践行着治世驭民之道，成效卓然，心意广阔，恩泽天下，他的友爱之心滋养着世间万物，他的言行思想熏陶着他的亿万子民。他在位六十多年，勤于政务，经常天还没亮就起床了，天黑了才吃晚饭，殷切地期盼着全国上下能讲究仁义、礼让，摒除轻浮之举，践行忠实，共同培养起谦逊亲密的风尚，永远保持着兴盛繁荣的景象。所以他特意颁布了十六条指令，明确地告诉八旗子弟以及全国民众，上至古而有之的纲常伦理、圣人言语，下至耕种田地、休养生息等问题，无论主次粗疏，公私巨细，但凡百姓关心的事情，都经过一番深思熟虑，考虑得很周到，将举国上下的民众都视为子民。圣贤的先君为我们后世留下了谋划活世的典型范例，甚至可以作为千秋万代永远恪守的法则，应当坚守而不能随意更改。

我从先君处继承大业，治理亿万民众，决定以先君之心为心，以先君之政为政。朝朝暮暮，我常常激励自己，一切都要秉承原来的体制，延续前朝的风气。然而，我担心普通民众遵照旧制，时间久了，也许就会懈怠，因此特别予以重申，以示提醒。我郑重其事地重新演绎了先君所颁布的十六条旨意，推敲其中的文字，延伸其中的含义，加起来总计一万余字，取名为《圣谕广训》。同时，我还引经据典，多次推敲，以求言简意赅，语言通俗易懂，朴实无华。之所以这么做，就是为了用前人的精神启发后人，让普天之下的臣民都知道先帝的良苦用心。我殷切地盼望，广大官兵民众能细细体味先帝端正德性、重视民生的用心，不要将其视为常见的只求说教而毫无实效的条条框框，而要将其作为自我勉励、修身养性并努力践行的准则。如果每个人都自觉地摒弃那些不务实、自大狂妄的坏毛病，整个社会就会呈现出一种风俗质朴、阖家欢乐的融洽场面。对朝廷来说，让民众品性端正，就是道德教化的成效，你们的儿孙后代也能从中获取无穷无尽的好处。那些讲究仁善的家庭，必然会其乐融融。难道这方面的道理不是显而易见的吗?

简评

雍正帝历来重视家教问题，即位之初，他的地位不甚稳固，为了让皇亲国戚、普通民众在思想观念上听从他的统治，他专门将康熙帝生前制定的十六条治国齐家的上谕重新进行演绎、诠释，阐述其中的重要观点，共计一万余字，命名为《圣谕广训》，在全国颁行，本篇为《圣谕广训序》，乃全文之总序。雍正帝不仅身体力行，效仿延续前朝风范，遵循前朝旧制，还要求皇亲国戚率先执行，并在举国上下大力推行，让所有兵民都能“仰体圣祖正德厚生之至意”。可见，《圣谕广训》绝不单纯是帝王家的家训，其实还是面向全国民众施行的真正意义上的“广训”。

15

宗族篇：水之有分派，木之有分枝

《书》曰："以亲九族。""九族既睦"。是帝尧首以睦族示教也。《礼》曰："尊祖故敬宗，敬宗故收族（整齐家族）。"明人道必以睦族为重也。夫家之有家族，犹水之有分派，木之有分枝，虽远近异势，疏密异形，要其本源则一。故人之待其宗族也，必如身之有四肢百体，务使血脉相通，而疴痒相关。《周礼》本此意以教民，著为六行，曰孝曰友，而继曰睦。诚古今不易之常道也。我圣祖仁皇帝既谕尔等敦孝弟以重人伦，即继之曰笃宗族以昭雍睦。盖宗族由人伦而推，雍睦未昭，即孝弟有所未尽。朕为尔兵民详训之。

大抵宗族所以不笃者，或富者多吝，而无解推之德；或贫者多求，而生觖（jué）望（不满意、抱怨）之思；或以贵凌贱，而势利汩其天亲；或以贱骄人，而忿傲施于骨肉；或货财相竞，不念祖免之情；或意见偶乖，顿失宗亲之义；或偏听妻孥之浅识，或误中谗慝之虚词；因而诟谇（gòu suì，辱骂、数落）倾排，无所不至，非惟不知雍睦，抑且忘为宗族矣。尔兵民独不思子姓之众，皆出祖宗一人之身。奈何以一人之身分为子姓，遽相视为途人而不顾哉！昔张公艺九世同居江州，陈氏七百口共食。凡属一家一姓，当念乃祖乃宗，宁厚毋薄，宁亲勿疏，长幼必以序相洽，尊卑必以分相联。喜则相庆以结其绸缪，戚则相邻以通其缓急。立家庙以荐烝尝，设家塾以课子弟，置义田以赡贫乏，修族谱以联疏远。即单姓寒门，或有未逮，亦各随其力所能为，以自笃其亲属，诚使一姓之中秩然蔼然。父与父言慈，子与子言孝，兄与兄言友，弟与弟言恭，雍睦昭而孝弟之行愈敦。有司表为仁里，君子称为义门，天下推为望族，岂不美哉！若以小故而隳

（huī，毁坏）宗友，以微嫌而伤亲爱，以侮慢而违逊让之风，以偷薄而亏敦睦之谊，古道之不存，即为国典所不恕。尔兵民其交相劝励，共体祖宗慈爱之心，常切水木本源之念，将见亲睦之俗成于一乡一邑，雍和之气达于薄海内外，诸福咸臻，太平有象，胥在是矣，可不勖（xù，勉励）欤（yú，语气词，此处表示反问）。

——节选自《四库全书·子部》

今译

《尚书》说："应该使内亲外戚保持密切的关系。""如果要使亲戚之间关系亲密、和睦，那就要让百姓懂得礼义。"这说明尧帝尤其重视通过家族和睦来教育民众。《礼记》也说："尊敬先祖，所以要敬重宗族，敬重宗族，所以要整饬家族。"这说明做人要先把家族和睦摆在首要位置。之所以有家族，就好比江河流水有分流，山中树木又有分枝，虽然江河的分流有远近、大小的区别，树木的分枝有疏密、形状的区别，但究其根源却是一样的（言下之意，世界上没有无源之水，也没有无树之枝）。一个人对待自己的宗族，就好像身躯必须四肢、五官俱全，务必要让全身的血液、经脉相通，但凡任何一处有病痛，就会牵动全身。《周礼》从这一点出发，教化百姓，将人的善行明确分为六种，而尤其重视的是孝顺友爱之道，还指出和睦亲近的必要性，这确实是古而有之、不能改变的道理。我的父亲圣祖仁皇帝先是教诲普天之下的臣民要真心实意地孝顺父母、友爱兄长，注重人与人之间高下、尊卑等等级关系，接着强调要注重宗族，彰显和谐友好的风化。因为宗族是根据人与人之间高下、尊卑的等级关系推导而来的，如果没有明确彰显和谐友好的风化，那就等于没有将孝敬父母、友爱兄长的道理充分发挥出来。为此，我向全国的臣民专门详细地训示一下。

一般情况下，宗族里的人之所以不忠诚，要么是因为大多数富有的人都看重钱财，缺乏慷慨施舍、谦让他人的美好品德；要么是因为大多数贫穷的人都孜孜以求，常常萌生不知满足的想法；要么是因为高贵者欺凌低贱者，而原本的亲情也为势利所淹没；要么是自甘低贱却还看轻他人，将愤懑高傲的情绪施加在骨肉至亲身上；要么是因为亲友相争财产，忘记了远亲近戚之间原本应有的情意；要么是因为彼此在意见上稍有分歧，就立即失去宗族之间的亲近之义；要么是因为听信妻儿的浅薄言语，或是听信邪恶之人的巧言令色，竭力侮辱、打击、排斥他人，无所不用其极。诸如此类，不仅是因为不知道和谐友好，还因为忘记了宗族的观念。你们这些兵民为何不明白数量众多的儿孙都来自于同一个先祖的道理，为什么只认为自己一人是先祖的子孙，却视他人为陌生的同路人而毫不关心呢？古时候，有一个名叫张公艺的人，他一家九代人居住在江州；一个姓陈的家族共有七百人，却没有分家，大家在一口锅里吃饭。因此，但凡同属于一家一姓，就应该时时刻刻念及你们的祖先、宗族，要厚道不要轻薄，要亲近不要疏远。长幼之间必须严格按照次序区别，和睦相待，必须按照名分来区分尊卑、贵贱。遇上可喜之事，互相庆贺，以便维系殷切之情；遇有困难之事，邻居之间就可以互相帮助来解燃眉之急。修建宗庙，用来推崇祭祀；创办家庭学校，用来敦促子弟；置办田地，用来接济贫穷者；撰写、修改家谱，用来联络不常来往的远亲。哪怕是那些人丁稀少、不甚兴旺的家族，也许不易做到上述这些，也应当尽力而为，只求珍视亲属之间的关系，实实在在地让一家一姓之中严肃齐整地体现长幼之序，振兴和睦之风气。为父就要和善，为子就要孝顺，为兄就要友爱，为弟就要谦恭，才能凸显和睦友善之情谊，进而使孝敬父母、敬爱兄长的风气愈发淳厚。官吏表彰其为风俗淳朴之地，有德之人称颂其为忠义之家，天下之人推崇其为名望之族，这难道不是一桩美事？！如果因为小小的摩擦就伤害了一家一宗之间的关系，因为小小的嫌隙而毁坏了亲近友爱的情义，因为傲慢轻视而违背了谦恭礼让的风气，因为不厚道而影响了和睦友善的友谊，致使那些古而有之的正当道理不复存在，这都是国家法律不允许的。你们这些兵民，如果互相劝勉，一同体味先祖的仁爱之心，时常切实地牢记江河之水有源头、山中之树有分枝的道理，就能看见亲近友爱的风尚遍及城市乡间，和平友善的氛围风行全国，许许多多幸福就会呈现，天下一片太平盛世，道理皆在于此。难道你们不应该互相勉励，以求能实现吗?

简评

《宗族》篇节选自康熙所撰写的《圣谕广训》，通过讲述江河之流水有分流，山中之树木有分枝等浅显易懂的现象，生动地比喻了家族与宗族之间的关系，强调了敬重先祖、孝敬父母、友爱兄长的重要性，也意在借用封建宗法来约束百姓。

16

为孝篇：善继志、善述事，诚以孝道至大

咸丰十年二月丁酉，上御文华殿。直讲官肃顺、许乃普讲述《中庸》“夫孝者善继人之志，善述人之事者也”。讲毕，上宣御论曰:“孝也者，先王所为至德要道也。圣人之孝与常人异，天子之孝与庶人异。尽伦尽制，皆孝中之志与事，即皆前人之志与事也。《中庸》论武、周之达孝，而申之以善继志、善述事，诚以孝道至大。人子之心，在善窥乎天理人情之所同，因时起义，以求满其孝之本量（本来的、原先的）而已。前人所有之志与事，固当敬承而勿替，即前人所未遑制作者，但使所志、所事，协天理，顺人情，正不必前人所已为，而要皆前人所欲为。特时位不同，故前人未及为之，而有待于后人。是以论其迹，则今昔异宜，推其本则后先同揆（相同的制度）也。武、周为人伦之至，故能善继善述，使孝之量充满而无遗，《经》所称

通于神明，光于四海者，其武、周达孝之谓乎！”

——节选自《清实录·文宗实录》

今译

咸丰十年（1860年）二月丁酉日，咸丰皇帝来到文华殿，直讲官肃顺、许乃普为他讲解《中庸》里的“夫孝者善继人之志，善述人之事者也”这一段。讲解完了，咸丰皇帝也阐述了他的观点：“所谓孝，被前代先王认为是最根本的最高道德标准，也是最重要的道理。圣人与普通人奉行的孝道有区别，天子与黎民百姓奉行的孝道也有区别。但是，力求符合伦常礼制，这都是符合孝道的内容，也是前人想做并做过的事情。《中庸》提到，周武王、周公奉行的是天底下最大的孝道，将这种孝道阐述为很好地继承了先人的志向，很好地记录了先人的事迹，这才是至高无上的、真正意义上的孝道！为人子，心思要缜密细致，天理与人情有相通之处，要根据不同的时代去思考用什么内容去补充当下的孝道，使其符合孝道本身的内涵。前人的志向与事迹当然要虔诚地继承，不能偏废，但是前人没来得及做的，只要所思、所想、所做符合天理，顺应人情，那就不必拘泥于前人是否做过，更要紧的还是做前人想做却没有做到的。因为时间不同、地位不同，故而前人没来得及做的，正等着后人去完成。可见，尽孝之事，现在与过去不尽相同，但是归根结底，前人、后人都遵循着一样的标准。周武王、周公是遵循人伦关系的最高典范，故而他们能够很好地继承前人的志向，很好地记录前人的功绩，使孝道的内容充实，没有纰漏。经书提到的通达于神明、普照于四海的人和事迹，也许指的就是周武王、周公的孝道吧！”

简评

本篇为咸丰帝所写，他英年早逝，在位时间并不长，由他所写的皇家家训也很少见。本篇指出，孝道因时间、因人物而不尽相同，君王的孝道与庶民的孝道也有所不同。君王的孝道与周武王、周公所奉行的孝道一样，应该注重继承前人的遗志，记录先祖的事迹。唯有做到了这一点，才谈得上是最根本的最高孝道。咸丰帝的言语中流露出明显的封建等级观念，但是他主张“为孝之道，取其大者”，这在当时已经是一种很高深的见解。

17

诫子孙：咨余小子，既德靡逮

于肃君子，既令（善、美好）厥德，仪服此恭，棣棣（dì dì，雍容雅致的样子）其则。咨余小子，既德靡逮，曾是车服，荒嫚以队（“坠”的古字）。

明明天子，俊德烈烈，不遂我遗，恤我九列。我既兹恤，惟夙惟夜，畏忌是申（自我约束），供事靡惰。天子我监，登我三事，顾我伤队，爵复我旧。

我既此登，望我旧阶，先后兹度，涟涟孔怀。司直御事，我熙我盛；群公百僚，我嘉我庆。于异卿士，非我同心，三事惟艰，莫我肯矜。赫赫三事，力虽此毕，非我所度，退其罔日。昔我之队，畏不此居，今我度兹，戚戚其惧。

嗟我后人，命其靡常，靖（图谋）享尔位，瞻仰靡荒。慎尔会同，戒尔车服，无惰尔仪，以保尔域。尔无我视，不慎不整；我之此复，惟禄之幸。于戏后人，惟肃惟栗。无忝（辱没、有愧于）显祖，以蕃汉室！

——节选自《汉书·韦贤传》

今译

啊！高洁的君子，庄严肃穆，以求品德美善；他们的仪容举止和服饰都谦恭、雍容而雅致，足以让他人效仿。唉，我不中用啊，德行比不上君子；还如此轻慢荒唐，最终失去了祖辈靠赏赐获得的车辆和服饰。

天子聪慧洞察，德行伟大，威武神明；不追究我的过错，让我担任少府一职。我担任了这个职务，早晚戒备，小心谨慎，自我约束，履行职责，不敢懈怠分毫。天子敦促我的工作，提升我至三公之位；又念及我曾经因被贬而忧虑，恢复了我原本的爵位。

我已经登上三公之位，仰望着我原本的爵位，我父亲也曾出任丞相之职，我不禁泪流不止，满腔忧思。司直和治事之人，辅佐我兴盛，群臣百官都来庆贺。然而，这些卿士与我的心情并不相同，丞相之职异常艰难，却没有人同情我。丞相一职，如此盛大耀眼，我尽力来做，却仍不能胜任，只是担心又遭贬谪。我曾经失去过官职，我所害怕的并不是担当不了丞相一职；我如今身居丞相之位，却如履薄冰，很是恐惧。

啊！我的儿孙们，要知道天命是没有定数的，你们要思考怎么来享用自己的职位，不要有丝毫懈怠。朝见天子，要小心谨慎，注意你们的车辆与服饰，不要忽略仪容仪表，才能保住你们的封地。你们可别学我，不谨慎，不严肃；我之所以能恢复原本的爵位，完全是因为上天的垂怜。啊！我的儿孙们，你们要谨慎严整，可别辱没了你们的先祖，要一心一意地守卫汉室！

简评

韦玄成，字少翁，在汉元帝时官至丞相。他不仅严于律己，对儿孙的要求也近乎严苛。此篇介绍的是他所写的《诫子孙》诗。诗中，他先进行了认真的自我反省，继而向儿孙提出严苛的要求。这是一种敢于自我剖析、从严要求儿孙的思想，至今仍对我们有所启发。然而，诗中还流露出听天由命的思想以及对封建君王的感恩涕零，这一点需要斟酌，是不可取的。

18

敕子冀等：善述父志，不宜违我言

吾以不德，享受多福。生无以辅益朝廷，死必耗费帑臧（tǎng zāng，国库），衣衾饭唅（以珠玉贝米之类的纳于死者口中）玉匣珠贝之属，何益朽骨。百僚劳扰，纷华道路，只增尘垢，虽云礼制，亦有权时。方今边境不宁，道贼未息，岂宜重为国损！气绝之后，载至冢舍，即时殡敛。敛以时服，皆以故衣，无更裁制。殡已开冢，冢开即葬。祭食如存（活着），无用三牲。孝子善述父志，不宜违我言也。

——节选自《后汉书·梁统传》

今译

我的品德不过如此，却享受了太多福禄。活着时，对朝廷没有太多益处；死了后，如果还消耗国库，浪费衣衾，口里含着的珠贝、陪葬所用的玉匣等物件，对于一把枯骨又有什么好处呢？死后让百官辛劳忙碌，只是让华丽繁荣的道路上徒增一些灰尘罢了。虽然这么做是礼制所要求的，但也应该审时度势。如今，边境不宁，盗贼不息，又怎能再给国家增添负担呢？我死后，将我的尸骨运往墓穴一旁的房舍，及时下葬。为我穿上我平日里所穿的旧衣服，不要另外裁制。停殡完了就开墓，墓开好了就下葬。祭祀就用我活着时所食用之物，不要用牛、羊、猪三牲。作为孝子，就要顺应我的意思，不要违背我所说的。

简评

梁商是东汉时期定乌氏人，其姑母是和帝生母，其女为顺帝皇后。梁商为人谦恭柔顺，重视贤良，这里介绍的是他所写的《敕子冀等》。虽然梁商身居高位，但平日的生活却极为俭朴，临终之前，他还在文中反复叮嘱儿子，他死后要从简治丧，这种态度很可取，是值得赞扬的。值得注意的是，他还在遗言里提到了“不循礼制，要审时度势”的观点，今人读来，仍深受教益。

19

诫子书：淡薄明志，宁静致远

夫君子之行，静以修身，俭以养德；非淡薄无以明志，非宁静无以致远。夫学欲静也，才欲学也；非学无以广才，非静无以成学。慆慢则不能研精（精深的研究），险躁则不能理性。年与时驰，意与日去，遂成枯落，多不接世，悲守穷庐，将复何及！

夫酒之设，合礼致情，适体归性，礼终而退，此和之至也。主意未殚，宾有余倦，可以至醉，无致于乱。

——节选自《汉魏六朝百三名家集·诸葛丞相集》

今译

君子的品行，在于以内心宁静来修养身心，以俭朴的作用来培养品德；不淡薄寡欲就无法彰显志向，不静下心来就无法实现远大的目标。学习需要内心的宁静，这样才能从学习中获取所需。不学习，就无法扩充知识、增长才能；内心不宁，就无法成就学识。松懈怠慢，就不能深入研究；内心急躁，就不能理顺自己的性情。时光流逝，年华老去，意志也随着时间的流逝一天天消逝，就像枯黄的落叶，不能融于世间，只能悲凉地守在毡帐里，到那时再后悔，哪里还来得及？

酒的设置，是为了合乎礼节，表达情意，适应身体需求，使人回归本性。礼仪完成，酒宴就结束，这是和谐的极点。主人意犹未尽，宾客尚有余兴，可以一醉方休，但不能发生乱象。

简评

诸葛亮，字孔明，是三国时期蜀汉著名的政治家、军事家，精通兵法，善于计谋，关心世事，素有“卧龙”之称，因刘备三顾茅庐而入仕。《诫子书》是诸葛亮写的一封家书，“夫君子之行”章探讨了学习的重要性以及应该怎样学习。在诸葛亮看来，一个人不学习就不能充实自我，内心不宁就无法成就学问。韶华易逝，垂垂老矣，才惊觉一事无成，悔则晚矣！他所谈论的这些观点，至今仍对我们有所启迪。

“夫酒之设”章，诸葛亮探讨了饮酒的问题。他指出，适当饮酒符合礼仪、人体以及人之本性的需求。酒席之上，主人与宾客情之所至，开怀畅饮，尽可以一醉方休，但不能出现乱象。这些道理放在今日仍行得通。

20

诫外孙：慕先贤，绝情欲，弃凝滞

夫志当存高远，慕先贤，绝情欲，弃凝滞，使庶几（贤者）之志揭然有所存，恻然有所感，忍屈伸，去细碎，广咨问，除嫌吝，虽有淹留，何损于美趣？何患于不济？若志不强毅，意不慷慨，徒碌碌滞于俗，默默束于情，承窜伏于凡庸，不免于下流矣。

——节选自《汉魏六朝百三名家集·诸葛亮丞相集》

今译

一个人应该保持高远的志向，仰慕前代贤明，断绝情欲，不为外物所凝滞，使贤明的高远志向得到保存，诚恳地感悟，能屈能伸，摒弃琐事，广泛地咨询他人，消除仇恨、嫌隙与耻辱，哪怕有所滞留，又怎么会损害美趣呢？又为何要担忧不会成功呢？如果意志不坚定，意气不激昂，随声附和，为世俗所牵绊，为感情所约束，郁郁寡欢，则只会继续隐匿于万千之众里，最终难逃卑下的地位。

简评

《诫外孙》篇为诸葛亮写给外孙的一封家书，诸葛亮在信中提起，一个人应当保存高远的志向、坚强的意志，广泛听取意见，不能人云亦云。唯有不为世俗所滞留，不为感情所拘束，才能避免沦为芸芸众生。今日读来，他对外孙的谆谆教诲仍让我们受益良多。

21

临终诫五事：生之有死，自然之理

夫生之有死，自然之理。吾年八十有五，启手（得到善终）何恨？不有遗言，使尔无述。吾生值季末，登庸历试，无毗佐（辅佐）之勋，没无以报。气绝，但洗手足，不须沐浴，勿缠尸，皆浣故衣，随时所服。所赐山玄玉佩、卫氏玉玦、绶笥，皆勿以敛。西芒上土自坚贞，勿用甓石，勿起坟。陇（通“垄”，指坟墓）穿深二丈，椁取容棺。勿作前堂，布几筵，置书箱、镜奁之具，棺前但可施床榻而已。糒脯各一盘，玄酒一杯，为朝夕奠。家人大小不须送丧，大小祥乃设特牲，无违余命。高柴泣血三年，夫子谓之愚；闵子除丧出见，援琴切切而哀，仲尼谓之孝。故哭泣之哀、日月降杀、饮食之宜，自有制度。夫言行可复，信之至也；推美引过，德之至也；扬名显亲，孝之至也；兄弟怡怡（和悦的样子），宗族欣欣，悌之至也；临财莫过乎让。此五者，立身之本，颜子所以为命，未之思也，夫何远之有！

——节选自《晋书·王祥传》

今译

一个人有生就有死，这是自然的道理。我活到八十五岁，能够善终，还有什么可遗憾的？如果没有留下遗言，你们将没有可继承的人生准则。我生逢末世，被朝廷选拔任命，接连为官，生前没有辅佐朝廷的功劳，死后也对朝廷无以为报。我死之后，只要清洗手脚，不用洗头沐浴。不用缠身，把生前的旧衣物都清洗干净，为我穿上。朝廷赏赐的山玄玉佩、卫氏玉玦、绶笥等物品，都不要用来陪葬。西芒上的土原本就很坚硬，不要用砖石，也不要修坟。墓穴挖二丈深，套棺里能容纳棺材即可。不要设立前堂，只要摆一张小桌子，铺上竹席，摆上书卷、镜盒等，棺材前面只要能摆放床铺即可。准备干粮、肉干各一盘，一杯玄酒，早晚作为祭品。家里人无论长幼都不用为我送丧，我死之后一周年、两周年，为我举办祭礼的时候，只要陈设一头家畜就行。你们不要违背我留下的遗嘱。高柴的亲人死了，悲伤了三年时间，孔子说他愚蠢；闵子骞守丧期满，脱下丧服，出来会客，弹出的琴声凄婉哀切，孔子说他孝顺。所以说哭泣的悲伤程度、日月的升起和落下，甚至饮食的适度，自有古人定义的规矩。可以兑现言行，这是诚信的最佳表现；辞让赞美，承担过失，这也是品德的最高境界；让他人传颂自己的美誉，甚至连亲人也得到彰显，这是美好行为的典范；与兄弟和睦相处，同族之人欢乐和睦，这是顺从长辈、友爱兄长的最佳表现；面对财物，推辞而不接受。上述五种行为，乃是一个人安身立命的根本道理，颜子视其为生命。你们如果在日常生活里践行这几种行为，这些美好的品德就离你们不远了！

简评

王祥是晋琅邪临沂人士，汉朝末年，正值乱世，扶母携弟，在庐江一带避难，隐居了三十多年，后在魏国为官，官至太保。王祥虽然身居高位，但素来以节俭闻名，被描述为“高洁清素，家无宅宇”。他临终之前写给儿孙的这篇遗训中要求薄葬，反对厚葬，又提出了“哭泣之哀，日月降杀，饮食之宜，自有制度”的观点，引人深思。

22

求学篇：不能为汝荫政，应各自努力

知汝恨吾不许汝学，欲自悔厉（通“励”，勉励），或以阖棺自欺，或更择美业，且得有慨，亦慰穷生。但亟闻斯唱，未睹其实，请从先师，听言观行，冀此不复虚身。吾未信汝，非徒然也。往年有意于史取《三国志》聚置床头百日许，复徙业就玄，自当小差于史，犹未近仿佛。曼倩有云：“谈何容易！”见诸玄志，为之逸肠（心情愉快）；为之抽专一书，转通数十家注；自少至老，手不释卷，尚未敢轻言，汝开《老子》卷头五尺许，未知辅嗣何所道，平叔何所说，马、郑何所异，指例何所明，而便盛于麈尾，自呼谈士，此最险事。设令袁令命汝言《易》、谢中书挑汝言《庄》、张吴兴叩汝言《老》，端可复言未尝看邪？谈故如射，前人得破，后人应解不解，即输睹矣。且论注百氏，荆州八帙；又才性四本，声无哀乐，皆言家口，实如客至之有设也。汝皆未经拂耳瞥目（耳闻目睹），岂有庖厨不修，而欲延大宾者哉！就如张衡思谋造化，郭象言类悬河，不自劳苦，何由至此？汝曾未窥其题目，未辨其指归，六十四卦未知何名，《庄子》众篇何者，内外八帙所载凡有几家，四本之称以何为长，而终日欺人，人亦不受汝欺也。由吾不学，无以为训，然重华无严父，放勋无令子，亦各由己耳。汝辈窃议（私下议论），亦当云："阿越不学，在天地间可嬉戏，何忽自课（考察）谪？幸及盛时逐岁暮，何必有所减？"汝见其一耳不全尔也。设令吾学如马、郑，亦必甚胜；复倍不如今，亦必大减。致之有由，从身上来也。今壮年自勤数倍许胜劣及吾耳，世中比例举眼是，汝足知此，不复具言。吾在世虽乏德素，要复推排人间数十许年，故是一旧物人，或以比数汝等耳。即化之后，若自无调度，谁复知汝事者？舍中亦有少负令誉、弱冠越超清级者，于时王家门中，优者则龙凤，劣者犹虎豹，失荫之后，岂龙虎之议？况吾不能为汝荫政，应各自努力耳！或有身经三公，蔑尔无闻；布衣寒素，卿相屈体；或父子贵贱殊，兄弟声名异，何也？体尽读数百卷书耳。吾今悔无所及，欲以前车诫尔后乘也。汝年入立境（三十而立），方应从官，兼有室累牵役情性；何处复得下帷如王郎时邪？为可作世中学取过一生耳。试复三思，勿讳吾言！犹捶挞志辈，冀脱万一未死之间望有成就者，不知当有益否？各在尔身已切身，岂复关吾邪？鬼唯知爱深松茂柏，宁知子弟毁誉事？因汝有感，故略叙胸怀。

——节选自《南齐书·王僧虔传》

今译

我知道你怨恨我不赞许你的学识，希望你通过检讨磨炼自己或者阖棺定论来自欺。又或者另外选择好的学业，能从中有所感悟，也算是对自己的一种安慰。然而，我多次听到你这番高调，却没见到你实际的行动。请让我遵从孔圣先师的教训，听取你的言论，观察你的行动，希望这一点不再在你身上落空。我不相信你的言论，并不是凭空而来的。往年你有志于史学，拿了一本《三国志》，放置在床头一百多天，后来改变学习的方向，开始接触玄学，玄学与历史学相比稍有不同，但还是差不多。东方曼倩就此说过："谈何容易！"研习玄志，心志容易为其涣散；专门从其中挑选一本书，能够转而诵读数十家的注解；从年少一直到老年，天天手不离卷，尚且不敢轻易评论，你打开《老子》的开篇不过五尺左右，不知道王弼说了什么，何晏说了什么，马融、郑玄的学问有什么不同，也不知如何辨明体例，就醉心于清谈之中，便以谈士自居，这是最危险的。如果袁令让你谈论《易经》，谢中书要与你谈论《庄子》，张吴兴问你与《老子》有关的内容，你真的能坦言未曾看过吗？谈论典故往事就如同射箭一样，前人能破解，后人却应解而未解，就逊于前人了。更何况论注有一百家之多，荆州《入帙》，又有《才性四本》，《声无哀乐》，这都是言谈家们必备的资料，实际上就好像客人来了家中有所摆设一样。这些你都没有耳闻目睹过，哪里又有不清理厨房就邀请宾客的道理呢？就好像张衡懂得万物造化，郭象说话滔滔不绝，如果他们不曾辛勤努力，又如何能达到这种地步？你不曾看见其题目，亦没有辨明其宗旨，不知道六十四卦的名字，也不知道《庄子》一书有哪些篇名，内外八帙共记载了哪几家，四本的名称以谁为长，却总是想着欺骗别人，别人也不会被你骗啊！因为我学识不渊博，所以没有什么可以拿来教训你的，但是虞舜没有受尊敬的父亲，唐尧没有好儿子，也是他们自己造成的。你们私底下议论，也许会说："阿越不学习，终日里在天地之间自由嬉戏，为什么忽然间自我谴责起来？幸亏能赶上盛年之时来追逐岁暮，又哪里会有所减损呢？"你只看到了一方面，却并不全面。如果我的学业像马融、郑玄之流，也一定不同凡响；但如果比现在还要加倍松懈，也一定大有减损。造成某种结果一定是有缘由的，要从自己身上找啊！你正当壮年，只要能付出现在几倍的勤奋，就能胜过我，就是差一些也能有我这样。世上类似的例子举目皆是，你足以明白这一点，我就不再细说了。人生在世，我虽然缺乏德行修养，但若是再在人世间往后推移几十年，虽然还是依旧如故，但有人也许还会拿我作比来说教你们。然而，死了之后，如果自己没有一定的安排，还有谁会再知道你们的事呢？家族里也有从小就拥有美好名声，到了二十岁左右就远远超出常人的人，现时王家的家门之中，优秀的子弟成龙成凤，差一点的也可成虎成豹，但一旦失去了祖先功德的荫蔽之后，哪里还有龙虎之说？更何况我不能为你们留下可以依恃的功德，你们更应当各自努力！有的人虽然贵为三公之职，然而终究还是如云雾般消失了；而有的人虽然平民出身，家境清贫，就连达官显贵也要对他弯腰致意；还有的人父子两代之间贵贱悬殊，兄弟两人之间声名迥异，这是为什么呢？原因就在于一生是否读书数百卷罢了。我现在后悔已经来不及了，就想用一些往事作为教训，警戒你们今后的作为。你正步入而立之年，刚刚出仕为官，再加上家室的拖累和影响，又怎么能像王郎那样闭门读书呢？唯有在人世间学习以获取知识来度过一生罢了。请你再多多思考，不要顾及我说的话。同时，还要多鞭策你的兄弟王志等人，希望有人在我生前能有所成就，不知道是否有所教益？其实都事关你们各自的切身利益，跟我哪里还有关系呢？我一旦死去成为鬼，只知道喜爱墓边的深松茂柏，又哪里知道子弟的声名好坏呢？我因你而有所感触，因而略微叙述一下自己的想法。

简评

王僧虔是南朝齐国的著名书法家，也是晋国王羲之的第四代祖孙。他工于正楷、行书，善于音律，书法继承了先祖之风，淳朴丰厚，风骨清奇，备受时人所推崇。在这则家训中，王僧虔勉励他的儿子要闭门专心读书，在读书一事上不能只求一知半解。他列举了张衡、郭象的例子，认为凡有所成，都是自己勤苦发奋的结果。他劝诫儿子们应当各自努力。这则家训里不乏一些深刻的道理，却用浅显形象的比喻说出，读罢令人深思。

23

戒子崧：家本清廉，常居贫素

吾家本清廉，故常居贫素，至于产业之事，所未尝言，非直不经营而已。薄躬遭逢，遂至今日，尊官厚禄，可谓备之。每念叨窃（不当得而得）若斯，岂由才致，仰藉先门风范，及以福庆，故臻此耳。古人所谓以清白遗子孙，不亦厚乎！又云："遗子黄金满籯（yíng，竹筐），不如一经。"详求此言，信非徒语。吾虽不敏，实有本志，庶得遵奉斯义，不敢坠失。所以显贵以来将三十载，门人故旧承荐便宜，或使创辟田园，或劝兴立邸店，又欲舳舻（zhú lú，船头、船尾的合称，泛指船只）运致，亦令货殖聚敛，若此众事，皆距而不纳。非谓拔葵去织（比喻做官的不与民争利），且欲省息纷纭。

中年聊于东田开营小园者，非存播艺以要利政，欲穿池种树，少寄情赏。又以郊际闲旷，终可为宅，倘获悬车致事，实欲歌哭于斯。慧日十住等，既应营昏，又须住止。吾清明门宅，无相容处，所以尔者，亦复有以。前割西边施宣武寺，既失西厢，不复方幅。意亦谓此逆旅舍尔，何事须华？常恨时人谓是我宅，古往今来，豪富继踵，高门甲第，连闼洞房（深邃的内室），寂其死矣，定是谁室？但不能不为培之山，聚石移果，杂以花卉，以娱休沐，用托性灵。随便架立，不存广大，唯功德处，小以为好，所以内中逼促，无复房宇。

近修东边儿孙二宅，乃藉十住南还之资，其中所须犹为不少。既牵挽不至，又不可中途而辍，郊间之园遂不办。保货与韦黯，乃获百金，成就两宅，已消其半。寻园价所得，何以至此？由吾经始历年，粗已成立，桃李茂密，桐竹成阴，塍陌交通，渠畎相属。华楼迥榭，颇有临眺之美；孤峰丛薄，不无纠纷之兴。渎中并饶荷，湖里殊富芰莲。虽云人外，城阙密迩，韦生欲之，亦雅有情趣。

追述此事，非有吝心，盖是事意所至尔。忆谢灵运《山家诗》云：“中为天地物，今成鄙夫有。”吾此园有之二十载，今为天地物，物之与我相校几何哉？此直所馀，今以分汝营小田舍，亲累既多，理亦须此。且释氏之教，以财物谓之外命，外典亦称何以聚人曰财。况汝常情，安得忘此？闻汝所买湖熟田地甚为舄卤（土地含有太多盐碱成分，不适宜耕种），弥复可安，所以如此，非物竞故也。虽事异寝丘，聊可仿佛。孔子曰：“居家理事，可移于官。”既已营之，可使成立，进退两亡，更贻耻笑。若有所收获，汝可自分赡内外大小，宜令得所，非吾所知，又复应沾之诸女尔。汝既居长，故有此及。凡为人长，殊复不易，当使中外谐缉，人无间言，先物后己，然后可贵。老生云：“后其身而身先。”若能尔者，更招巨利。汝当自勖，见贤思齐，不宜忽略，以弃日也。弃日乃是弃身。身名美恶，岂不大哉！可不慎欤！今之所敕，略言此意。

政谓为家以来，不事资产，暨立墅舍，似乖旧业，陈其始末，无愧怀抱。兼吾年时朽暮，心力稍单，牵课奉公，略不克举，其中馀暇，裁可自休。或复冬日之阳，夏日之阴，良辰美景，文案间隙，负杖蹑履，逍遥陋馆，临池观鱼，披林听鸟，浊酒一杯，弹琴一曲，求数刻之暂乐，庶居常以待终，不宜复劳家间细务。汝交关既定，此书又行，凡所资须，付给如别。自兹以后，吾不复言及田事，汝亦勿复与吾言之。假使尧水汤旱，岂如之何？若其满庾盈箱，尔之幸遇。如斯之事过，并无俟令吾知也。《记》云：“夫孝者，善继人之志，善述人之事。”今且望汝全吾此志，则无所恨矣。

——节选自《南史·徐勉传》

今译

我家原本清廉高洁，所以总是注重节俭，生活朴素。至于个人的财产、家产这类的事，从未提起过，只是没有刻意经营谋求过而已。我通过自己的努力，才有了今天。显贵的官爵，丰厚的俸禄，可以说都拥有了。每当我想到这些，都觉得不当得而得到了，难不成是因为自己的才能？其实是仰仗先祖的风范，加上上天垂怜，才能达到这个地步。所谓的古人把清白留给儿孙，这不也是很厚重的遗产吗？古人还说："给子女留下一竹筐黄金，还不如传给他们一部经书。"细致地推敲这番话，的确不是空话。哪怕我并不聪慧，其实仍有这种志向，期盼着能遵循、奉行古人的这些道理，不敢违背。因此，从我显贵以来迄今已近三十年，我的不少门生和熟人都提议，有的让我开辟、修建田园，有的让我创办行栈，还有的劝我用船只运送货物，也有的劝我经商敛财。诸如此类之事，我一概拒绝，不肯采纳。我这么做，不是因为古人所谓的拔葵去织，不与民争利，只是想减少、平息一些纷扰。

中年时，我在东田开辟、修建小园子，并不是想通过播种、耕种来谋求利益，只是想挖池种树，稍稍寄托一下心意与爱好。加之郊区空旷开阔，还能修建住宅，如果允许我辞官在家居住，的确是想在这里放声歌唱。想参悟佛理，进入"十住"的境界，既不要过于追究，又需要静住下来。我的家宅清明，没有符合要求的地方，之所以这么做，也有一定的原因。以前西边设置的宣武寺，已经没有了西厢房，不再方正。我认为这也只是客舍而已，哪里需要那么华丽呢？对于时人常介绍说这是我的宅邸，我不以为然，古往今来，富豪如云，那些显贵宅邸、门楼上的房屋、深邃的室内都悄无声息地消失了，又哪里能说一定是谁家的宅邸呢？只是不得不堆砌小山，聚集石头，移栽果木，再种植一些花草，我也能在这里愉快地度假，让情趣和爱好也有所寄托。随意搭建而成，不追求开阔，只是用来念诵佛经和布施的地方罢了，还是小一点好。故而内室狭窄，也没有重叠的楼宇。

近日里修建东边子孙居住的两处宅邸，就借助了十住从南方返还的资金，其中所需的仍然不少。既凑不齐，又不能半途而废，就不再修建郊区的小园子。把货物交给韦黯，才凑到了百金，两处住宅修完，就已经花掉了一半。只是寻求一处园子，价格哪里会这样呢？从我开始修建、经营起，至今已经有些年头了，也已经初具规模：桃李茂密，桐竹成荫，田间小路纵横交错，沟渠紧密相连。楼宇华美，敞屋高远，很有登高远眺之美；山峰孤独，草木繁茂，不无杂乱纷繁的兴趣。沟渠里长满荷芡，湖面上铺满菱莲。虽说这里远离人群，但是挨着城阙，韦生想起它，也很有一番情趣。

说起这事，不是因为心怀吝啬，只是突然想起而已。回想起谢灵运在《山家诗》中说的："中为天地物，今成鄙夫有。"我的这个园子已经有二十年了，今已成为天地之物，而物我之间的差距又有多远呢？修建这座园子剩下的，今天就拿出来分给你去经营田舍，既然亲戚众多，也理应如此。更何况遵循佛教教义，分财物给其他人被称为"外命"，外典也说"聚人就是聚财"。更何况按照你平日里的情况，又哪里会忘记这事呢？听说你购买的湖熟田地含有的盐碱成分过高，不适合用来耕种，这让你更加不安。之所以这么做，也不是出于互相竞争的原因。虽然你的事情与孙叔敖告诫他的儿子在他死后要求分封比较差的寝邱这件事不一样，但也有近似之处。孔子说："居家理事，可以让为官之人都羡慕。"既然你已经开始经营它，就应该获得成就，进退两失，难免让人耻笑。如果有所收获，你可以分给家中里外大小的人们，让他们也各得其所，这事无需让我知道，同时还应该分配给各个女儿。你在子女之中是长子，我才说了这番话。凡是作为人长的，都很不容易，应该让家中内外一团和睦，不要让其他人说闲话，要先人后己，这些都是难能可贵的。老人说："有好处要先人后己，做事情要以身作则。"要做到这些，就会收获更大的利益。你应该勉励自己，遇见贤人，就向他看齐，不能忽略这点，白白浪费时间。浪费时间就是抛弃自己。一个人名声的美与恶难道不是大事？难道能不慎重对待？今天我所告诫你的，大致就是这个意思。

自从我治家以来，不关心家中资产，等开始修建墅舍，又好像违背了原来的事业，但说起这件事的始末，仍觉得问心无愧。再加上我已经年迈，逐渐耗尽心力，又受官府考试的牵连，就连奉行公务都觉得有些力不从心，稍微有空闲的时间才能休息。在冬天晴朗的日子里或者夏天阴凉的日子里，趁着这番良辰美景，抓住处理好公文案卷的空隙，拄着拐杖，拖着鞋子，在这狭小的陋室里逍遥自在。站在池塘边，看着鱼儿自在地游着；掀开树林茂密的枝叶，听着鸟儿无忧无虑地歌唱着。饮下一杯浊酒，弹奏一曲琴声，只求片刻的欢愉，盼望着常常能过这种日子，只求安度晚年，不再为家中琐事操劳。你动身的日子已经确定，这封信也已经发出，需要的所有行资，在这离别之际，都交给你。从今往后，我不再提农田之事，你也别再和我谈。如果唐尧遭遇了水灾，商汤碰上了旱灾，又能如何呢？如果今年你能收获满满，这是你的幸事。诸如此类的事，以后也都不要告诉我。《礼记》说："孝者，善于继承前人的遗志，也善于顺应前人的事业。"如今我也希望你能保全我的这番志向，我就别无所憾了。

简评

徐勉，南朝梁东海郯（今山东郯城北）人，自幼孤苦贫穷，年长好学。在这篇《戒子崧》中，徐勉劝诫儿子，作为家中长子，要努力做到"中外谐缉，人无间言，先物后己"，同时要"见贤思齐，不宜忽略，以弃日也"。另外，信中还阐述了"以清白遗子孙"的观点，对今人仍具有启发意义。如今，有的父母溺爱子女，对子女提出的钱财的要求几乎有求必应，久而久之，让子女养成了花钱大手大脚的毛病，这些都应该引以为戒。

24

遗言诫子：死生至理，亦犹朝之有暮

死生至理，亦犹朝之有暮。吾终，敛以常服；晦朔常馔（祭祀用的普通食物），不用牲牢；坟高可认，不须广大；事办即葬，不须卜择；墓中器物，瓷漆而已；有棺无椁，务在简要；碑志但记官号、年代，不须广事文饰。

——节选自《旧唐书·卢承庆传》

今译

死和生是最根本的道理，就好像有早晨就必然有晚上一样。我死之后，只需要用日常穿的衣服敛尸；每月农历最后一天和初一的祭祀只需使用最普通的食物，不要用牛、羊、猪等牲畜；坟堆得高出地面，能辨认出来即可，不需太高大；办理完简单的丧事就安排下葬，不用选择时日；放在墓穴里的器物，只需要一些瓷器、漆器就可以了；只需要有内棺，不需要在棺材外套上椁，一切务必简要；碑文只要记上一些官号和年代就行，无需用文采进行修饰。

简评

卢承庆，字子余，是唐朝幽州范阳（今河北大兴县境）人，学识渊博，年少时承袭父亲爵位。此文是卢承庆临终前所写，反复叮咛儿子办理丧事应力求从简，这一点深受后世称颂。另外，作为一千多年前的封建官僚，卢承庆理性地认识到有生就必然有死，生死是自然法则，无法抗拒，才要求后代在他死之后，小敛、祭祀、坟墓、下葬、器具、棺材、碑文等都从简治丧，不能奢侈浪费，这一点是很可贵的。

25

遗令以戒子孙：富贵者，人之怨也

古人云：富贵者，人之怨也。贵则神忌其满，人恶其上；富则鬼瞰其室，虏利其财。自开辟已来，书籍所载，德薄任重而能寿考无咎者，未之有也。故范蠡、疏广之辈，知止足之分，前史多之。况吾才不逮古人，而久窃荣宠，位逾高而益惧，恩弥厚而增忧。往在中书，遘疾虚惫，虽终匪懈，而诸务多缺。荐贤自代，屡有诚祈，人欲天从，竟蒙哀允。优游园沼，放浪形骸，人生一代，斯亦足矣。田巴云："百年之期，未有能至。"王逸少云："俛仰之间，已为陈迹。"诚哉此言！

比见诸达官身亡以后，子孙既失覆荫，多至贫寒，斗尺之间，参商是竞，岂惟自玷，仍更辱先，无论曲直，俱受嗤毁。庄田水碾，既众有之，递相推倚，或致荒废。陆贾、石苞，皆古之贤达也，所以预为定分，将以绝其后争，吾静思之，深所叹服。

昔孔丘亚圣，母墓毁而不修；梁鸿至贤，父亡席卷而葬。昔杨震、赵咨、卢植、张奂，皆当代英达，通识今古，咸有遗言，属以薄葬。或濯衣时服，或单帛幅巾，知真魂去身，贵于速朽，子孙皆遵成命，迄今以为美谈。凡厚葬之家，例非明哲。或溺于流俗，不察幽明，咸以奢厚为忠孝，以俭薄为悭惜，至令亡者致戮尸暴骸之酷，存者陷于不忠不孝之诮，可为痛哉！可为痛哉！死者无知，自同粪土，何烦厚葬，使伤素业。

且五帝之时，父不葬子，兄不哭弟，言其致仁寿、无夭横也。三王之代，国祚延长，人用休息。其人臣则彭祖、老聃之类，皆享遐龄（高龄、长寿）。当此之时，未有佛教，当此之时，未有佛教，岂抄经铸像之力，设斋施物之功耶？

且死者是常，古来不免，所造经像，何所施为？夫释迦之本法，为苍生之大弊，汝等各宜警策，正法在心，勿劳儿女子曹，终身不悟也。吾亡后必不得为此弊法。……不得辄用馀财，为无益之枉事；亦不得妄出私物，徇（顺从）追福之虚谈。

汝等身没之后，亦教子孙依吾此法。

——节选自《旧唐书·姚崇传》

今译

古人说："富贵，是众人所怨恨的。"地位显赫，神灵就会忌惮他太自满，众人就会嫉恨他高高在上；家中富贵，鬼神就会窥视他的居所，窃贼就会贪图他的财物。自从有了人类，根据史书上的记载，德行浅薄、任务繁重却能高寿而无灾祸之人，从来就没有过。故而范蠡、疏广这些人懂得满足，早早辞官，避免过失，历史中多有记载。更何况我的才能比不上古人，长久以来深受荣誉恩宠，地位越高，就越恐惧害怕；恩泽越厚，就越担忧。我以前在中书省任职，因患病体虚而感到疲倦困顿，虽然始终不懈努力，但各项政务仍有过失。我曾多次举荐贤良之人取代我，经过多次请求，终于天遂人愿，我这次终于能辞去宰相一职。从今以后，我可以在田园湖地畅游，身体不再受约束，人生一世，也就满足了。就像田巴说的："百年的寿命，没有几个人能达到。"王羲之也曾说过："转瞬之间，现实社会的很多东西就成为历史的旧迹。"这话说得对啊！

近年来，我看到一些达官显贵去世后，他们的子孙失去了荫庇与依靠，甚至沦落到贫寒的境地，为了斗米尺布争执不休，这不仅玷污了自己，也让先祖蒙羞，先不论是非曲直，都会遭世人耻笑。庄田、水碾这类家财，本来是大家所共有的，却互相推诿，最终荒废。贤明通达之人，比如陆贾、石苞，预先分配家产，就是为了防止子孙相争。我细细思虑，深深为之叹服。

古代的孔子、孟子，母亲的坟墓被毁却不再修缮；梁鸿是贤达之人，父亲死后，用席子卷着下葬。东汉年间的杨震、赵咨、卢植、张奂都是当时的英才贤达，博古通今，他们都留下遗言，叮咛子孙后代薄葬。他们有的穿着清洗过的平常衣物，有的围着丝织的头巾；他们知道魂魄离开了躯壳会迅速地腐朽，子孙都遵循他们的意思办了，迄今仍被传为美谈。那些厚葬之家都是不明智的，要么沉浸于流俗，不能洞察是非，都认为奢侈厚葬是忠孝，节俭薄葬是吝啬，导致墓穴被偷盗，尸体暴露在外，让死者遭受摧残，生者也陷于不忠不孝。这实在让人悲痛！人死之后，没有了感应知觉，就像粪土一样，又何必用厚葬伤及清素之业。

更何况，五帝在位时，人们遵循父不葬子、兄不哭弟的风俗，人人都善终长寿，没有人夭折横世。三王在位时，享国长久，人们休养生息，其臣子诸如彭祖、老聃等人都得以长寿。当时没有佛教，难道是抄写佛经、铸就佛像的功效，或者是设置斋醮布施钱财的效用吗？

更何况死是平常的事，从古至今都不能避免，所以写佛经、造佛像又有什么用呢？释迦牟尼创造佛教本法，成为天下百姓的一大弊端，你们务必要各自警醒，不要终身都不觉悟。我死之后，一定不要效法这类弊法……一定不要花钱做那些无益的佛事，一定不要浪费私物去追逐那些所谓福报的空谈。

你们也要好好教导你们的儿孙，在你们死后也遵循我这个办法去做。

简评

姚崇，唐朝陕州硖石（今河南陕县境内）人，少年时风流倜傥，崇尚气节，孜孜以求，好学不倦。于唐玄宗开元之初，复任宰相，整肃朝野，任人唯贤，用法从不避讳权贵，后被誉为唐朝年间的“救世之相”。他在临终之前就写好这篇遗令，列举了古代贤哲的例子，指出先人将薄葬传为美谈，而厚葬则可能危及后代；还阐述了人的生与死都是不能避免的自然规律；告诫儿孙，佛教的论述都是虚妄之谈，不可相信，他死之后，儿孙不能做无益的佛事，并且要求后世子孙代代效仿。这些见解超出了时代的局限性，对今人仍不乏启迪意义。

26

教诲侄儿书：有血诚将告于汝

吾家世俭贫，先人遗训，常恐置产怠子孙，故家无樵苏（打柴割草）之地，尔所详也。吾窃见吾兄自二十年来，以下士之禄，持窘绝之家，其间半是乞丐羁游，以相给足。……有父如此，尚不足为汝师乎？

吾尚有血诚将告于汝：吾幼乏岐嶷（qí yí，幼年聪慧），十岁知文。……是岁尚在凤翔，每借书于齐伦曹家，徒步执卷就陆姊夫师授，栖栖勤勤，其始也如此。至年十五，得明经及第，因捧先人旧书于西窗下，钻仰沉吟，仅于不窥园井矣。

今汝等父母天地，兄弟成行，不于此时佩服诗书，以求荣达，其为人耶？其曰人耶？吾又以吾兄所识易涉悔尤，汝等出入游从，亦宜切慎。

——节选自《元氏长庆集》

今译

我们元氏家族世世代代节俭、清贫，先人留下遗训，唯恐置办太多田地而让子孙松懈懒惰，故而我们家甚至没有可以用来砍柴、割草的山地，这是你们都知道的。我曾经眼见我的兄长二十多年来，靠着低微的俸禄供养并维持着我们这个清贫之家，其间有一半是依靠兄长求人资助，在外奔波，勉强才能维持家里的吃穿用度。……这样的父辈，难道还不足以作为你们的师表？

我还有一番肺腑之言要跟你们说：小时候，我也没有高超的见识、聪慧的头脑，直到十岁才懂得写文章。……读书之初，我还在凤翔，经常去齐伦曹家借书，徒步远行，去陆姓姐夫家请求讲解，奔波劳累，勤奋学习。最初就是这么窘迫。到了十五岁的时候，通过科举，考取了进士。因为我经常手捧着先人的书卷在西窗下读书，深入地研究与思索，用功之勤，几乎到了足不出户的程度。

现在你们有父母作为天地，兄弟陪伴左右成行，现在不发奋读书，追求荣达显赫，又如何能成人？又如何能称之为人？我认为兄长容易在见识方面出现过失，产生悔恨。所以你们和他一起出游交友，一定慎之又慎。

简评

元稹，字微之，唐朝河南洛阳（今河南洛阳）人，少年时家境贫寒，发奋苦学，于唐朝宪宗元和元年的科举考试中取得第一。元稹还是当时的著名诗人，是白居易的好友，与白居易一同被世人称为“元白”。元稹很重视子侄、晚辈的教育问题，经常用自己的切身体会来教导、启发他们，鼓励他们发奋图强。在《教诲侄儿书》一文中，元稹提出“家世俭贫”“家无樵苏之地”等观点，目的是教育子侄不要忘记过去。同时，他还现身说法，通过自己当年用心求学的经历来激励子侄发奋读书，不能辜负了大好光阴。

27

诫子侄诗：不患人不知，惟患学不至

戒尔学立身，莫若先孝悌。怡怡奉亲长，不敢生骄易。战战复兢兢，造次必于是。

戒尔学干禄，莫学勤道艺。尝闻诸格言，学而优则仕。不患人不知，惟患学不至。

戒尔远耻辱，恭则近乎礼。自卑而尊人，先彼而后己。《相鼠》与《茅鸱》，宜鉴诗人刺。

戒尔勿放旷（旷达而不拘泥于礼俗），放旷非端士。周孔垂名教，齐梁尚清议。南朝称八达，千载秽青史。

戒尔勿嗜酒，狂药非佳味。能移谨厚性，化为凶暴类。古今倾败者，历历皆可记。

戒尔勿多言，多言众所忌。苟不慎枢机（近要之官），灾厄从此始。是非毁誉者，适足为身累。

举世好承奉，昂昂增意气。不知承奉者，以尔为玩戏。所以古人疾，籧篨（qú chú，观人颜色而为辞之人）与戚施（阿谀谄媚之人）。

举世重任侠，俗呼为义气。为人赴急难，往往陷囚系。所以马援书，勤勤告诸子。

举世贱清素，奉身好华侈。肥马衣轻裘，扬扬过闾里（乡间）。虽得市井怜，还为识者鄙。

尔曹当怜我，勿使增罪戾。闭门敛踪迹，缩首避名势。势位难久居，毕竟何足恃。物盛则必衰，有隆还有替。速成不坚牢，亟走多颠踬（zhì 事情不顺利）。灼灼园中花，早发还先萎。迟迟涧畔松，郁郁含晚翠。

——节选自《宋文鉴》

今译

告诫你们学习立身处世之道，不如先从孝悌学起。谦恭和顺地侍奉亲长，不能产生骄矜的情绪。平日里要常怀敬畏、谨慎之心，哪怕情急之下也要这样。

告诫你们追求丰厚俸禄，不如先研究治国理民的道理与技巧。曾听说过这句格言：学而优则仕。用不着担心别人不知道、不了解自己，只须担心自己的学问还不到家。

告诫你们远离耻辱，恭敬谦顺，符合礼数。要求自己谦逊，对待他人却要恭敬，随时要做到先人后己。《相鼠》《茅鸱》等诗篇就是讽刺无礼和不敬的，应该将古代诗人写的这种讽刺作为鉴戒。

告诫你们不要放浪形骸，却不拘泥于礼俗，放纵而不拘于礼俗的人都不是正直的人。周公、孔子设定了以正名定分为主的封建礼教，代代相传，南北朝年间，齐、梁两朝士大夫崇尚清议。南朝年间，所谓的八个通达之士其实并不通达，千百年来让清史蒙受了玷污。

告诫你们不要好酒贪杯，酒是让人发狂的药，而不是珍馐美味。饮酒过度，就会让人丧失淳厚谨慎的本性，很容易转变为凶暴之人。古往今来，那些遭遇倾败之人仍历历在目，都能记录下来。

告诫你们不要胡乱说话，乱说话最受人们忌惮。担任重要的官职，稍有不慎，就会造成灾难与厄运。在是非、毁誉方面乱说话的人，很容易牵连自身。

社会上的人都注重交友与结游，而且常常愿意与默契相投的朋友为伴，这样就容易滋生风波与怨愤。故而君子之交应当淡如水。

社会上的人都喜欢阿谀奉承，受到他人巴结奉承，就得意洋洋，飞扬跋扈。殊不知那些巴结你的人，其实是在戏耍你。故而古人最憎恨那些察言观色、阿谀谄媚的人。

社会上的人都注重打抱不平、仗义执言，世人称之为义气。有的人帮助他人赶赴急难，却把自己也牵连了进去。故而东汉年间，马援就常常写信回家，殷切地劝诫子侄。

社会上的人都轻贱寒素，而以奢侈华美为荣耀。他们喜欢穿上绫罗绸缎，骑着高头大马，在乡里民间炫耀，虽然也受到市井之人的歆羡，却为有识之士所不齿。

作为晚辈，你们要多多体恤我这位长者，不要再让我增添罪过。你们要闭门在家中，收敛行迹，约束行为，远离名势。势力与地位历来都难以长久，千万不能有恃无恐。古往今来，万事万物不断发展，达到顶点就一定会衰落，也就是说，有盛就必然有衰。一个人要为学识、事业打好基础，速成是靠不住的，走快了是要摔倒的。园中花开得茂盛，早开也会先凋零；长在山涧里的青松，虽然发得迟，却仍旧葱茏。

简评

范质，字文素，宋大名宗城（今河北大名县）人，北宋年间担任宰相一职，后被奉为鲁国公，也就是后世所称的范鲁公。范质耿直清廉，所得的俸禄多用来接济孤贫。范质仕途跌宕起伏，曾在前朝位极人臣，而后又在北宋担当要职，在他看来，稍有差池，就会招致祸患，故而劝诫子侄要“闭门敛踪迹，缩首避名势”。范质认为，范家先后有九人为官，其中不乏有人当了大官，这并非因为范家人才能超群，而是因为侥幸。无功无才，四体不勤，却得此殊荣，旁人怎会不议论，范家人又怎能不小心谨慎？故而，范质提出“六戒”，还在交友、侠义、节俭等问题上反复告诫子侄。全诗通篇简明直白，通俗易懂，有很强的说服力，至今读来仍引人深思。

28

告诸子及弟侄：清心做官，莫营私利

吾贫时，与汝母养吾亲，汝母躬执炊而吾亲甘旨（味之美者），未尝充也。今得厚禄，欲以养亲，亲不在矣。汝母已早世，吾所最恨者，忍令若曹享富贵之乐也。

吴中宗族甚众，与吾固有亲疏，然以吾祖宗视之，则均是子孙，固无亲疏也。苟祖宗之意无亲疏，则饥寒者吾安得不恤也。自祖宗来积德百余年，而始发于吾，得至大官，若享富贵而不恤宗族，异日何以见祖宗于地下，今何颜以入家庙乎？

京师交游，慎于高论，不同当言责之地。且温习文字，清心洁行，以自树立平生之称。当见大节，不必窃论曲直，取小名招大悔矣。

京师少往还，凡见利处，便须思患。老夫屡经风波，惟能忍穷，帮得免祸。

大参到任，必受知也。为勤学奉公，勿忧前路。慎勿作书求人荐拔，但自充实为妙。

将就大对，诚吾道之风采，宜谦下兢畏，以副士望。

青春何苦多病，岂不以摄生（养生）为意耶？门才起立，宗族未受赐，有文学称，亦未为国家所用，岂肯循常人之情，轻其身汩（灭）其志哉！

贤弟请宽心将息，虽清贫，但身安为重。家间苦淡，士之常也，省去冗口可矣。请多着功夫看道书，见寿而康者，问其所以，则有所得矣。

汝守官处小心不得欺事，与同官和睦多礼，有事只与同官议，莫与公人商量，莫纵乡亲来部下兴贩，自家且一向清心做官，莫营私利。

——节选自范仲淹《告诸子及弟侄》

今译

我过去贫贱时，与你们的母亲一起供奉你们的祖母，你们的母亲亲自烧火，而我动手做一些好吃的，没有充足富裕过。如今得到丰厚的俸禄，再想着要好好供奉祖母，而祖母早已不在人世。你们的母亲也早已去世。我最遗憾的是，不得不过早让你们享受富贵的乐趣。

苏州这个地方有很多范氏宗族，对我来说，他们当然有亲有疏，然而从同一祖先的角度来说，他们都是范氏的子孙，自然也没有亲疏之分。既然从祖宗的角度来说并没有亲疏之分，那么我又怎能不接济饥寒者？从祖宗以来，积累德行已经百年，在我这里开始发迹，让我升为高官。然而，如果我独自享有富贵，却不接济宗族，以后哪里有颜面在地下见祖宗呢？

今天又哪里有颜面进入宗庙？

在京都里结交朋友，不要随意发表带有政治色彩的高谈阔论，因为你不是诤谏官员，不在负责进言的位置。我们只用温习文字，清心寡欲，慎言慎行，以在平日里树立形象。一个人应该注重大节，而不用计较小的是非曲直，不能因贪图小名而造成大的悔恨。

生活在京都，要少和其他人来往，但凡看到有利可图之处，就要考虑后患。虽然我这一生多次经历风波，但能忍受贫穷，故而也避免了祸端。

到任参政之后，一定会为人们所知。但是，只要勤学奉公，不用担忧前途。切记不要写信恳求他人举荐，还是充实自己为佳。

顺应正确的大道，诚恳地展现自身的风采，要谨慎谦逊，才对得起读书人的声誉。

年纪轻轻的，为什么这么体弱多病，难道是因为平日里没有注意养生？家里出现能人，宗族却没有获得好处；个人有文学修为，却没有效力于国家。难道你们希望遵循人之常情，不注重身体，最终泯灭自己的志向与抱负？难道你们想要顺从于固有的人性，不愿意注意身体，最终连自己的志向与抱负都泯灭了？

至于弟弟，请放宽心休养。虽然家道清贫，但身体健康最重要。家庭生活清淡贫苦是读书人的常态，把多余闲散的人口遣散就可以了。多多诵读佛道典籍或请教健康长寿之人，一定会有所裨益。

你在外为官，一定要谨慎小心，不能做违背良心的事情，要与同事和睦相处，有事情要多和同事商议，而不要和衙役议论。不要放任乡里乡亲在自己隶属的部门贩卖牟利，自己一生都要秉持着公心做官，不要谋取一己私利。

简评

范仲淹，字希文，北宋年间苏州吴县（今江苏苏州）人，是当时著名的政治家、文学家、他一生清廉为官，节俭朴素，关心民间疾苦，也很重视子侄的教育问题。范仲淹在这篇家训中全面论述了周济宗族、个人修养、结交朋友、勤于学问、健康养生等方面的问题，言简意赅，生动充实，对今人仍具有借鉴意义。

29

诫子孙：与人谦和，临下慈爱

今诲汝等，居家孝，事君忠，与人谦和，临下慈爱。众中语涉朝政得失，人事短长，慎勿容易开口。仕宦之法，清廉为最，听讼务在详审，用法必求宽恕。追呼决讯，不可不慎。吾少时见里巷中有一子弟，被官司呼召证人詈语（骂人的话语），其家父母妻子见吏持牒至门，涕泗不食，至暮放还乃已。是知当官莅事，凡小小追讯，犹使人恐惧若此；况刑戮所加，一有滥谬，伤和气、损阴德莫甚焉。《传》曰：上失其道，民散久矣，如得其情，则哀矜而勿喜。此圣人深训，当书绅而志之。

吾见近世以苛剥为才，以守法奉公为不才；以激讦为能，以寡辞慎重为不能。遂使后生辈当官治事，必尚苛暴，开口发言，必高诋訾。市怨贾祸，莫大于此。用是得进者有之矣，能善终其身，庆及其后者，未之闻也。

复有喜怒爱恶，专任己意。爱之者变黑为白，又欲置之于青云；恶之者以是为非，又欲挤之于沟壑。遂使小人奔走结附，避毁就誉。或为朋援，或为鹰犬，苟得禄利，略无愧耻。吁，可骇哉！吾愿汝等不厕（参加）其间。

又见好奢侈者，服玩必华，饮食必珍，非有高资厚禄，则必巧为计划，规取货利，勉称其所欲。一旦以贪污获罪，取终身之耻，其可救哉！

——节选自《戒子通录》

今译

我如今教导你们，居家要尽孝，事君要忠心，待人要谦逊，对待下属要慈爱。在大庭广众之下，言辞间凡是涉及朝政得失、人事长短者，一定要谨慎，不能随意乱说。为官最重要的是清廉高洁，处理案件要谨慎仔细，用法执法要力求宽宥谅解。追呼传讯这类事，也不能不慎重。我小时候看见巷子里有一个子弟，被官司呼召证人，说了些骂人的话，他的父母、妻子眼看着官吏持牒至家门来抓人，都是眼泪一把、鼻涕一把，连饭都吃不下，一直等到傍晚他被放回家才放下心来。可见，当官临事，官府一次小小的传讯就能让人惊恐害怕到如此地步，更别提施加刑戮；如果有弄错了的，没有比这更伤和气、损阴德的事情了。《左传》说：统治者失去了道义，民心已经离散很久了，如果得知了百姓受屈犯法的实情，要多多哀怜同情他们，而不要因明察而自喜。这是古代圣贤留下的深刻教训，一定要牢记，还要将其写在绅带上。

近来，我见人们常常将苛刻视为本事，将奉公守法视为没有本事；将揭人短处、发人隐私视为才能，将慎言谨行视为无能。最终导致一些年轻人为官，治理百姓时崇尚苛刻暴虐，只要开口说话，就会高声诋毁他人，没有什么事比这更招致怨恨与灾祸了。也有人因此而暂时升官发财，但是自己能因此而得到善终，他的福泽能延绵至子孙后代的，我还未曾听说过。

另外还有一种人，他们的喜怒爱恶完全根据一己之私。面对喜爱的人，就变黑为白，黑白颠倒，努力擢升；对厌恶的人，就以是为非，混淆是非，将他们排挤到沟壑里。这样一来，一些无耻之徒四处奔走勾结，避毁就誉。有的结为党羽，互相提携；有的沦为鹰犬，唯马首是瞻。只要能获得荣誉与利益，就连廉耻都顾不上了。真是太可怕了！我希望你们一定不要涉足其中！

还有一些喜爱奢华的人，服饰、玩物、爱好都讲究精致华美，饮食起居也讲究稀奇贵重。如果不是有丰厚的俸禄，就肯定会想办法弄钱，牟取私利，才能勉强满足自己的欲望。然而，一旦因为贪污犯罪，招惹的耻辱却是终身的，这哪里还有救?

简评

贾昌朝，字子明，北宋真定（今河北正定）人，仁宗庆历五年出任宰相，死后由仁宗亲笔书写墓碑，称之为“大儒元老之碑”。他在政坛浸润数十年，多次担当要职，精通于官场的人情世故。当时，他的两个儿子也在朝为官，故而写下家书，言传身教，谆谆告诫。贾昌朝在家训中意味深长地劝诫子孙，为人要正直，为官要廉洁，办案要谨慎。

30

志向篇：志骛于高远，而力疲于兼涉

汝幼而颖异，初学作文，便知门路。居尝以汝为千里驹，即相知诸公见者，亦皆动色相贺，曰:“公之诸郎，此最先鸣者也。”乃自癸酉科举之后，忽染一种狂气，不量力而慕古，好矜己而自足，顿失邯郸之步，遂至匍匐而归。丙子之春，吾本不欲汝求试，乃汝诸兄咸来劝我，谓不宜挫汝锐气，不得已黾勉从之，遂至颠蹶（倾跌）。艺本不佳，于人何尤？……又意汝必惩再败之耻，而首以就矩矱也。岂知一年之中，愈作愈退，愈激愈颓。以汝为质不敏耶？固未有少而了了，长乃懵懵者；以汝行不力耶？固闻汝终日闭门，手不释卷。乃其所造尔尔，是必志骛于高远，而力疲于兼涉，所谓之楚而北行也，欲图进取，岂不难哉!

夫欲求古匠之芳躅（前代贤哲的行迹），又合当世之轨辙，惟有绝世之才者能之。明兴以来，亦不多见。吾昔童稚登科，冒窃盛名，妄谓屈、宋、班、马，了不异人；区区一第，唾手可得。乃弃其本业，而驰骛（奔走）古典。比及三年，新功未完，旧业已芜。今追忆当时所为，适足以发笑而自点耳。甲辰下第，然后揣己量力，复寻前辙，昼作夜思，殚精毕力，幸而艺成，然亦仅得一第止耳。……今汝之才，未能胜余，乃不俯寻吾之所得，而蹈吾之所失，岂不谬哉！

……但汝宜加深思，毋甘自弃，假令才质驽下，分不可强。乃才可为而不为，谁之咎与？已则乖谬，而徒诿之命耶！惑之甚矣。且如写字一节，吾呶呶（多言，唠叨）谆谆者几年矣，而潦草差讹，略不少变，斯亦命为之耶？区区小艺，岂磨次岁月乃能工耶？吾言止此矣，汝其思之。

——节选自《张江陵集》

今译

你自幼异常聪慧，初学作文，就已经知道其中的门路。我平日里就认为你是家里的千里驹，就连一些要好的朋友见到你，也都祝贺我，说："您的几位公子之中，这一个应该最早闻名。"然而，自从癸酉科举之后，你忽然沾染了一身狂气：不量力而慕古，自负贤能而自足，却连原本的本领都丢失了，只能垂头丧气地回来。丙子年春天，我原本不想再让你去求试，只是因为你的几位兄长都来劝我，说不能挫伤你的锐气，我只能勉为其难，听从他们，才导致再次科考失利。本来就学艺不精，又哪里能怨别人呢？……我心想你必能一雪前耻，低下头来，顺应规则。谁知道一年之中，愈努力愈退步，愈鼓劲就愈衰败。这是因为你的禀性不聪敏吗？原本就没有人年少时聪明伶俐、明白事理，而长大之后却无知的；是你在实践的过程中不够努力吗？原本就听说你闭门在家，手不释卷，那么收效甚微一定是因为你好高骛远，贪多而不得，用力却不专，正所谓原本想去南边的楚国，却总是朝北边走，这样想要进取，不就很难吗？

想追寻前辈文豪巨匠的踪迹，而又合乎当今世上的法则，只有那些聪明绝伦的人才能做到。自从明朝开国至今，这种人并不多见。我曾经年少登科，窃取盛名，误认为屈原、宋玉、班固、司马迁等人没有什么了不得的，不过区区一个进士及第，简直是唾手可得。于是，我抛开原木的学业，转而钻研古代典籍。三年过去了，结果却没有成就新的功业，而旧业也早已荒废。如今回想起当年的所作所为，不过是让他人耻笑，自己受辱罢了。我于甲辰年科考落榜，开始思考并估量自己的实力，又寻索前车之鉴，不分昼夜地读书深思，竭尽全力，幸好学有所成，然而也只是进士及第罢了。……如今，你的学识并没有超过我，却不愿低头去寻找我之所得，反而重蹈我之所失，这难道不荒谬吗?

……希望你能多多思虑，不能自暴自弃。如果是才学低劣，那么天赋是不能勉强的;如果是有才却不为，这又是谁的过错呢?自己行为荒诞不经，却要将其推脱给命运，这实在让人费解。就说写字这件事吧!我念念叨叨地教诲你，已经好几年了，但你的字迹仍然潦草，多有谬误，没有发生多少变化，难不成这也是命中注定的?像写字这样的小事，莫非也要消磨大把光阴才能写好?我就言尽于此，你再好好想想!

简评

张居正，字叔大，明湖广江陵县（今属湖北境内）人，于明朝嘉靖年间进士及第，是中国历史上著名的政治家、改革家。上文是张居正写给其四子懋修的一封家书，行文简洁有力，锋芒毕露，目的是帮助儿子总结科考失利的原因，勉励他改正自己学习上的缺点。可见，无论是求学还是做事，如果不能脚踏实地、量力而行，而是好高骛远；如果不能全神贯注、专一用力，而是分散精力、求多不求精，就不能获得真正地成功，甚至要走很多弯路。

31

权宜篇：他事可权，此事而可权乎

得汝昨年九月二十二日书，知家乡去年七月已遭蹂躏，家中寸筋不留，止剩空屋数间。汝母闻之，益添忧闷，吾虽百方解劝，而终是难开，缘其子女之念关切，知汝与若妹如此受苦，不容不肠断耳。吾自念若非西抚出门，遭此劫中，自然性命不保。今天公委曲方便，留此一线余生，虽为靖逆受磨，而名节犹彰，残躯犹在。以视家乡被难者，相去何如？以此转自排拨。虽家中所有罄完，总以空华（虚幻的花，比喻妄念）身外譬之，只汝等暨一门眷属无恙，便是大福矣！

可恨者，吾家以四代甲科，鼎鼎名家，世传忠孝，汝当此变故之来，不为避地之策，而甘心与诸人为亏体辱亲之事。汝固自谓行权也，他事可权，此事而可权乎？邑中在庠（古代乡学名称）诸友，轰轰烈烈，成一千古之名，彼岂真恶生而乐死乎？诚以名节所关，政有甚于生者。死固吾不责汝，第家已破矣，复何所恋？不早觅隐僻处所潜身，而反以快仇人之志，谓清浊不分，岂能于八斗槽（可容八斗草料的大槽）中议论人乎？别处起义，亦博一名，亦奉有旨，独我常熟起义，原做不成而反受累；受累矣，而又博不得一起义之名，岂不笑杀！痛杀！恨杀！

——节选自《瞿忠宣公集》

今译

收到你去年九月二十二日所写的信，我得知去年七月家乡已经沦陷，遭受蹂躏，家里被洗劫一空，只剩下几间空屋。你母亲得知这个消息，更加忧愁烦闷，我虽屡屡宽慰劝解，最终也没能奏效。这也许是因为她殷切地思念子女，得知你和妹妹受了这么多苦，哪里能不悲痛？我自知如果不是在广西担任巡抚，离家在外，遭到这次浩劫，性命肯定难保。今天经过此番曲折辗转，留得一线余生，虽然在逆境中饱受磨难，但名节仍旧显明，残躯仍旧存在。比起同乡那些受难者，区别又在哪里呢？我们因此转忧为喜。虽然家中被洗劫一空，但都是身外之物，只要你们以及家中亲眷平安无事，就已经是莫大的福气了！

令人遗憾的是，我家四代进士出身，家门旺盛，世代以忠孝相传，你遭遇了这次变故，没有考虑逃往他乡，而是与其他人一样，心甘情愿地做一些有损于人格、有辱于先祖的事情。你自称是权宜之计，没有其他办法，但是名节攸关的大事怎能如此权宜呢？邑中乡学的那些朋友，轰轰烈烈，千古留名，难道他们真的讨厌生、愿意死吗？这确实是名节攸关的大事，甚至比生更重要。我并不是要求你一定要赴死，但是家已经破败，又有什么值得眷恋的？不早点寻找隐秘藏身之处，反而长仇人志气，这是黑白不分，怎能在高才群体中议论他人呢？别的地方发动的反清起义，有的博得一名，有的奉圣旨行事，唯有我们常熟的起义，没有成功，反而受牵累；受到牵累了，还没有博得起义之名。难道不让人觉得可笑、可悲、可恨吗？！

简评

瞿式耜，字伯略，明朝江苏常熟（今江苏境内）人。在这封家书里，瞿式耜严厉地斥责儿子非但没有避开清兵，反而接受了清廷统治者的命令，还剃了头发，这是有损名节的。儿子在来信中强调，他之所以这么做，也是迫不得已的权宜之计。瞿式耜反驳说，其他事可“权”，但关乎名节的事情却不能“权”。这其实就是在告诫儿子：坚持民族气节是原则性的问题，在这类问题上丝毫不能含糊。

可见，反对民族压迫、坚持民族气节是瞿式耜的基本立场，他将这一点贯彻在对子孙的教育中，从他的立场上看这无疑是正确的。对如今广大的青少年读者来说，这也是一堂生动的爱国主义教育课。

32

谕儿：焚膏油以继晷，恒兀兀以穷年

“口不绝吟于六艺之文，手不停披（翻阅）于百家之篇；纪事者必提其要，纂言者必钩其玄（探索精微之处）。贪多务得，细大不捐，焚膏油以继晷，恒兀兀（勤勉不止的样子）以穷年。”此文公自言读书事也。其要诀却在“纪事”“纂言”两句。

凡书，目过口过，总不如手过。盖手动则心必随之。虽览诵二十遍，不如钞撮一次之功多也。况必提其要，则阅事不容不详；必钩其玄，则思理不容不精。若此中更能考究同异，剖断是非，而自纪所疑，附以辨论，则浚（深）心愈深，着心愈牢矣。

近代前辈当为诸生时，皆有经书讲旨及《纲鉴》、性理等钞略，尚是古人遗意，盖自为温习之功，非欲垂世也。

今日学者亦不复讲，其作为书、说、史、论等刊布流行者，乃是求名射利之故，不与为已相关，故亦卒无所得。盖有书成而了不省记者，此又可戒而不可效。

——节选自《榕村全集》

今译

“嘴里反复吟诵着《诗》《书》《礼》《易》《乐》《春秋》等书里的篇章，

手里反复翻阅着诸子百家的著作。读了历史，一定要将其中重要的事件摘录下来。读了别人的著述，一定要探究其主要思想以及其中的精妙、深刻之处。读书多多益善，读了书一定要能增长见识。无论是名家著述，还是无名之辈的作品；不论是大部头，还是小册子，都不能轻易放过。不分昼夜，持烛苦读，勤于求学，度过了一年的时光。”韩文公（韩愈）在这里说了自己埋头苦读的情形，其中的诀窍就在“纪事”和“纂言”这两句话里。

凡是读书，无论是看过，还是诵读过，都比不上一边读书、一边动手的效果。原因是动手的时候还必须动脑筋。虽然你看过或是诵读过二十遍，但效果却比不上摘抄了一遍。更何况，你要摘抄书里面的要点，那么你阅读时就不得不详细、认真；你要探究书中的精妙之处，那思考就不能不深入，甚至要殚精竭虑。如果在这个过程中，你还能探究、考察其中相同或不同的地方，分析相关的是非曲直，还能记录下自己的疑惑之处，顺便进行分析、论证，那么你思考、钻研得越深入，记得也就越牢固。

近代那些学术前辈，当他们在府、州、县学当生员的时候，都撰写过经书的要点讲解，还有《纲鉴》以及性理方面的手抄本留存于世，他们这种做法颇有从古代圣贤流传下来的治学韵味。因为他们这么做是为了方便自己温习功课，而不是为了流传给后世。如今的学者不再注重这种求学风气，他们编写书籍，讲解经书，留下许多说文、著作、论文等，大量印刷发行，广为流传，不过是为了追名逐利罢了，这些书无关乎他们个人的修养学识和学术追求，最终也是毫无收获。正是因为如此，有的人虽然写了书，却什么也没弄懂，什么知识也没记住，应该对这类人、这类做法引以为戒，万万不能效法！

简评

李光地，字晋卿，福建安溪人，康熙年间进士，先后担任内阁学士、兵部侍郎、顺天学政、直隶巡抚、文渊阁大学士（宰相）等职。《谕儿》是李光地写给四子的一封家书，主要介绍了自己的学习方法：读书求学的时候，要找出字里行间最基本的观点与线索，摘录下要点，遵循作者的写作思路，积极开动脑筋，探寻文中的精妙细微之处，分析、比较有关问题，从而保持一种积极主动的读书、学习状态。比起被动的背诵式学习，这种主动学习的方法效果要好得多。

33

立身篇：京中浮华，须立定主意

京中浮华，须立定主意，不为所染。盖天下惟诚朴为可久耳！吾家世守寒素，岂可忘本？读书见客，事事检点，即学问也。

来京途中，有一刻闲，便当看书，古人游处皆学，不过为收放心耳。骄傲奢侈，一点不能沾染。即会客说话，固须周旋，然不可套语太多，多则涉于油滑而不真矣。

——节选自《培远堂全集》

今译

京城里奢靡浮华，你来到这里，必须打定主意，坚定意志，不能受这里风气的浸染。也许天底下只有“诚朴”二字能够长久立身！我们家世世代代都遵循着朴素清贫的家风，又怎么能忘记这个根本呢？你在阅读书籍、面见客人的时候，凡事都要检点自己的言行举止，这也是一门学问。

来京城的途中，有片刻闲暇时间，就应当抓紧时间多看书，古人四处游历，也都是为了求学，为了约束散漫放纵的心思罢了。奢靡骄傲的习气，你都不要沾染上。哪怕是为了交际应酬，也不能说太多客套话，客套话说得太多就显得油嘴滑舌，让人觉得不真诚。

简评

本文节选自陈宏谋写给他四侄的一封家书，他在文中告诫侄子，要摒弃浮华奢靡的风气，保持并传承家族世代相传的清贫质朴之风，恪守“诚朴”二字，将之作为安身立命的根本。具体来说，要遵循“诚朴”二字，在与人交际应酬时，不应当说太多客套话，免得显得油腔滑调。上述观点的确是阅历之言，对后世不乏启迪与借鉴意义。

34

教子篇：爱之不以其道，反足以害之焉

父母同负教育子女责任，今我寄旅京华，义方之教，责在尔躬。而妇女心性，偏爱者多。殊不知，爱之不以其道，反足以害之焉。其道维何？约言之，有四戒、四宜：一戒晏（晚）起，二戒懒惰，三戒奢华，四戒骄傲。既守四戒，又须规以四宜：一宜勤读，二宜敬师，三宜爱众，四宜慎食。以上八则，为教子之金科玉律，尔宜铭诸肺腑，时时以之教诲三子。虽仅十六字，浑括无穷，尔宜细细领会，后辈之成功立业，尽在其中焉。书不一一，容后续告。

……

尔初入世途，择交宜慎。友直，友谅，友多闻，益矣。误交真小人，其害犹浅；误交伪君子，其祸为烈矣。盖伪君子之心，百无一同：有拗捩

（ǎo liè，倔强、不顺从）者；有黑如漆者；有曲如钩者；有如荆棘者；有如刀剑者；有如蜂虿（chài，古书上说的蝎子一类的毒虫）者；有如狼虎者；有现冠盖形者；有现金银气者。业镜高悬，亦难照彻。缘其包藏不测，起灭无端，而回顾其形，则皆岸然道貌，非若真小人之一望可知也。并且，此等外貌麟鸾、中藏鬼蜮之人，最喜与人结交，儿其慎之。

——节选自《纪晓岚家书》

今译

父母亲原本应当共同承担教育子女的职责，我如今在京都旅居，家庭教育的职责就落在你的肩头。然而，妇女的心情与性情往往更容易偏爱子女，殊不知，如果爱子女却不得其道，反而会害了他们。那么，究竟什么是爱子之道呢？总而言之，它包括“四戒”和“四宜”两方面。所谓四戒，指的是：第一戒晚起，第二戒懒惰，第三戒华丽奢靡，第四戒骄傲。不仅要遵循四戒，还要遵循四宜。所谓四宜，指的是：第一应当勤奋读书，第二应当敬重师长，第三应当普爱众生，第四应当小心饮食。上述八条准则，就是教育子女的金科玉律，你应该牢牢地记在心头，每时每刻都用来教诲三个子女。虽然只有十六个字，但是它包含了无穷无尽的内容，你要用心领悟，下一代能否立业成功，可就在于此了！至于其他事情，我就不逐一写下来了，等以后写信再跟你说。

……

你刚刚走上人生之路，初涉社会，结交朋友，与人交际，应该小心谨慎。朋友正直，朋友诚实，朋友学识渊博，对自己都有很大好处。如果不慎与真正的小人结交，造成的危害还不一定很严重；如果不慎与伪君子结交，就会祸患无穷。说起伪君子真实的用心，一百人中间也许没有一个是相同的。他们有的人执拗、不顺从；有的人心理阴暗；有的人内心世界蜿蜒曲折，如钩子一般；有的人“肚子里长出了荆棘”，很有心计；有的人说的话比蜂蜜还甜，然而内心里却暗藏着锋利的剑刃；有的人像毒蜂、蝎子那么阴险毒辣；有的人像豺狼虎豹那样残暴；有的人外表看上去是达官显贵；有的人则是一副巨贾富豪的做派。就算是阴曹地府能辨别善恶的业镜高悬在面前，也难以看穿这些人的内心世界。这是因为他们的内心世界深藏不露，让人难以猜透他们的真实想法，从产生到消失，找不到头，也寻不到尾，实在是捉摸不透。然而，如果回过头来看他们，没有哪一个不是一副道貌岸然的样子，也不像真正的小人，一眼就能辨别出来。更何况，这类人外表高贵、内心阴暗，最喜欢结交他人，我儿一定要当心他们！

简评

纪昀，字晓岚，清朝直隶献县（今河北沧州）人，是乾隆十九年的进士，官至尚书，学识渊博，素有通儒的美称。文本摘选自《纪晓岚家书》，是纪晓岚分别写给妻儿的。在“父母同负教育子女责任”章，纪晓岚认为，身为妇人，妻子对子女的爱难免有所偏袒，故而严肃地指出，爱之不以道，反害之，为此特地提出了“四戒”和“四宜”两方面。其内容主要就是要教育儿女注重勤、俭，处理好各种人际关系。这几条也的确是教育子女的好办法，如果真的能做到上述几点，必然能培养出有用之才。

在“尔初入世途”章，纪晓岚告诫其子，刚走上人生之路，交友要慎之又慎，不仅要分辨好坏，更要懂得区别真伪，对于那些看似高贵、实则险恶的伪君子，尤其要警惕。纪晓岚对子女的教育问题如此重视，其良苦用心可见一斑。

35

读书篇：收敛身心，熟读旧文

到京后宜谢绝酬应，收敛身心，熟读旧文，时时涵泳（深入体会），按期作课，勿令生疏。断不可闲游听戏，大众聚谈，荒废正业。体亲心期望之殷，三年一场，甚非容易，努力为之，勿自误也。

予尝独居深念，时切隐忧。吾家世敦朴素，自入仕途，渐习奢侈，衣服器用踵事增华。纵口腹之欲，典当有所弗惜；饰耳目之观，贳（shì，出借、赊欠）取暂图快意。只知体面，罔顾艰难。抑思盛衰循环，富贵岂能常有？一旦事殊势异，家人习奢日久，必不能顿俭，必至失所。失祖宗节俭之风，致子孙饥寒之渐，可虑者一。先世孝友传家，敦崇仁让，同居共食，人无闲言。近年以来，猜嫌渐起，或以外人谗间，或以意见纷歧，一言之细遂至忿争，一物之微动分尔我，乖暌（背离、抵触）离异，言之痛心。致祖父含怒于九泉，子孙效尤于数世，可虑者二。汝大伯父暨我暨汝父，赖先人德荫幸列科名，一脉书香，常虞失坠。汝辈兄弟中，咸不知义命，妄意捐升田以荫得官裕。姿质驽钝，所望读书应举者，惟汝辈数人耳。曜报捐知县，想已无志《诗》《书》，不知“资郎”二字，有志者皆耻言之。趁此少壮精神、宽闲岁月，勤学好问，广览博闻，求为国家有用之才，将来登科第，建事功，尽孝全忠，何等荣贵，而乃以铜臭功名自甘菲薄耶？无志甚矣！此端一开，少年中无定见，皆思就此一途，诵读之心意不专，清白之家声日替（衰败），可虑者三。以上三事，皆家门兴败关头，吾故痛切言之。

汝辈身列胶庠，非毫无知识者，须念物力之艰，力求俭约，勿习浮华，勿学放纵，将平日爱华靡、喜疏散种种积习全行改变，作一个醇谨朴实子弟，较之鲜衣肥马为有识所窃笑者，不相去万万耶？汝辈天性醇厚，尚知孝道，近闻手足间亦渐有乖离之意，此最不可。须知骨肉至重，凡百皆轻，勿贪货财，勿私妻子，勿以渐有乖离之意，此最不可。须知骨肉至重，凡百皆轻，勿贪货财，勿私妻子，勿以亲心偏向而退有怨言，勿以言语参差而辄生嫌隙。兄宽弟忍，式好无犹；和气薰蒸，祯祥自至。而其所以能刻苦，能知友爱，则总在勤奋读书耳。平日静坐收心，除温习举业外，取古人嘉言善行手录心维，思古人何以能此，我何以不如古人，因愧生愤，必求如古人而后已，则精神内敛而一切骛外驰求之念自息，道心日生，而孝弟忠信、仁厚礼让自感触而即发矣。不然，淡泊之味终不敌物欲之浓，质地之美日夺于习俗之敝，虽欲祛奢崇俭，革薄从忠，乌可得哉！

予德衰薄，不能正身齐家，时用内愧，然念汝爱汝，故以我所欲改者戒汝，所欲能者勉汝。知而不言，是我负汝辈；言之不听，是汝辈负我，并自负也。思之，思之，勿作一场闲话看过。

——节录自《倭文端公遗书》

今译

你们二人抵达京城之后应该谢绝一切不必要的人事往来，下定决心约束自己的言谈举止，认真阅读已经学过的书籍文章，以获得更深刻的体悟，按照要求严格学完当天规定的学习课程，才不至于生疏遗忘。千万不要四处闲逛，观看各种文艺节目，也不要和别人坐在一块高谈阔论一些无关紧要的事情而荒废了正业，耽误自己考试。你们要细细体味父母对你们的一片苦心，殷切盼望着你们早日科举高中，三年才有一次应试机会，真是不容易，你们应该尽力而为，不要耽误前程。

我独自一人静居的时候深入思考一个很重要的问题，它无时无刻不让我深感忧虑。那就是，我们家祖先世代都崇尚俭朴节约的风气，自从入仕以后，子弟却逐渐沾染上了奢靡的恶习，穿衣打扮、日用器具越来越追求浮华艳丽。放肆满足自己无穷无尽的欲望，甚至典当财物也在所不惜；为了满足耳目观听的欲望，为此向他人赊欠而贪图一时之快。只讲究虚荣的体面，却不考虑艰难穷困。我心中忧虑，思考着过往的历史，兴盛与衰败总是循环往复，富贵又哪里会长久地存在呢？如果事情与形势发生了变化，家中子弟沾染上奢侈风气的时间长了，就难以立即再行俭朴，就一定会失去赖以生存的居所，丢失先祖勤劳节俭的风尚，使子孙后代慢慢陷入贫穷饥寒的境地。这是第一个让我深深忧虑的问题。我们家世世代代以供奉父母、友爱兄弟作为家族传承的根本，非常注重仁、义、礼、让之学，大家在一个大家庭里居住、吃饭，和睦地生活，别人也没有什么闲话可说。然而，近年来，你们这些人之间经常发生互相猜忌、怀疑的事情，或者被外人用坏话离间关系，或者因为彼此意见相左甚至一句微不足道的话语就争吵不止，因为一件无关紧要的财物就要分清楚你我，进而发展到互相抵触、矛盾频发，这实在让人痛心。这样的情形，想来让已经逝去的祖父在九泉之下也难以开怀，如果子孙后代效仿这种错误，数代之后，后果将不堪设想。这是第二个让我深深忧虑的问题。你们的大伯父、我、你们的父亲，靠着先祖美好的德行而获得特权，有幸科举成名，延续读书为官的家族风尚，却经常担忧丢失了这种良好的家风。你们兄弟之中都不懂得这个要旨，妄自做主，捐送粮食、田地、钱财来获取官阶，又靠着特权获得为官的利益。在我们这个大家庭里，大多数人原本从里到外都是愚昧无能的，只有你们几个人寄希望于通过读书应试而科举成名。曜侄通过捐钱获得知县一职，想来你已经没有志向继续钻研《诗经》《尚书》这类古代典籍，但你不知道，那些真正有抱负的人都以提及“资郎”二字为耻。趁着年轻力壮、精力充沛，利用这段悠闲宽裕的时间，勤学多问，广闻博记，努力成为国家、民族的有用之才，以后科举成名，建功立业，对父母尽孝，对君主尽忠，那将是何等的尊贵且受人敬重，为什么你会因金钱和虚伪的功名而让自己如此不堪呢？你胸无大志到了何等地步！一旦开了这种风气，我们家那些少年之中志向不定者就会认为只能走捐资求官这一条路，读书学习不能树立专一的志向，清白俭朴的家庭声望也会逐渐衰落。这是第三个让我深深忧虑的问题。上述三个问题，是我们这个大家庭兴衰成败的关键，因此我特别恳切地向你们指出来。

你们都在学校读书求学，并非没有学识的人，但要时刻牢记财物来之不易，要勤俭节约，不要沾上浮华轻薄的恶习，不要学得放荡不羁，应该彻底摒弃平日里喜好奢华、行迹散漫的习气，成为一个谨慎忠诚、朴素实在的子弟。如果能做到这个地步，比起那些鲜衣怒马、讲究场面却让有识之士背地里耻笑的人，不是相去甚远吗？你们的天性原本就是朴实淳厚的，也是有尽孝之心的，然而听说近来兄弟之间逐渐有了抵触、离心分离的情况，这是最不好的。你们必须知道兄弟之间的关系很重要，相比之下，其他事情都是次要的。不要贪慕财物，不要偏爱自己的妻儿，不要认为父母偏爱某一个人而暗自心生怨恨，不要因言语不合就互相猜忌甚至彼此怨恨。兄长对弟弟要宽容，弟弟对兄长要忍让，兄弟亲近和睦，没有怨恨嫌隙，和煦的风儿就如同轻烟一样向上吹拂着，吉兆自然会随之而来。一个人之所以能够自勉勤奋，懂得亲近友爱，关键在于他勤于读书，懂得做人的道理。平日里集中心智，除了温习科举考试的课程以外，亲手摘抄古代圣贤的嘉言善行，细细体悟，动脑思考为什么古人能做到如此地步，为什么我却不如古人。深思之后，愧疚与领悟会转变为奋发向上的志趣，你一定能努力按照古人那样严格要求自己。集中精力、专一心智，就会自动排除一切好高骛远的非分念想，逐渐产生正道之心，而孝敬父母、友爱兄长、忠于君主、取信于友朋乃至于仁慈、宽厚、礼仪、谦逊等美好的品行也会随之受到启发而萌生。若不其然，清淡寡欲的志趣最终抵不过对物质享受的追求，恶习日益浸袭天然良好的本性，虽然希望能摒弃奢华、推崇俭朴、抛弃轻浮、取法忠信，却也为时已晚！

我的德行浅薄，不能严格约束自己与家人，内心经常感到愧疚，然而因为想念你们、爱护你们，因此我用自认为需要改进的地方来提点你们，自认为做得不错的地方来勉励你们。明知道不对的事情，如果我不明确地向你们指出，就是我这个做长辈的对不起你们，如今我已经指明问题，如果你们不能认真记住，听进耳朵里去，那么就是你们做子侄的辜负了我的一片苦心，也是自己害了自己。你们要多多思考，别把这番话看成我跟你们随便谈起的无关紧要的话语。

简评

倭仁，字艮峰，是著名理学家唐鉴的弟子，也是清朝同治年间的“理学大师”。在这篇家训里，倭仁严肃地指出，如今子侄中间奢侈之风日盛，终日里不思进取，讲究吃喝玩乐，有诸多弊端，他要求他们勤奋读书，通过知识来净化内心，摒弃这些恶习。他苦口婆心地劝诫子侄一辈，读书为官才是正途，捐资求官是不可取的。他还反复强调，兄弟要以和睦为贵，不能互相争夺，败坏家族的名誉。在这篇家训里，倭仁提出了一系列问题以及解决问题的办法，虽然仍然是以封建文化为出发点阐述的，但是其中也不乏现实意义，能启迪如今的家长教导子女学真本领、做真学问、做对社会有益的人。尤其难能可贵的一点是，倭仁能以平等的姿态先承认自己的不足之处，告诫子侄们要引以为戒，这也是一种值得借鉴的教育方式。

36

与孝威：尔近来读《小学》否

尔近来读《小学》否？《小学》一书是圣贤教人作人的样子。尔读一句，须要晓得一句的解；晓得解，就要照样做。古人说，事父母，事君上，事兄长，待昆弟、朋友、夫妇之道，以及洒扫、应对、进退、吃饭、穿衣，均有见成的好榜样。口里读着者一句，心里就想着者一句，又看自己能照者样做否。能如古人就是好人；不能就不好，就要改，方是会读书。将来可成一个好子弟，我心里就欢喜，这就是尔能听我教，就是尔的孝。

读书要眼到（一笔一画莫看错）、口到（一字莫含糊）、心到（一字莫放过）。写字则做到端身正坐，要悬大腕，大指节要凸起，五指爪均要用劲，要爱惜笔墨纸。温书要多遍数想解，读生书要细心听解。走路、吃饭、穿衣、说话，均要学好样（也有古人的样子，也有今人的样子，拣好的就学）。此纸可粘学堂墙壁，日看一遍。

——节选自咸丰二年《与孝威》

今译

你最近有没有读《小学》这部书？它是一部圣贤先哲教诲人们如何做好人的典范。这部书，你每读一句，就必须弄明白这一句的含义；弄明白其中的含义，就要遵循着去实践。古人说，侍奉父母，侍奉君王，侍奉兄长，对待弟弟、朋友、夫妇之道，甚至于居家、处世、待人接物、吃饭穿衣等，都有现成的好典范。口里读到了这一句，心里就要想起这一句，还要看看自己是否按照这样去做了。能够像古人那样读书明道就称得上是好人；做不到这样就是不好的，就要痛定思痛，好好改正，才算得上会读书。未来能成为一个好子弟，我心里就很高兴，这说明你听从了我的教诲，这也是你对我的孝顺。

读书要做到眼到（也就是书上的每一笔、每一画都不能看错）、口到（也就是一字一句都不能含糊其辞）、心到（也就是一字、一句都要领会，千万不能走马观花，草率地放过）。写字时，身子要端正，要悬空手腕，大拇指的关节要突起来，五个手指头都要用力，要爱惜笔墨、纸张。温习功课，要反复理解其中蕴含的深意，先生刚教的内容要用心听讲。总而言之，走路、吃饭、穿衣、说话，每件事都要学一个好样子（其中包括古人的好榜样，今人的好榜样，挑选其中的好榜样学习）。你可以把这封信粘贴在学堂的墙壁上，每天都看一遍。

简评

左宗棠，字季高，举人出身，声名显赫，是晚清政局之中的显赫人物。左宗棠对儿女的教育既严厉又亲切，他一生之中所写家书多达一百余封，大多是教导儿女如何为人处世、读书求学、为官治事等的。左宗棠在此篇强调，读书与为人之间有很密切的关系，读书不光是为了掌握那些华美的语句，更是为了理解古代圣贤的观点，最终目的是学会如何做好人。从这一点看，左宗棠深受经世致用之学的影响，值得我们借鉴。

37

立志篇：读书做人，先要立志

世局如何，家事如何，均不必为尔等言之。惟刻难忘者，尔等近年读书无甚进境，气质毫未变化；恐日复一日，将求为寻常子弟不可得，空负我一片期望之心耳。夜间思及，辄不成眠。今复为尔等言之。尔等能领受与否，则我不能强之，然固不能已于言也。

读书要目到、口到、心到。尔读书不看清字画偏旁，不辨明句读（dòu，书面上的句号与逗号），不记清头尾，是目不到也。喉、舌、唇、牙、齿五音，并不清晰伶俐，朦胧含糊，听不明白，或多几字，或少几字，只图混过，就是口不到也。经传精义奥旨，初学固不能通，至于大略粗解，原易明白，稍肯用心体会，一字求一字下落，一句求一句道理，一事求一事原委，虚字审其神气，实字测其义理，自然渐有所悟。一时思索不得，即请先生解说；

一时尚未融释，即将上下文或别章别部义理相近者反复推寻，务期了然于心，了然于口，始可放手，总要将此心运在字里行间，时复思绎，乃为心到。今尔等读书总是混过日子，身在案前，耳目不知用到何处。心中胡思乱想，全无收敛归着之时，悠悠忽忽，日复一日，好似读书是答应人家功夫，是欺哄人家，掩饰人家耳目的勾当。昨日所不知不能者，今日仍是不知不能；去年所不知不能者，今年仍是不知不能。孝威年十五，孝宽今年十四，转眼就长大成人矣。从前所知所能者，究竟能比乡村子弟之佳者否？试自忖之。

读书做人，先要立志，想古来圣贤豪杰是我者般年纪时，是何气象？是何学问？是何才干？我现在那一件可以比他？想父母送我读书，延师训课，是何志愿？是何意思？我那一件可以对父母？看同时一辈人，父母常背后夸赞者，是何好样？斥詈（lì，骂）者，是何坏样？好样要学，坏样断不可学。心中要想个明白，立定主意，念念要学好，事事要学好。自己坏样一概猛省猛改，断不许少有迴护，不可因循苟且。务期与古时圣贤豪杰少小时志气一般，方可慰父母之心，免被他人耻笑。志患不立，尤患不坚。偶然听一段好话，听一件好事，亦知歆动羡慕，当时亦说我要与他一样，不过几日几时，此念就不知如何销歇去了。此是尔志不坚，还由不能立志之故。如果一心向上，有何事业不能做成？陶桓公有云：“大禹惜寸阴，吾辈当惜分阴。”古人用心之勤如此。韩文公云：“业精于勤而荒于嬉。”凡事皆然，不仅读书，而读书更要勤苦。何也？百工技艺，医学、农学，均是一件事，道理尚易通晓；至吾儒读书，天地民物莫非己任，宇宙古今事理，均须融澈于心，然后施为有本。人生读书之日最是难得，尔等有成与否，就在此数年上见分晓。若仍如从前悠忽过日，再数年依然故我，还能冒读书名色充读书人否？思之，思之！

孝威气质轻浮，心思不能沉下，年逾成童而童心未化，视听言动，无非一种轻扬浮躁之气。屡经谕责，毫不知改。孝宽气质昏惰，外蠢内傲，又贪嬉戏，毫无一点好处可取。开卷便昏昏欲睡，全不提醒振作。一至偷闲玩耍，便觉分外精神。年已十四，而诗文不知何物，字画又丑劣不堪。见人好处，不知自愧，真不知将来作何等人物！我在家时常训督，未见悛改（悔改）。我今出门，想起尔等顽钝不成材料光景，心中片刻不能放下。尔等如有人心，想尔父此段苦心，亦知自愧自恨，求痛改前非以慰我否？亲朋中子弟佳行颇少，我不在家，尔等在塾读书，不必应酬交接，外受傅训，入奉母仪可也。

读书用功，最要专一无间断。……今特谕尔：自二月初一日起，将每日功课，按月各写一小本寄京一次，便我查阅。如先生是日未在馆，亦即注明，使我知之。屋前街道，屋后菜园，不准擅出行走。如奉母命出外，亦须速出速归。"出必告，反必面"，断不可任意往来。同学之友，如果诚实发愤，无妄言妄动，固宜引为同类。倘或不然，则同斋（同在一个学校念书）割席，勿与亲昵为要。

——节选自咸丰十年《与孝威孝宽》

今译

外面世界的时局怎么样，家中的事务怎么样，都没有和你们说的必要。唯独让我片刻放心不下的，就是近年来你们读书没有太大进展，品性也没有朝好的方向转变；我担心你们一天天这么下去，将来甚至不能成为一个寻常人家的子弟，枉费了我对你们的殷切希望。每当夜晚我想起这个问题，总是睡不着觉，今天再来跟你们讲讲这个问题。你们能否接受我的意见，我也强求不得，但是作为你们的父亲，我没有理由不跟你们讲讲这个问题。

读书要做到眼到、口到、心到。读书时，你们不先看清楚字的笔画、偏旁，不辨别清楚一篇文章的句读，不能记住书中每一段、每一句的首尾，这就是眼不到。你们的喉、舌、唇、牙、齿五音没那么清晰伶俐，含糊不清，不能让人听明白，要么多几个字，要么少几个字，心思全然不在这上面，只是混日子罢了，这就是口不到。古时候经书传要的精要之处，初学的时候固然不能全部弄懂，但是大略上弄懂意思是比较容易的。如果愿意稍微用心体悟，追求每个字的下落，弄懂每句话的道理，探求每件事的缘由，审察虚字的神气气韵，推测实字的义理，这样就会逐渐领悟。一时之间思考不出其含义，就请先生进行讲解；一时之间不能融会贯通，就反复推敲上下文或者其他章节义理相近的部分，务必要做到心中、口中都了悟，直到这样才能罢休。将这些心思体悟运用在书本的字里行间，反复推敲琢磨，这就是心到。如今，你们读书都是混日子，虽然身子端坐在书桌前，却不知把耳朵和眼睛用在了哪里。你们心里胡思乱想，没有约束、沉静的时刻，恍恍惚惚，日复一日，好像读书是为了应对别人的请求，是欺骗他人、掩人耳目的勾当。你们昨天不知不能为的事情，今天依然不知不能为；去年不知不能为的事情，今年依然不知不能为。今年孝威已经十五岁，孝宽也十四岁了，你们转眼间就要长大成人。你们之前知道的、做得到的事情，到底能不能比得上乡间农家子弟之中的优秀者，你们自己想想。

读书做人，首先要树立好志向，你们想想，古往今来，那些圣贤豪杰与我年龄相仿时，是什么样子的？拥有什么样的学问？具有什么样的才能呢？如今，我哪一样能与他们相提并论呢？想想父母让我读书求学，聘请先生教导我功课，是出于怎样的目的和愿望？是出于怎样的心意呢？我做的哪件事无愧于父母呢？看看我的同辈之人里，父母背地里经常夸赞的是哪种人？经常斥责的又是哪种人呢？要学别人的好样子，但万万不能学坏样子。心里要想明白这个问题，打定主意，时时要学好，事事要学好，所有恶习要进行深刻的反省与改正，绝对不能有任何姑息袒护，不能照旧下去，得过且过。务必要拥有古时候圣贤豪杰年少之时的志气，父母才能心情愉悦，免得遭人耻笑。令人担忧的是不能树立志向，尤其令人担忧的是树立了志向却不坚决。偶尔听到他人的一段佳话、一件好事，也欣羡不已，当时也立志要和他一样做个好人，但不久之后，这个想法就稀里糊涂地消失了。这是因为你们立志不坚决，更是因为你们没有立志。如果你们一心奋发向上，还有什么做不成的事业呢？陶桓公说过：“大禹爱惜每一寸光阴，我辈应当爱惜每一分光阴。”可见古人用心之勤。韩愈说过：“一个人事业成功是因为他勤奋，事业失败是因为他懈怠玩耍。”世界上的每件事都是如此，读书也是这样，而且读书要更勤奋努力，才能有所收获。这是为什么？

各个行业，医学也好，农学也好，都是一回事，其间的道理也容易弄明白；至于我们这些儒士读书，以天下之物为己任，必须将宇宙之中的古今事理都在心中融会贯通，然后才有能力来施展才华。一个人的一生之中，读书的日子是最重要的，你们能否成材，在这几年里就会见分晓。如果还是像以前那样混日子，再过几年还是这样，还能顶着读书这个名头去冒充读书人吗？你们要慎重地思考这个问题啊！

孝威气质轻浮，不能沉下心来，年纪超过了孩童却童心未泯，耳闻目睹，言行举止，全都表露出一种浮躁轻薄的风气。经过我多次批评，仍然没有改正。孝宽气质迷糊懒散，外表愚钝内心傲气，还贪玩，毫无可取之处。学习的时候迷迷糊糊的，精神一点也不振作，一到了闲暇玩耍的时候就精神起来。已经十四岁了，还不知道诗文为何物，字画丑陋。看到别人好的地方，心中也没有愧疚。真不知道未来会成为哪种人物！我在家里经常训诫敦促，却没有看见悔改。如今我在外面，想起你们愚钝顽皮不成材的样子，时刻都放心不下。你们要是有心，就想想你们父亲爱护你们的这番苦心，也会愧疚、悔恨自己的过失，从而痛改前非，安慰安慰我？我们亲朋好友的子弟之中，优秀者并不多，我现在不在你们身边，你们在学校读书，不要和他人结交，在学校里受先生的教诲，回家奉行母亲的叮咛即可。

读书勤奋刻苦，最重要的就是要专一，不要间断。……如今特意郑重地教导你们：从二月初一那天开始，你们要把每天的功课各自写在一个小本上，按月寄给我一次，方便我查阅。如果哪天先生没在学校，也要注明，让我知晓。房屋前的街道、房屋后的菜园子，你们不可擅自走动。如果母亲允许你们外出，也要快去快回。“出去要跟家里说，回家要当面告知”，绝对不能随意往来。同学中的那些朋友，如果有谁是诚实守信、发奋向上、没有言行不当的人，当然能作为知己；如果不是这种人，虽然都在一个学校里，但也要和他们绝交，远离他们。

简评

本文也是左宗棠的一封家书，这封家书曾经在旧社会产生深远的影响，甚至被作为范文，在中学的语文课堂上广泛使用。左宗棠在文中强调了读书要做到目到、口到、心到等，并强调了读书的重要性，“人生读书之日最难得”，应当好好把握青春年少的时光，发奋向上，通过读书学会立志、为人。

38

义理篇：读经以研寻义理为本

朱子家训内，有“子孙虽愚，经书不可不读”，兄意亦然。兄少时从徐明经游，常告读经之法：穷经必专一经，不可泛骛（乱跑）。读经以研寻义理为本，考据名物为末。读经有一“耐”字诀：一句不通，不看下句；今日不通，明日再读；今年不精，明年再读；此所谓“耐”也。弟亦不妨照此行之。经学之道，不患不精焉。

体气多病，得名人文集静心读之，亦足以养病。凡读书有难解者，不必遽求甚解。有一字不能记者，不必苦求强记，只须从容涵吟。今日看几篇，明日看几篇，久久自然有益。但于已阅过者，自作暗号，略批几字，否则历久忘其为阅未阅矣。

——节选自《清代四名人家书》

今译

宋朝义理学家朱熹家训里写着“虽然儿孙天资不高，但博大精深的经典书籍却不能不读”。为兄我也是这么想的。年少时，我跟随着徐明经先生四处求学，他经常传授我阅读经典书籍的方法。想要掌握经典之学的义理，就要专攻一经，不能三心二意，广而泛之。学习经书主要是为了探求义理，其次才是为了考证名物。读经书要掌握“耐心”的诀窍。没明白一句话的意思，就不要看下一句；今天没弄明白，就明天接着读；今年理解没能深入，就明年接着读。也就是说要不急躁、不厌倦。弟弟你不妨也参考这个方法试一试。如果真能做到，那么经学里的道理，也就不用担心理解得不深入了。

体弱多病的时候，要多静下心来，读读名人的文集，这样能达到养病的作用。但凡读书的时候遇上疑难之处，不必急着理解。有一个字记不得，也不必苦苦求解，生硬地背下来，只要深入理解诵读就行。今天读几篇，明天再读几篇，久而久之，自然会受益。但是，对已经读过的部分，自己做一下记号，在书上写几个字作为批点，不然时间长了就记不得到底读没读过。

简评

李鸿章，字少荃，是清朝道光年间的进士，出将入相，名声显赫。此文是李鸿章写给弟弟的家书，“朱子家训内”章强调，阅读古文典籍，掌握其中义理，就要有耐心，日积月累，终有所成。也就是说，阅读古代经典书籍的关键是要理解和掌握其中所说的义理，想要达到这个目的，就必须掌握正确的学习方法。而这个方法的诀窍就是“耐心”，也就是不厌倦、不烦躁，专攻一门，日积月累，终会有所收获。文中主要阐述了做学问要专一，要耐得住寂寞，放在今天仍具有启迪意义。

“体气多病”章强调，生病休养时，可以适当阅读古代名人写的文章，使注意力集中，平心静气，有养病之效。读书要领会其意，稍作批点，加深印象。李鸿章推荐的读书方法其实也是他对自己治学经验的总结，对今人做学问也有一定的借鉴意义。

39

书法篇：述其途径及方法，以授诸弟

羲、献父子书法，自唐初君相推崇，遂风行千古。唐代诸贤其孙曾，而赵宋诸家以下，无非其云仍也。顾世人徒占占于转展翻刻之诸丛帖中袭取其面目，而不知探取本原，学古人之所学。故惜阴先生既述其逸事，而兄以经验述其途径及方法，以授诸弟。

羲之《题卫夫人笔阵图后》云：“夫字，先须引入八分、章草入隶字中，发人意气。若直取俗字（在民间流行的异体字），则不能先发意气。”兄少时学卫夫人书，将谓大能。及北游名山，见李斯、曹喜等书；又之许下见钟繇、梁鸿书；又之洛下，见蔡邕石经三体书；又于涤笙夫子处见张昶《华岳碑》，始知学卫夫人书徒费年月耳。羲之于五十三岁时改本师，手众碑学习，恐风烛奄及（人生无常，生命短暂），聊遗教于子孙耳。又《笔势论》云：“穷研篆籀，功省而易成；纂集精专，形彰而势显。”存意学者，半载可见其功。如吾弟笔性灵敏，旬月亦知其本。

羲之《笔阵图》云：“每书，欲十迟五急，十曲五直，十藏五出，十起五伏，方可谓书。若直点急牵急裹，此暂看似书，久味无力。仍须用笔着墨不过三分，不得深浸，毛弱无力。墨用松节研之，久久不动弥佳矣。直点急牵急裹，俗书类然，教者学者或且以为能事，此宜切戒者也。”其十迟五急云云，首句极言运笔宜缓，万勿轻率，此最易解者也。十藏五出，则谓用笔务取中锋迎入。此必多习籀篆分隶乃悟，如世所传二王及欧褚诸家书法佳拓，其圆浑藏锋之笔，多从篆分得来。

不习篆分者，每苦不得其门而入，今兄授诸弟。若从籀篆隶入手，再学欧虞诸家，神似不难，区区藏锋之法，何足为奇！其十起十伏之法，则必虚掌、圆腕、悬肩者能之。盖执笔法不讲，任令五指如猢狲爬树，手腕如乌龟上阶沿，恶态如矛发戈斫（zhuó，用刀、斧等砍）。盖执笔贵有力，而运笔贵灵活，果能使笔如优于技击者之用器，则方圆屈伸自无不神似矣。至十曲五直之法，向苦不得的解，盖世俗通行之正草隶篆，无不绢光削滑，从未有凹凸作钱串形，见钟鼎、石鼓、石门诸拓本乃恍然。十曲五直者，直以笔著纸之后，竖则一左一右，屈曲则向左行去；横则一上一下，屈曲则向右行去，而笔满画中之意亦悟。夫用此十曲五直之法以行笔，笔势不必凹凸如钱串形也，而笔量之沉厚，自与轻牵急裹者迥别。兄意用笔着墨不过三分，不可深浸毛弱之利病，兄以为不易之法，用长锋羊毫最妙。涤笙夫子曰：“写字，不熟则不速，不速则不能敏以图功。”吾弟其细察而仿行之。

——节选自《清代四名人家书》

今译

王羲之、王献之父子俩的书法，从唐朝初年开始，国君与宰相就大力推崇，已经风行千古。然而，唐朝诸多书法家不过相当于二王的孙子或曾孙，而赵宋的诸多书法家就相当于二王的云孙或仍孙（从自身下数到第八世孙）而已。然而，世人多次辗转、翻刻诸多书法贴，从中模仿他们的表象，却不知道探究他们的实质，学古人之所学。故而惜阴先生已经讲述了二王一些不为人知的故事，而我也根据个人经验来讲一讲二王成功的途径与方法，将其传授给诸位弟弟。

王羲之在《题卫夫人笔阵图后》上说："写字，首先要把八分书和章草的写法引入隶字，激发人的意气。如果直接采用俗字的写法，就不能首先激发人的意气。"年轻时，我学习卫夫人的书法，认为自己会有一番大成就。等到一路向北，在名山之间游览，看到了李斯、曹喜等人的书法；后又来到许下，看到了钟繇、梁鸿的书法；后又来到洛下，看到蔡邕的石经三体书；后又在曾国藩老师那里看到了张昶所写的《华岳碑》，才知道学习卫夫人的书法是白白浪费光阴。王羲之年少时曾经跟随卫夫人学习书法，直到五十三岁，一改初学，开始向诸多碑铭学习，他是唯恐生命无常，自己忽然死去，就将其教授给子孙而已。他在《笔势论》里又说："详尽细致地研习篆书、籀文，既能节省功夫，又能有所成就；专一用心地编纂，成功的态势也更明显。有意求学之人，半年时间里就能看到成效。"像我弟弟这样，在书法方面有悟性，十天或一个月就能懂得它的实质。

王羲之在《笔阵图》里说："每当写字的时候，要做到十迟五急，十曲五直，十藏五出，十起五伏，才能称之为书法。如果直点急牵急裹（牵、裹为书法的笔法），乍眼一看是书法，但久久回味，就会觉得无力。还需要在用笔着墨的时候不能超过三分，不能把毛笔深深地浸入墨里，这样会让笔毛变得柔软无力。用松节来研墨，长时间不动更好。直点急牵急裹，很多书法都是如此。学的人或教的人都认为这是本事，其实却是应当避免的。"他说的十迟五急这一番话，第一句详尽地说明了运笔要迟缓，不能草率，这一点最容易理解。所谓十藏五出，说的是用笔要从中锋迎入，这需要多加练习籀书、篆书、八分书和隶书，才能有所体悟。比如世人流传的二王、欧阳褚等书法家的书法佳拓，他们的笔法圆满藏锋，多数是从篆书和八分书发展来的。

有的人不熟悉篆书和八分书，常常苦于求不到其入门之法，我现在传授你们这个诀窍。如果从学习籀书、篆书、隶书入手，再学习欧虞等书法家的书法，不难达到神似，不过是藏锋的小小法门，又有什么稀奇的！它十起五伏的法则，一定要虚掌、圆腕、悬肩的人才做得到。不讲究执笔的手法，任由五个手指头像猴子爬树一样，手腕像乌龟沿着台阶往上爬一样，这种丑陋的姿态就好像矛发戈砍一样。执笔的手法贵在有力量，而运笔贵在灵活自如。如果用笔能做到比技击者使用器械更灵活，那么方圆屈伸，必然不会不神似。至于十曲五直的法则，向来让人们不知道如何确切地解释。世上流行的正书、草书、隶书、篆书等，没有哪一种不像绸缎、刀削一样光滑的，也没有哪一种像凹凸不平的钱串一样的。看到了钟鼎文、石鼓文、石门颂、石门铭的拓本，幡然之间醒悟过来。所谓十曲五直，就是说，用笔触碰纸张之后，写一竖就要一左一右，屈曲时笔向左边走；写一横就要一上一下，屈曲时笔向右边走，自然也就领悟了笔满画中的道理。行笔时遵循十曲五直的方法，笔势就不会凹凸不平，像钱串一样，笔触的力量也雄厚沉重，自然不再轻牵急裹。我认为，用笔着墨不要超过三分，也要深深地把笔毛浸入墨水里，让它变得软弱无力，我认为这是不能更改的法则，也会让长锋羊毫笔更好用。曾国藩老师说：“写字，不熟练时就写不快，写不快就不能灵敏自如而达到效果。”弟弟，你要细细体味这番话的意思，还要仿照着去做。

简评

此文是李鸿章写给弟弟的一封家书，虽然李鸿章在信里主要是与弟弟探讨应该怎样学习书法，但其中的道理也与其他方面的学习不谋而合。李鸿章指出，学习王羲之、王献之父子的书法，不能只是模仿其外表，还必须探究其本原，仔细琢磨，这番话很有见地。另外，他还指出，一个人拜师求学，也应该博采众长，从多方面入手，才能获得成功。

40

去国篇：令汝出门，欲汝用功上进

吾儿知悉：汝出门去国，已半月余矣。为父未尝一日忘汝。父母爱子，无微不至。其言恨不一日离汝，然必令汝出门者，盖欲汝用功上进，为后日国家干城之器、有用之才耳。

方今国是扰攘，外寇纷来，边境屡失，腹地亦危。振兴之道，第一即在治国。治国之道不一，而练兵实为首端。汝自幼即好弄（喜欢玩乐），在书房中，一遇先生外出，即跳掷嬉笑，无所不为。今幸科举早废，否则汝亦终以一秀才老其身，决不能折桂探杏，为金马玉堂中人物也。故学校肇开，即送汝入校。当时诸前辈犹多不以为然。然余固深知汝之性情，知决非科甲中人，故排万难以送汝入校。果也除体操外，绝无寸进。余少年登科，自负清流。而汝若此，真令余愤愧欲死。然世事多艰，习武亦佳，因送汝东渡，入日本士官学校肄业，不与汝之性愧欲死。然世事多艰，习武亦佳，因送汝东渡，入日本士官学校肄业，不与汝之性情相违。汝今既入此，应努力上进，尽得其奥。勿惮劳，勿恃贵，勇猛刚毅，务必养成一军人资格。汝之前途，正亦未有限量。国家正在用武之秋。汝纵患不能自立，勿患人之不已知。志之志之（铭记），勿忘勿忘！

抑余又有诫汝者，汝随余在两湖，固总督大人之贵介子也，无人不恭待汝。今则去国万里矣。汝平日所挟以傲人者，将不复可挟。万一不幸肇祸，反足贻堂上以忧。汝此后当自视为贫民，为贱卒，苦身戮力，以从事于所学。不特得学问上之益，且可藉是磨练身心。即后日得余之庇，毕业而后，得一官一职，亦可深知在下者之苦，而不致予智自雄（妄自尊大）。

余五旬外之人也，服官一品，名满天下，然犹兢兢也。常自恐惧，不敢放恣。汝随余久，当必亲炙之（亲承教化），勿自以为贵介子弟，而漫不经心。此则非天之所望于尔也，汝其慎之。

寒暖更宜自己留意，尤戒有狭邪赌博等行为。即幸不被人知悉，亦耗费精神，抛荒学业。万一被人发觉，甚或为日本官吏拘捕，则余之面目，将何所在？汝固不足惜，而余则何如？更宜力除，至嘱、至嘱！

余身体甚佳，家中大小亦均平安。不必系念。汝尽心求学，勿妄外骛。汝苟竿头日上，余亦心广体胖矣。

——节选自《张文襄公全集》

今译

我儿，你应当知道，你别离家门、国门，已经有半个多月，为父没有一天忘记过你。父母对子女的爱，可以说是无微不至的。他们经常说，恨不得一天都不曾离开你们。然而，肯定会有让你离开家门的原因，无外乎是想让你刻苦读书，发奋向上，今后成为国之栋梁，成为有用的人。

如今，国事纷繁复杂，外敌纷纷前来，边境的土地不断丧失，内地也陷入危险。振兴国家的办法，首当其冲就是把国家治理好。然而，治国的方法多种多样，但是训练好军队是首要的。你自幼喜欢玩乐，在书房里，每当碰上老师外出，就蹦蹦跳跳的，丢一下这个，扔一下那个，不停地嬉笑，什么事都能干出来。值得庆幸的是，如今科举制度已经废除，要不然你顶多能考上秀才，绝对不可能中举，成为进士，高中状元、探花，也不能成为翰林院里的人物，陪在皇帝身边。故而，学校创办之初，我就送你去读书。当时，很多老前辈对我这个决定不以为然。然而，我向来了解你的性格，深知你不是通过科举能找到出路的人，因此我克服各种困难也要送你去学校。果然不出我所料，除了体操课之外，你各门课程的成绩都毫无起色。我少年时期就得意于科场，自负是有声望的清高的士大夫，但你却一塌糊涂，真是让我又气愤，又羞愧，恨不得在别人面前一死了之。但是，回过头来想一想，如今世事几多艰辛，学武一样有出息。于是送你东渡大洋，让你去日本的士官学校学习，这个专业与你的性情不会抵触。你现在既然已经入校，就应该刻苦向上，掌握所有军事学的知识。不要怕苦怕累，不要以显赫子弟自居，要勇敢、刚毅，要培养出军人的风姿与品格，你的前途也是不可估量的。因为当下正值国家用兵之际。虽然你可以忧虑自己能否自立，但不用顾虑其他人不能了解你的才能。切记啊，切记！勿忘啊，勿忘！

但是，我还要告诫你，你曾经跟随我在两湖地区生活，你是总督大人这种显赫官员的儿子，没有人会对你不恭敬。但是，你现在离祖国有万里之遥，那些你平日里赖以自傲的条件都不能再作为仰仗。如果你不幸闯祸了，反而会给父母带来忧虑与麻烦。从今往后，你应该视自己为一介贫民、一个下等士兵，辛劳努力，勉励学习，要把心思放在学习的课程上。这样一来，你不仅会在学问上有所收获，而且能借此磨砺身心。今后哪怕在我的庇护之下，毕业之后谋得一官半职，也能体察下层老百姓的疾苦，而不会妄自尊大。

我已经是五十多岁的人，官居一品，誉满天下，但我还是兢兢业业，经常感到诚惶诚恐，不敢有丝毫放肆。你在我身边的时间很长，一定能继承我对你的教化，从我身上学到一些东西，千万不要自认为是显贵子弟就漫不经心。这并不是上天寄托于你的希望！对此，你一定要小心谨慎！

你还要多多照顾自己，经常留心天气的冷暖变化，尤其要杜绝嫖娼、赌博等行为。这些事哪怕不为人所知，也会消耗精神，荒废学业。如果不幸为他人所知，甚至可能被日本官吏抓捕，那我这副老脸要放到哪里去？你固然不值得同情，那我要怎么办？所以，一定要排除这类行为，这是我特别要叮嘱你的。

我身体很好，家里人也都安康，你不用牵挂。你只要专心学习，不要三心二意。如果能不断向上，出人头地，我也就心宽体胖了。

简评

张之洞，字孝达，清朝直隶南皮（今河北南皮）人，曾在清朝廷担任体仁阁大学士、军机大臣等要职。这篇文章是他写给儿子的一封家书。张之洞根据儿子的具体情况，打破世俗常规，送他去新式学堂求学，甚至出洋留学，不学文而学武，学习军事。可见，张之洞虽然是封建官僚，但他的思想并不因循守旧，而是主张因材施教。另外，他还谆谆告诫儿子，要用功学习，不要沾染恶习，还要放下显赫子弟的身段，去体察下层老百姓的生活，这样不仅能促进学业，也能磨砺身心。这些都说明张之洞的教子之方十分高明。

41

谕儿篇：收尔邪心，努力求学

示谕吾儿知悉。来信均悉。兹再汇日本洋五百元，汝收到后，即复我一言，以免悬念。

儿自去国至今，为时不过四月，何携去千金，业皆散尽，是甚可怪。汝此去，为求学也。求学宜先刻苦，又不必交友酬应。即稍事阔绰，不必与寒酸子弟相等，然千金之资，亦足用一年而有余。何四月未满，即已告罄。汝果用在何处乎？为父非吝此区区，汝苟在理应用者，虽每日百金，力亦足以供汝，特汝不应若是耳。求学之时，即若是其奢华无度，到学成问世，将何以继？况汝如此浪费，必非只饮食之豪、起居之阔，必另有所销耗。

一方之所销耗，则于学业一途必有所弃。否则用功尚不逮，何有多大光阴供汝浪费。故为父于此，即可断汝决非真肯用功者，否则必不若是也。

且汝亦尝读孟子乎，大有为者，必先苦其心志，劳其筋骨，饿其体肤，空乏其身，困心衡虑之后，而始能作。吾儿恃有汝父庇荫，固不需此。然亦当稍知稼穑之艰难，尽其求学之本分。非然者，即学成归国，亦必无一事能为，民情不知，世事不晓，晋帝之何不食肉糜，其病即在此也。况汝军人也，军人应较常人吃苦尤甚，所以备僇力（尽力）王家之用。今尔若此，岂军人之所应为。余今而后恐无望于汝矣。

余固未尝一日履日本者也，即后日得有机会东渡，亦必不能知其民间状况。非不欲知也，身分所在，欲知之而不得。然闻人言，一学生在东（日本）者，每月有三十金，即足维持。即饮食起居，稍顺适者，每月亦无过五十金。今汝倍之可也，亦何至千金之赀，不及四月而消亡殆尽？是必所用者，有不尽可告人之处。用钱事小，而因之怠弃学业，损耗精力，虚縻光阴，则固甚大也。

余前曾致函戒汝，须努力用功。言犹在耳，何竟忘之？！虽然，成事不说，来者可追。而今而后，速收尔邪心，努力求学，非遇星期，不必出校。即星期出校，亦不得擅宿在外。庶几开支可省，不必节俭而自节俭，学业不荒，不欲努力而自努力。光阴可贵，求学不易。儿究非十五六之青年，此中甘苦，应自知之。毋负老人训也。

儿近日身体如何？宜时时留意。父身体甚佳。家中大小，亦皆安康。汝勿念！

——节选自《张文襄公全集》

今译

写这封信告诉吾儿，来信已经收到。现在再汇五百元日币给你，你收到之后，马上给我回一封信，免得挂念。

从你出国到今天才四个月，为什么带走的千两银子全都用光了？这实在是奇怪！你去日本是为了求学，求学就应当先学会刻苦生活，在那里不必为了结识朋友而应酬。哪怕是略微富裕一些，不用像那些贫寒的书生那样，一千多两银子也足够你用一年了，尚且还有结余。为什么不到四个月，就已经用完了？你究竟把钱用在哪些方面了？我并不是吝啬这千两银钱，如果你用钱用得有理，应该用，哪怕每天要花费百两银钱，我也有能力确保你的需求，只是你不应当这么做。求学期间就这么奢侈度日、不知节制，等读完书以后出来做事，又会变成什么样子？更何况，你如此浪费钱财，必然不只是在吃喝等方面奢侈，肯定还有其他开支。既然在别的方面有消耗，那在学业上你就必然有所舍弃。要不然，刻苦读书还来不及，哪里还有多余的时间让你浪费！所以，凭着这一点，我就可以推测，你一定不是那种肯下苦功读书的人。要不然，你肯定也不是现在这个样子！

你以前也读过《孟子》吧！这位圣贤说：有大的作为之人，必然要先磨砺他的意志志趣，锻炼他的身体，让身体备受饥饿的考验，使他忍受贫困之苦，经过殚精竭虑的冥思苦想之后，才能有一番作为。你仗着有我的庇护，当然用不着这么做，但多多少少应该了解一下农人的辛劳，尽一下自己求学的本分。你做不到这一点，即使学成归国，也无法成事一件。不了解民情，不洞悉世事，就会导致晋惠帝说过的“为什么不吃肉粥”的笑话，贻笑大方。更何况，你是军人，作为军人，就应该比一般人更吃得了苦，随时准备为君王效劳。像你如今这样，哪一点又是军人应该做的？我从今往后恐怕不能再对你抱有希望了。

我的确没去过日本，哪怕今后有机会能东渡前往日本，我也肯定不能了解到日本民间的情况。并非我不想了解，而是因为我的身份，想知道却也办不到。然而，我听人说过，学生在日本，每个月三十两银钱就能维持生活了。哪怕是饮食、住宿方面稍微便利、舒适一些，每个月的花费也超不过五十两。现在你每个月用一百两也就算了，何至于不到四个月就将千两巨资挥霍殆尽？一定是开销方面有不可告人之处。花钱事小，然而因胡乱花钱而耽误了学业、耗损了精力、虚度了光阴，这就是大事了！

我之前就写信告诫你，要你用功刻苦。话还在耳边，为什么你就忘了？哪怕是这样，过去的事就不提了，来日方长，还是有机会的。从今天起，快快收敛克制你的邪恶之心，用功学习。如果不是星期天，就不用离校外出。哪怕是星期天外出，也不要擅自留宿在外。如果是这样，就能大大节省开支，不必刻意节俭就能节俭；不至于荒废学业，不用惦记着努力也能努力起来。光阴是何其可贵，求学机会是何其难得。你毕竟已经不再是十五六岁的少年儿郎，其中的甘苦，我不说，你也应该明白。可不要辜负为父的一番教诲！

你最近身体怎么样？要随时留意。我身体很好，家中老少也都康健。你不用牵挂！

简评

古往今来，生在官宦之家的子弟自幼养尊处优，很容易沾染上铺张浪费、骄奢淫逸的习气。张之洞很了解儿子的性情，知道他也不会例外，却片刻不敢懈怠对他的管教与约束。在这封家书里，张之洞先就四个月不到就耗尽千金巨资一事，对儿子动之以情、晓之以理，让他务必引起警觉；接着又从时光可贵、求学不易、农事艰辛、军人职责等方面对他进行劝诫，还提出了针对性的措施，比如非星期日不允许外出、星期日外出也要禁止外宿等。虽然他的一番苦心是因为望子成龙，希望儿子成为像他一样为国效力的封建官吏，但是他教育子女的方式和内容，放在今天仍具有启迪和借鉴意义。

附录

《朱子家训》——学问在性命，事业在忠孝

《朱子家训》又名《朱柏庐治家格言》《朱子治家格言》，是一部以家庭道德为主题的启蒙教材。作者朱柏庐乃明末清初江苏昆山人士，原名朱用纯，是当时著名的理学家、教育家，与杨无咎、徐枋并称为“吴中三高士”。全文文字通俗明了，内容简明扼要，对仗整齐，读来朗朗上口。自面世以来就为人们口耳相传，成为治家、育子的传世家训。该家训典籍与儒家所倡导的为人处世之法一脉相承，围绕着“修身”“齐家”之主题，劝戒后世之人要克勤克俭、守分安命，被历代士大夫尊为“治家之经”。

黎明即起，洒扫庭除，要内外整洁，
既昏便息，关锁门户，必亲自检点。
一粥一饭，当思来处不易；半丝半缕，恒念物力维艰。
宜未雨而绸缪，毋临渴而掘井。
自奉必须俭约，宴客切勿流连。
器具质而洁，瓦缶胜金玉；饮食约而精，园蔬逾珍馐。
勿营华屋，勿谋良田。
三姑六婆，实淫盗之媒；婢美妾娇，非闺房之福。
奴仆勿用俊美，妻妾切忌艳妆。
祖宗虽远，祭祀不可不诚；子孙虽愚，经书不可不读。
居身务期质朴，教子要有义方。
勿贪意外之财，勿饮过量之酒。
与肩挑贸易，毋占便宜；见贫苦亲邻，须加温恤。

刻薄成家，理无久享；伦常乖舛，立见消亡。

兄弟叔侄，须分多润寡；长幼内外，宜法肃辞严。

听妇言，乖骨肉，岂是丈夫；重资财，薄父母，不成人子。

嫁女择佳婿，毋索重聘；娶媳求淑女，勿计厚奁。

见富贵而生谄容者，最可耻；遇贫穷而作骄态者，贱莫甚。

居家诫争讼，讼则终凶；处世诫多言，言多必失。

毋恃势力而凌逼孤寡；毋贪口腹而恣杀牲禽。

乖僻自是，悔误必多；颓惰自甘，家道难成。

狎昵恶少，久必受其累；屈志老成，急则可相依。

轻听发言，安知非人之谮诉，当忍耐三思；

因事相争，焉知非我之不是，须平心再想。

施惠勿念，受恩莫忘。

凡事当留余地，得意不宜再往。

人有喜庆，不可生妒忌心；人有祸患，不可生喜幸心。

善欲人见，不是真善；恶恐人知，便是大恶。

见色而起淫心，报在妻女；匿怨而用暗箭，祸延子孙。

家门和顺，虽饔飧不济，亦有余欢；

国课早完，即囊橐无余，自得至乐。

读书志在圣贤，非徒科第；为官心存君国，岂计身家。

守分安命，顺时听天。为人若此，庶乎近焉。